建筑室内设计专业教学资源库
建 设 项 目 配 套 教 材

中国轻工业“十四五”规划立项教材

AutoCAD
室内装饰施工图教程

（第二版）

主　编◎张付花
副主编◎孙克亮　杨　煜
参　编◎徐志威　邵　静　陈　洁
　　　　吴晋卿　曹永宏

中国轻工业出版社

图书在版编目（CIP）数据

AutoCAD室内装饰施工图教程/张付花主编. —2版. —北京：中国轻工业出版社，2022.12

ISBN 978-7-5184-4158-7

Ⅰ.①A… Ⅱ.①张… Ⅲ.①室内装饰设计—计算机辅助设计—AutoCAD软件—高等职业教育—教材 Ⅳ.①TU238-39

中国版本图书馆CIP数据核字（2022）第186110号

责任编辑：陈 萍　　责任终审：劳国强　　整体设计：锋尚设计
策划编辑：陈 萍　　责任校对：朱燕春　　责任监印：张 可

出版发行：中国轻工业出版社（北京东长安街6号，邮编：100740）
印　　刷：三河市国英印务有限公司
经　　销：各地新华书店
版　　次：2022年12月第2版第1次印刷
开　　本：787×1092　1/16　印张：15.25
字　　数：380千字
书　　号：ISBN 978-7-5184-4158-7　定价：49.80元
邮购电话：010-65241695
发行电话：010-85119835　传真：85113293
网　　址：http://www.chlip.com.cn
Email：club@chlip.com.cn
如发现图书残缺请与我社邮购联系调换
200912J2X201ZBW

前言

对于高等职业教育建筑室内设计、室内艺术设计、环境艺术设计及相关专业学生来说，利用AutoCAD等计算机辅助设计软件进行建筑装饰施工图绘制是必备的专业核心技能。

为深入贯彻2022年5月1日起实施的《中华人民共和国职业教育法》，根据经济社会发展需要培养更多高素质技术技能人才，同时，满足AutoCAD课程建设的需要，本教材主编深入众多用人单位走访调研，吸纳国内众多院校专业骨干教师、企业行业专家、思想政治教育专家，联合国内众多院校成立了教材编写组。以目前最新版本AutoCAD2023为操作平台，在中国轻工业出版社2016年出版的《AutoCAD室内装饰施工图教程》的基础上进行修订和完善。在保持原有体例基础上，以室内装饰企业基于岗位工作过程和真实案例为主要内容，讲述了AutoCAD在建筑室内装饰设计中的实际运用。

本教材结合企业实际案例，在遵循室内设计制图相关规范及标准的前提下，将室内设计的基本理论、AutoCAD绘图基础知识与室内空间专题设计融合在一起，针对普通居室空间、别墅空间、办公空间、商业空间等典型案例进行图文并茂的细致解说，分析了每一步具体的操作步骤。同时，讲解了施工图纸的方案设计思路及图纸的打印与输出，分享了设计师设计过程中的经典案例。

本教材根据AutoCAD课程特点，融入了课程思政的内容，重新梳理了每个章节的学习目标、任务以及重点、难点，添加了课后习题；增加了AutoCAD新版本的部分命令，补充了部分案例，建设了立体化资源，对于重点、难点问题录制操作演示视频。针对不同的章节增加不同的企业案例等内容，增加企业实践案例、线上授课视频、部分教学视频、微课等线上资源。同时，对接国内相关建筑装饰企业具体生产图纸，建立电子资源库。教材配套电子内容包括每个任务的习题、讲义、大量的CAD素材。AutoCAD室内设计施工图纸、AutoCAD经典案例作品及对应效果图，并对常用的AutoCAD命令安排针对性练习。

本教材具有系统性、针对性、实用性。内容由浅入深，难度适中，适合作为建筑室内设计、室内艺术设计、环境艺术设计等专业的教材或教学参考书。

本教材由张付花（江西环境工程职业学院）任主编，孙克亮（江西环境工程职业学院）、杨煜（辽宁生态工程职业学院）任副主编，由徐志威（江西环境工程职业学院）、邵静（湖北生态工程职业技术学院）、陈洁（河南职业技术学院）、吴晋卿（扬州技师学院）、曹永宏（亚振家居股份有限公司）参编，本教材视频内容由张付花录制。

在本教材编写过程中，得到了北京国富纵横文化科技咨询股份有限公司、华浔品味装饰赣州公司、亚振家居股份有限公司、名雕装饰股份有限公司、广东居众装饰有限公司、广东馨怡装饰集团等企业的大力支持，在此表示衷心感谢。同时，本教材参考了有关文献资料，在此向其作者致以衷心的谢意。

由于编者水平有限，疏漏在所难免，不足之处，敬请专家、学者及教学一线的教师们批评指正，以便在修订版中加以修正。

张付花

2022年8月

目录

01

02

01

基础理论篇

教学目标

知识目标

1 了解AutoCAD软件基础知识。

2 掌握基本线、圆弧等各种平面图形绘制命令和编辑命令。

3 掌握文本注释、尺寸标注等命令。

4 掌握室内设计施工图的规范。

能力目标

1 能够阅读、分析各类室内装饰施工图纸。

2 能够熟练应用常用的绘图和编辑命令，并熟记快捷键。

3 能够按照要求绘制任意的二维图形。

素质目标

1 能通过各种媒体资源查找所需信息，能自主学习新知识、新技术；具有运用所学知识解决实际问题的能力。

2 具备较强的学习能力，能够运用正确的方法掌握AutoCAD软件相关知识和操作技能，不断地更新、完善知识储备，并及时根据市场变化及岗位需求提升技能水平。

3 具备吃苦耐劳、团结协作、勇于创新的职业精神和精益求精、专心细致、一丝不苟的职业态度。

项目一

初识 AutoCAD2023

教学目标

知识目标

1 初步认识AutoCAD2023软件。

2 了解AutoCAD2023版本的新增功能。

3 认识、了解AutoCAD2023软件的工作界面。

4 掌握图形管理知识及绘图基本设置与操作相关知识。

能力目标

1 能够做好AutoCAD绘图前的准备工作，能够对AutoCAD进行操作前的设置。

2 学会图形文件管理的基本操作。

3 能进行绘图前的基本设置与操作。

素质目标

1 具有较好的表现能力、聆听能力、设计表达能力。

2 具有认真细致的工作态度和严谨踏实的工作作风。

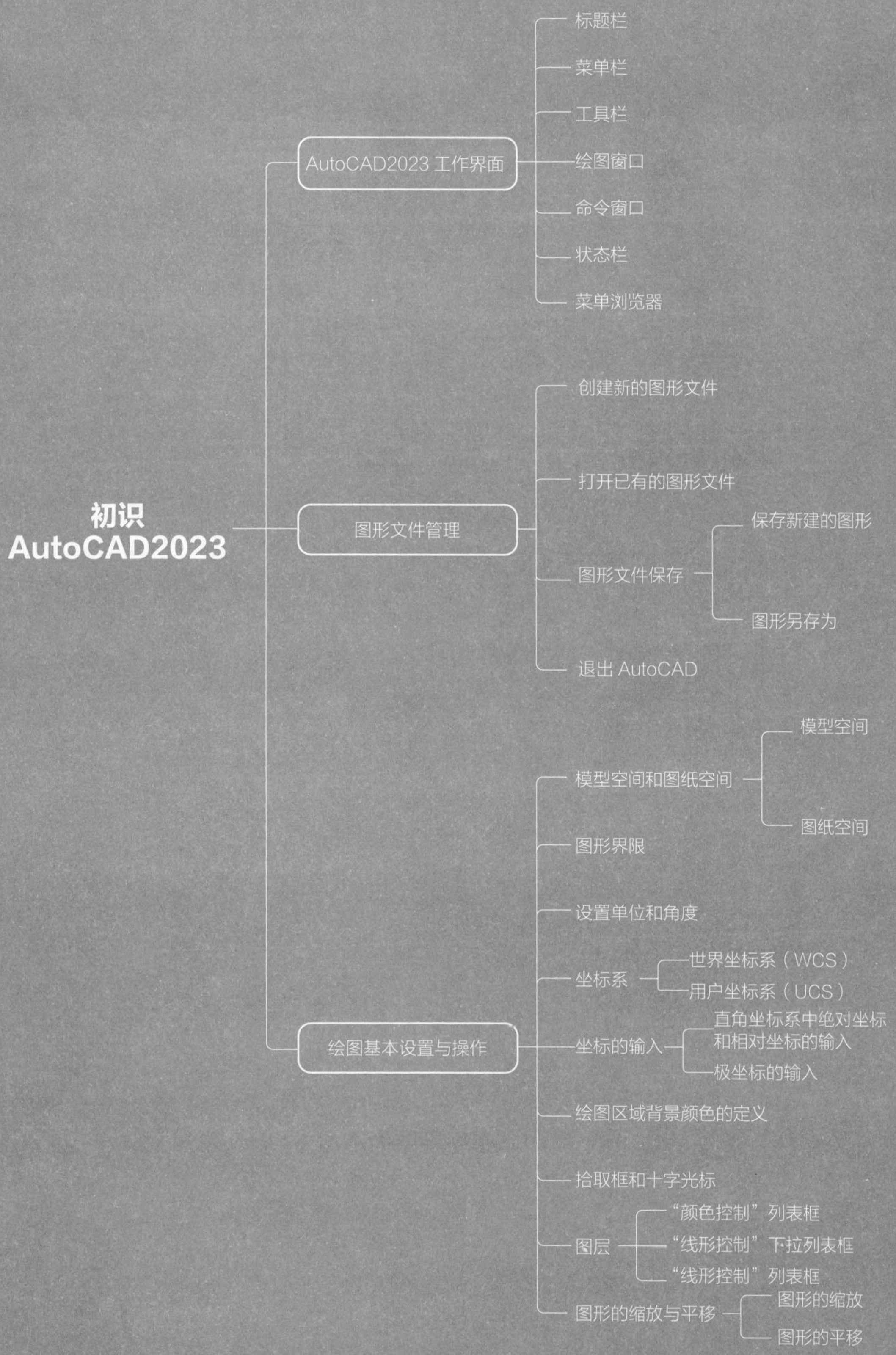
初识
AutoCAD2023
AutoCAD2023 工作界面
标题栏
菜单栏
工具栏
绘图窗口
命令窗口
状态栏
菜单浏览器
图形文件管理
创建新的图形文件
打开已有的图形文件
图形文件保存
保存新建的图形
图形另存为
退出 AutoCAD
绘图基本设置与操作
模型空间和图纸空间
模型空间
图纸空间
图形界限
设置单位和角度
坐标系
世界坐标系（WCS）
用户坐标系（UCS）
坐标的输入
直角坐标系中绝对坐标和相对坐标的输入
极坐标的输入
绘图区域背景颜色的定义
拾取框和十字光标
图层
“颜色控制”列表框
“线形控制”下拉列表框
“线形控制”列表框
图形的缩放与平移
图形的缩放
图形的平移

本项目涉及的快捷命令见表1-1-1。

表 1-1-1　　本节涉及的快捷命令

序号	命令说明	快捷键	序号	命令说明	快捷键
1	新建	Ctrl+N	7	后退	U
2	打开	Ctrl+O	8	实时平移	P
3	保存	Ctrl+S	9	实施缩放	Z+空格
4	另存为	Ctrl+Shift+S	10	窗口缩放	Z+W
5	图形界限	Limits	11	设置单位和角度	UN
6	图层	LA	12	选项	OP

AutoCAD2023特点：

AutoCAD2023对TrueType字体支持用于Mac OS、线宽、锁定图层暗显、外部参照暗显功能进行了显著增强，同时对以下几个功能进行了改动：

插入块："块重定义"对话框提供了一个选项，可用于在图形中已存在指定块名称的情况下重命名块。

"选项"对话框：尝试关闭或取消"选项"对话框时，新任务对话框会提示您保存或放弃所做的更改。

隔离模式：退出隔离模式时，对象选择现在会保持不变。

新建图形：将光标悬停在"开始"选项卡上的"新建"下拉列表上时，系统会显示工具提示（其中包含将使用的图形模板文件的名称）。

客户错误报告（CER）：当生成错误报告时，系统会自动填写您的电子邮件地址。

多核后台发布：当使用后台发布功能发布多页PDF文件时，支持"包含超链接"发布选项。

AutoCAD2023新增功能：

◆标记导入和标记辅助

快速发送反馈并将反馈整合到您的设计中。从打印的图纸或PDF导入反馈，并自动将更改添加到图形，而无须其他绘图步骤。

◆我的见解

在适合的时间和适合的环境中获取有用的提示和有价值的信息，帮助您更快地完成项目。

◆AutoCADWebAPI

AutoCADWeb应用中现在提供了AutoCADLISPAPI，专供AutoCAD固定期限的使用许可用户使用。无论您是在旅途中、在作业现场，还是在其他任何地方，都可以创建自己的自定义项，以便在AutoCADWeb应用中使用LISP自动执行序列。

◆计数

使用菜单自动计算选定区域或整个图形中的块或对象数，以便识别错误并浏览已计数的对象。

任务一

AutoCAD2023 工作界面

AutoCAD2023的安装方式与之前的安装方式基本一致（安装界面见图1-1-1），在此不再赘述。

◆ 新增命令“性能分析器”，PERFANALYZER—打开“性能分析器”选项板，在其中可以诊断AutoCAD中看似缓慢或无响应的操作（性能分析器见图1-1-2）。PERFANALYZERCLOSE—关闭“性能分析器”选项板。AutoCAD性能可能会因多种原因而有所不同，可能包括硬件和网络配置。“性能分析器”工具提供了一种有意义的方法，可用于了解可能会影响性能的各种问题。在以下操作期间可能会出现性能问题，但不限于：

①打开AutoCAD应用程序或图形；

②移动鼠标；光标移动缓慢、跳跃或抖动；

③切换布局；

④绘制或打印布局；

⑤启动命令；

⑥选择对象。

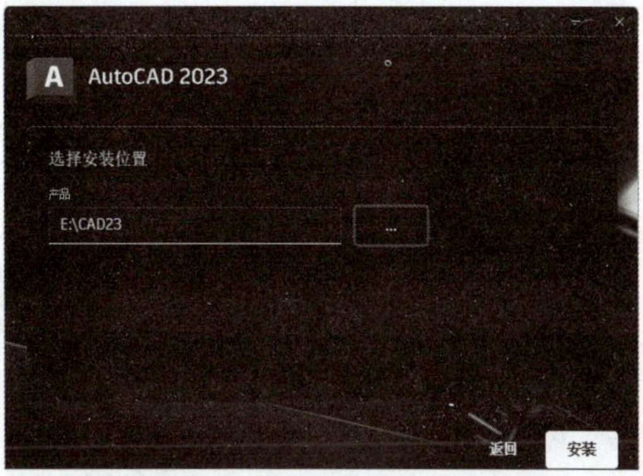

图1-1-1　AutoCAD2023安装界面

◆新增“图纸集管理器”功能，比以往更快地打开图纸集。使用Autodesk远程服务平台，向团队成员发送图纸集以及打开从团队成员那里接收的图纸集变得更加快速、安全。AutoCAD为适用于Web的图纸集管理器引入了其他功能。在此版本中，无论您使用的是AutoCAD桌面还是AutoCADWeb应用程序，适用于Web的图纸集管理器都可以让您轻松访问，以便在AutodeskDocs中创建图纸集（图纸集管理器见图1-1-3）。适用于Web的图纸集管理器中的其他主要改进包括：

①将布局输入到云图纸集；

②重命名和重新编号图纸；

③新图纸的自动编号选项；

图1-1-2　性能分析器

④管理支持文件；

⑤添加自定义特性。

成功安装AutoCAD2023后，系统会在桌面创建AutoCAD2023的快捷启动图标，并在程序文件夹中创建AutoCAD程序组，用户可以通过下列方式启动AutoCAD。

◆单击开始>程序>Autodesk>AutoCAD2023-SimplifiedChinese>AutoCAD2023。

◆双击桌面上的AutoCAD快捷启动图标。

◆双击一个AutoCAD图形文件。

启动AutoCAD2023后，系统将显示AutoCAD2023的工作界面，它由标题栏、菜单栏、工具栏、绘图窗口、光标、命令窗口、状态栏、坐标系图标、模型/布局选项卡和菜单浏览器等组成，如图1-1-4所示。

1. 标题栏

标题栏与其他Windows应用程序类似，用于显示AutoCAD2023的程序图标以及当前所操作图形文件的名称。

2. 选项卡

功能区由一系列选项卡组成，这些选项卡被组织到面板，其中包含很多工具栏中可用的工具和控件，可利用其执行AutoCAD的大部分命令，AutoCAD2023版的界面有所改动。单击选项卡的某一项，界面会自动跳转至相对应选项卡界面，图1-1-5为“默认”选项卡界面，每一个界面都涵盖多个面板，单击面板右边倒三角符号，会显示隐藏的子菜单，单击后会执行对应的AutoCAD命令。

3. 绘图窗口

绘图窗口类似于手工绘图时的图纸，是用户用

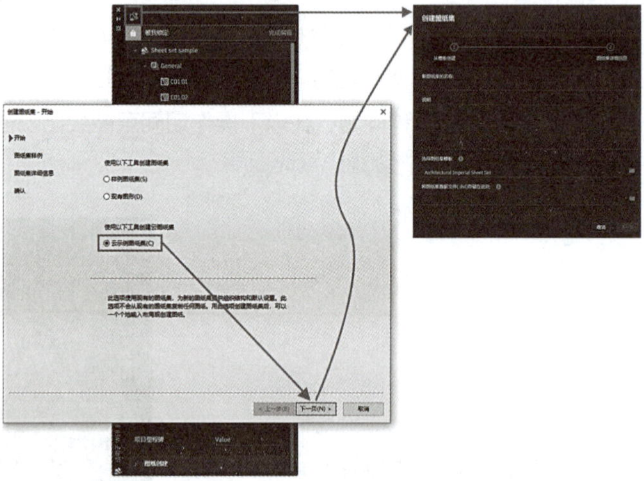

图1-1-3 图纸集管理器

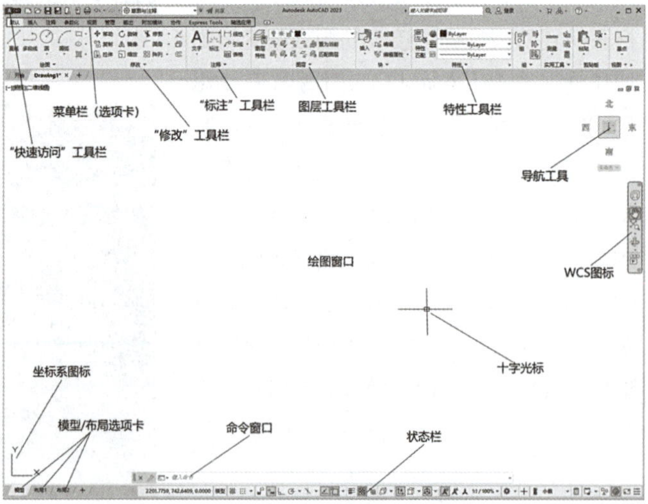

图1-1-4 AutoCAD2023工作界面

AutoCAD2023绘图并显示所绘图形的区域。

◆当光标位于AutoCAD的绘图窗口时为十字形状，所以又称其为十字光标。十字线的交点为光标的当前位置。AutoCAD的光标用于绘图、选择对象等操作。

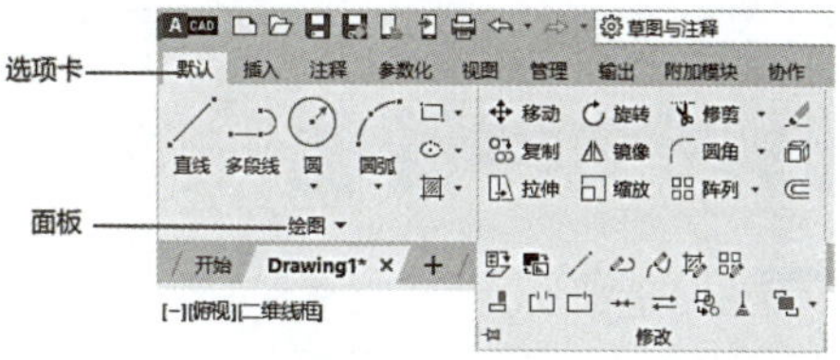

图1-1-5　AutoCAD2023“默认”选项卡界面

◆坐标系图标通常位于绘图窗口的左下角，表示当前绘图所使用的坐标系的形式以及坐标方向等。AutoCAD提供世界坐标系（WorldCoordinateSystem，WCS）和用户坐标系（UserCoordinateSystem，UCS）两种坐标系。世界坐标系为默认坐标系。

◆模型/布局选项卡用于实现模型空间与图纸空间的切换，通常情况下，先在模型空间创建和设计图形，然后创建布局，用于绘制和打印图纸空间中的图形。

4. 命令窗口

命令窗口是AutoCAD显示用户从键盘键入的命令和显示AutoCAD提示信息的地方。默认时，AutoCAD在命令窗口保留最后3行所执行的命令或提示信息。用户可以通过拖动窗口边框的方式改变命令窗口的大小，使其显示多于3行或少于3行的信息。

5. 状态栏

状态栏用于显示或设置当前的绘图状态，如图1-1-6所示。单击右下角“状态栏开关”，可选择将绘图状态按钮添加或隐藏至状态栏，“状态栏”中的命令从左到右依次对应“状态栏开关”中的从上到下的命令。

6. 菜单浏览器

单击菜单浏览器，AutoCAD会将浏览器展开，如图1-1-7所示。用户可通过菜单浏览器执行相应操作。

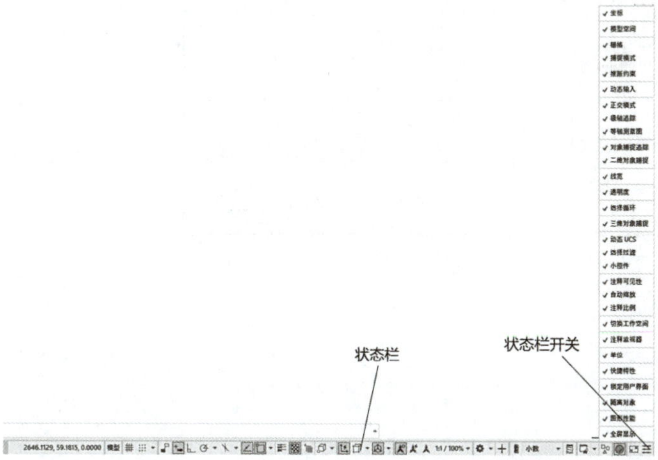

图1-1-6　状态栏

图1-1-7　菜单浏览器

任务二
图形文件管理

AutoCAD2023提供了二维绘图和三维建模两种绘图环境，有多种样板供用户选择使用，用户可以根据实际工作需要选择样板。

（一）创建新的图形文件

启动AutoCAD后，系统会自动新建一个名为Drawing1.dwg的空白文件。除此之外，可以通过下列方式创建新的图形文件：

◆在菜单栏中选择“文件”＞“新建”命令。

◆单击菜单浏览器，选择“新建”＞“图形”命令。

◆单击标准工具栏中的“新建”按钮。

◆在命令行键入New，按回车键或直接输入快捷键组合“Ctrl+N”。

执行以上创建命令后，系统将打开如图1-1-8所示“选择样板”对话框，从文件列表中选择所需样板，然后单击“打开”按钮，即可创建一个基于该样板的新图形文件。

图1-1-8 “选择样板”对话框

点石成金

创建新的图形文件快捷键“Ctrl+N”。

（二）打开已有的图形文件

启动AutoCAD后，可以通过下列方式打开已有的图形文件：

◆在菜单栏中选择“文件”>“打开”命令。

◆单击菜单浏览器，选择“打开”>“图形”命令。

◆单击标准工具栏中的“打开”按钮。

◆在命令行中键入Open，按回车键或直接输入快捷键组合“Ctrl+O”。

执行以上打开命令后，系统会打开如图1-1-9所示“选择文件”对话框。在该对话框的“查找范围”下拉列表中选择要打开的图形所在的文件夹，选择图形文件，然后单击“打开”按钮，即可打开该图形文件，或者双击文件名打开图形文件。

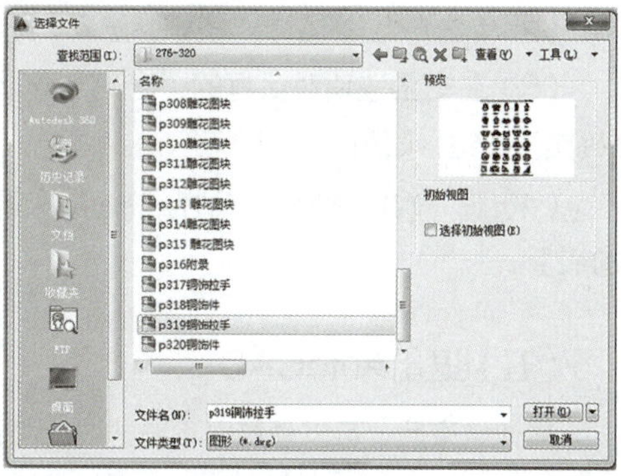

图1-1-9 “选择文件”对话框

（三）图形文件保存

对图形进行编辑后，要对图形文件进行保存。可以直接保存，也可以更改名称后另存一个文件。

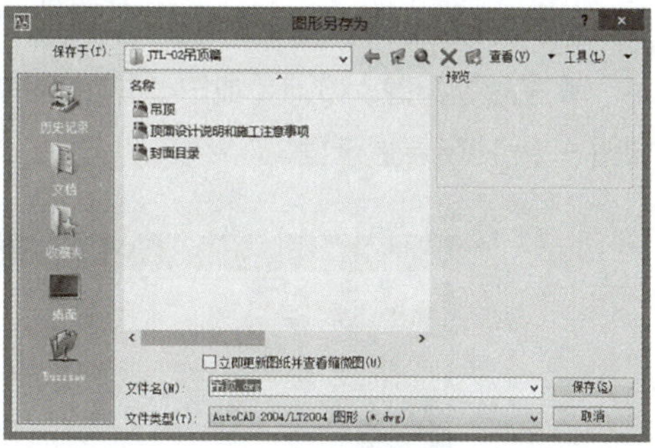

图1-1-10 “图形另存为”对话框

1. 保存新建的图形

可以通过下列方式保存新建的图形文件：

◆单击菜单浏览器，选择保存命令。

◆单击标准工具栏中的“保存”按钮。

◆在命令行键入Save，按回车键或直接输入快捷键组合“Ctrl+S”。

执行以上保存命令后，系统将打开如图1-1-10所示“图形另存为”对话框，在“保存于”下拉列表中指定文件保存的文件夹，在“文件名”文本框中输入图形文件的名称，在“文件类型”下拉列表中选择保存文件的类型，然后单击“保存”按钮即可，一般建议选择较低的版本进行保存。

2. 图形另存为

对于已保存的图形，可以更改名称保存为另一个图形文件。先打开该图形文件，然后通过下列方式更换名称保存：

◆在菜单栏中选择“文件”>“另存为”命令。

◆单击菜单浏览器，选择“另存为”命令。

◆在命令行键入Save，按回车键直接输入快捷键组合“Ctrl+Shift+S”。

执行以上另存为命令后，系统将打开如图1-1-10所示“图形另存为”对话框，设置需要的名称及其他选项后保存即可。

（四）图形文件加密

如果用户想要对图纸进行加密，则可以通过下面的步骤进行操作：

（1）打开需要加密的AutoCAD文件，执行“Ctrl+Shift+S”，打开文件另存为对话框。

（2）单击右上角“工具”按钮，选择“安全选项”，打开相应对话框，如图1-1-11所示。

（3）在安全选项对话框的“密码”选项卡中，输入密码或者短语，输入完成后，单击“确定”按钮，如图1-1-12所示。

（4）在“确认密码”对话框中，再次输入密码，单击“确定”按钮，即可完成对文件的加密。

（五）退出AutoCAD

操作结束后，可以通过以下方式退出AutoCAD：

◆在菜单栏中选择“文件”>“退出”命令。

◆单击菜单浏览器，选择“退出AutoCAD”命令。

◆单击标题栏中“关闭”按钮。

◆在命令行键入Quit（或Exit），按回车键。如果图形文件已经被修改，系统将会弹出如图1-1-13所示提示框。

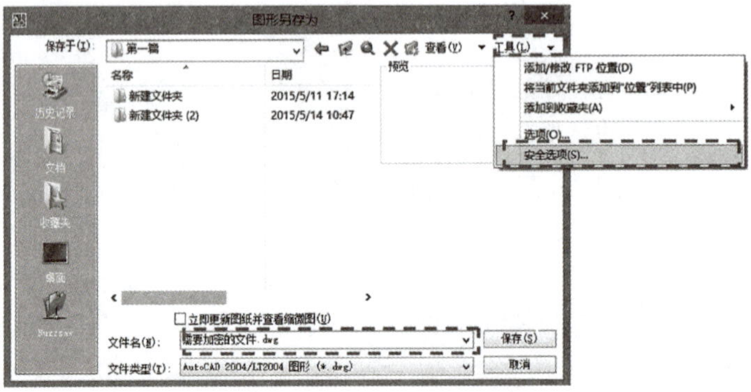

图1-1-11　工具下点击安全选项

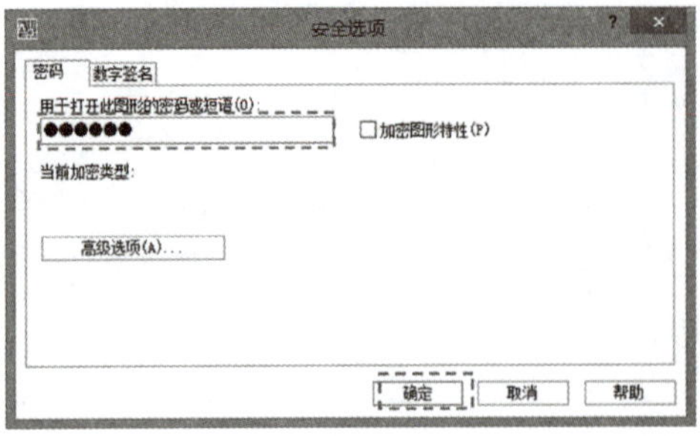

图1-1-12　输入密码

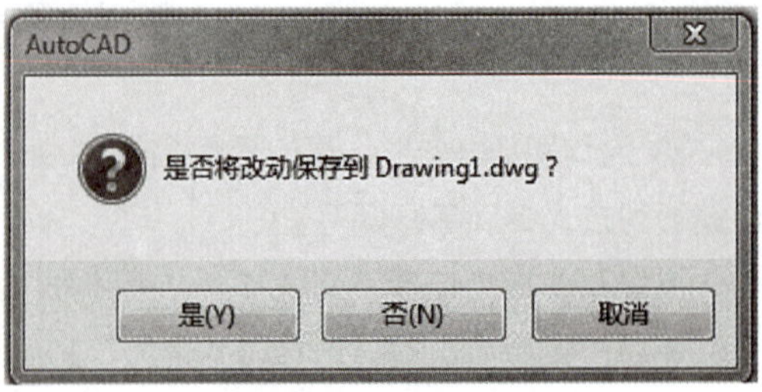

图1-1-13　改动提示框

任务三
绘图基本设置与操作

通常情况下，AutoCAD运行之后就可以在其默认环境下绘制图形，但是为了规范绘图，提高绘图的工作效率，用户不但应熟悉命令、系统变量、坐标系统、绘图方法，还应掌握图形界限、绘图单位格式、图层特性等绘制图形的环境设置，而这些功能设置已成为设计人员在绘图之前必不可少的绘图环境预设。

绘图环境是指影响绘图的诸多选项和设置，一般在绘制新图形之前要配置好。合理设置绘图环境，是能够准确、快速绘制图形的基本条件和保障。要想精准提升个人的绘图速度和质量，必须配置一个合理、适合自己工作习惯的绘图环境及相应参数。

在学习后面知识之前，必须先了解几个基本概念，即“坐标系”“模型空间”“图纸空间”“图层”和“图形界限”，在以后的操作中会经常用到这几个名词。

（一）模型空间和图纸空间

AutoCAD窗口提供两种并行的工作环境，即“模型”选项卡和“布局”选项卡。

运行AutoCAD软件后，默认情况下，图形窗口底部有一个“模型”选项卡和两个“布局”选项卡，如图1-1-14所示。

图1-1-14 “模型”选项卡和“布局”选项卡

一般默认状态是模型空间，如果需要转换到图纸空间，只需要单击相应布局的选项卡即可。通过单击选项卡，可以方便实现模型空间和图纸空间的切换。

1. 模型空间

模型空间就是平常绘制图形的区域，它具有无限大的图形区域，就好像一张无限放大的绘图纸，可以按照1：1的比例绘制主要图形，也可以采用大比例来绘制图形的局部详图。

2. 图纸空间

在图纸空间内，可以布置模型选项卡上绘制平面图形或者三维图形的多个“快照”，即“视口”，并调用AutoCAD自带的所有尺寸图纸和已有的各种图框。一个布局就代表一张虚拟的图纸，这个布局环境就是图纸空间，如图1-1-15所示。

在布局空间中，还可以创建并放置多个“视口”，还可以另外添加标注、标题栏或者其他几何图形，通过视口来显示模型空间下绘制的图形。每个视口都可以指定比例显示模型空间的图形。

图1-1-15　图纸空间

点石成金

什么是科学的制图步骤？

（1）在“模型”选项卡中创建图形。

（2）配置打印设备。

（3）创建布局选项卡。

（4）制定布局页面设置，如打印设备、图纸尺寸、打印区域、打印比例和图纸方向等。

（5）将标题栏插入布局之中。

（6）创建布局视口并将其置于布局中。

（7）设置布局视口的视图比例。

（8）根据需要，在布局中添加标注、注释或者几何图形。

（9）打印布局。

在实际的室内设计施工图的绘制过程中，在不涉及三维制图、三维标注和出图的情况下，不需要打印多个视口，这样创建和编辑图形的大部分工作都在模型空间中完成，并且可以从“模型”选项卡中直接打印出图。

（二）图形界限

“图形界限”可以理解为模型空间中一个看不见的矩形框，在*XY*平面内表示能够绘图的区域范围。但值得注意的是，图形不能够在*Z*轴方向上定义界限。

一般通过以下方法调用“图形界限”命令：

◆直接在命令行输入：Limits。

运行命令后，命令行提示：

指定左下角点或［开（ON）/关（OFF）］<0.0000，0.0000>：（指定图形界限的左下角位置，直接按Enter键或Space键采用默认值）

指定右上角点：（指定图形界限的右上角位置）

（三）设置单位和角度

在AutoCAD中可以按照1：1的比例绘制主要图形，因此就需要在绘制图形之前选择正确的单位。一般国内习惯使用公制，在室内与家具行业，精确到1毫米。

在AutoCAD2023中，设置单位格式与精度的步骤如下：执行“UNITS”命令或输入快捷命令UN，AutoCAD弹出“图形单位”对话框，可以用来设置绘图时的长度单位、角度单位以及单位的格式和精度，如图1-1-16所示。对话框中，“长度”选项组确定长度单位与精度，室内设计中，一般选择小数，精度为0；“角度”选项组确定角度单位与精度以及方向。

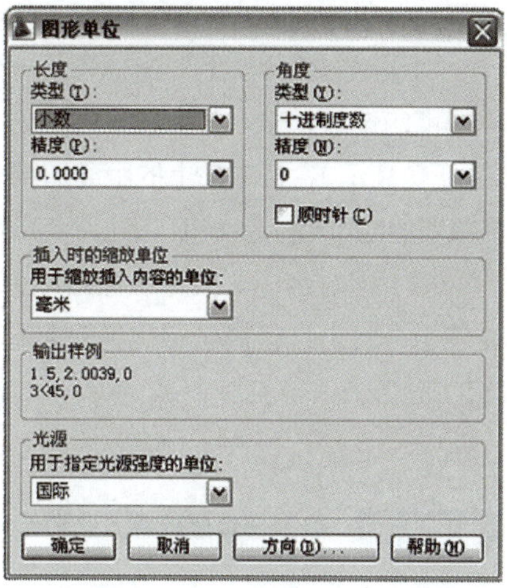

图1-1-16　“图形单位”对话框

（四）坐标系

利用AutoCAD绘制图形，首先要了解图形对象所处的环境。如同在现实生活中所看到的一样，AutoCAD提供了一个三维的空间，通常建模工作都是在这样一个空间中进行的。AutoCAD系统为这个三维空间提供了一个绝对的坐标系，称为世界坐标系（WCS），还有一个用户坐标系（UCS），前者存在于任何一个图形之中，并且不可更改，后者通过修改坐标系的原点和方向，可将世界坐标系转换为用户坐标系。

1. 世界坐标系（WCS）

AutoCAD系统为用户提供了一个绝对的坐标系，即世界坐标系（WCS）。通常，AutoCAD构造新图形时将自动使用WCS。虽然WCS不可更改，但可以从任意角度、任意方向观察或旋转。在WCS中，原点是图形左下角X轴和Y轴的交点（0，0），X轴为水平轴，Y轴为垂直轴，Z轴垂直于XY平面，指向显示屏的外面，如图1-1-17所示。

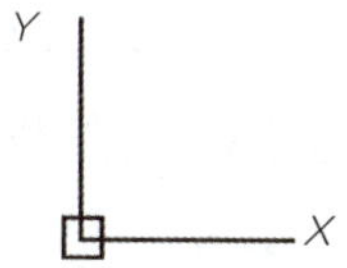

图1-1-17　世界坐标系

2. 用户坐标系（UCS）

UCS是可以移动和旋转的坐标系。通常通过修改世界坐标系的原点和方向，将世界坐标系转换为用户坐标系。实际上，所有的坐标输入都使用了当前的UCS，或者说，只要是用户正在使用的坐标系，都可以称为用户坐标系。

进行用户坐标系设置的操作可通过以下方法来完成：

◆直接在命令行输入：UCS，“移动UCS”，确定世界坐标系的原点和方向。

（五）坐标的输入

在AutoCAD中，坐标的输入分为绝对坐标输入和相对坐标输入两种方式。

1. 直角坐标系中绝对坐标和相对坐标的输入

（1）绝对坐标。绝对坐标表示一个固定点的位置，以原点（0，0，0）为基点来定义其他点的位置，输入某点的坐标值时，需要指示沿*X*、*Y*、*Z*轴相对于原点的距离及方向（以正负表示），各轴向上的距离值用“,”隔开，在二维平面中*Z*轴的值为0，可以省略，如*A*点的绝对坐标是（10，5）。

（2）相对坐标。相对坐标是以上一次输入的坐标为坐标原点来定义某个点的位置，在表示方式上，相对坐标比绝对坐标在坐标前多了一个“@”符号，如*B*点的相对坐标（@12，5）。

随堂练习　绝对直角坐标输入法和相对直角坐标输入法的操作练习

- 实践目的：掌握直角坐标输入法和相对直角坐标输入法，分析比较哪一种输入法更快捷。
- 实践内容：通过所学内容练习绝对直角坐标输入法和相对直角坐标输入法。
- 实践步骤：分别用绝对直角坐标和相对直角坐标绘制直线、矩形，体会哪种方法更方便。

  （1）扫描二维码，如图 1-1-18 和图 1-1-19 所示。

  （2）按照前面所述方法和步骤，结合“L”直线命令、“REC”矩形命令，分别利用直角坐标输入法和相对直角坐标输入法绘制出直线和矩形，仔细体会并分析比较哪种输入法更快捷。

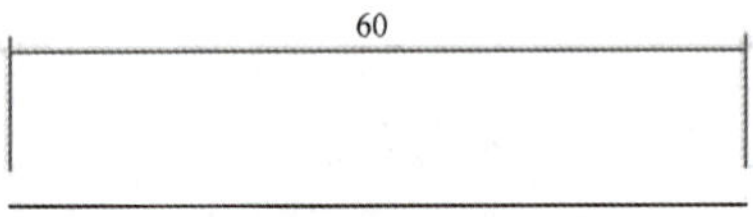

图1-1-18　坐标输入法练习（1）

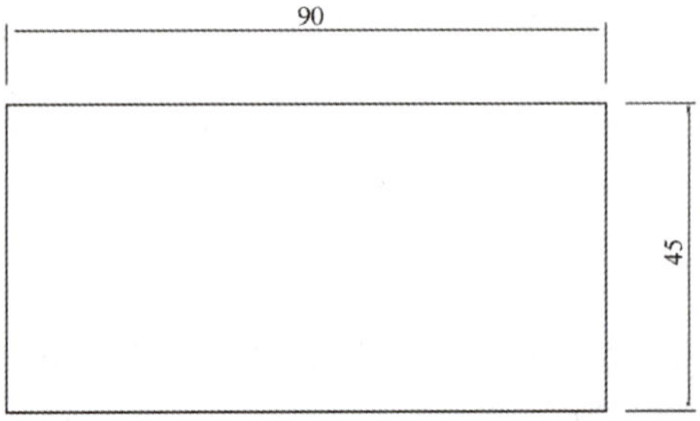

图1-1-19　坐标输入法练习（2）

2. 极坐标的输入

（1）绝对极坐标。绝对极坐标以相对于坐标原点的距离和角度来定位其他点的位置，距离与角度之间用“<”分开，如20<30，表示某点到原点的距离为20个单位，与*X*轴正半轴的夹角为30°。

（2）相对极坐标。相对极坐标是以上一操作点为原点，用距离和角度来表示某点的位置，表示方法：@20<30。

随堂练习　绝对极坐标输入法和相对极坐标输入法的操作练习

- 实践目的：掌握绝对极坐标输入法和相对极坐标输入法，分析比较哪种输入法更快捷。

- 实践内容：通过所学内容练习绝对极坐标输入法和相对极坐标输入法。
- 实践步骤：分别用绝对极坐标和相对极坐标绘制图形，体会哪种方法更方便。

（1）扫描二维码，打开练习题\基础理论篇\输入法练习 .DWG 文件，如图 1-1-20 和图 1-1-21 所示。

（2）按照前面所述方法和步骤，结合“L”直线命令，分别利用绝对极坐标输入法和相对极坐标输入法绘制图形，仔细体会并分析比较哪种输入法更快捷。

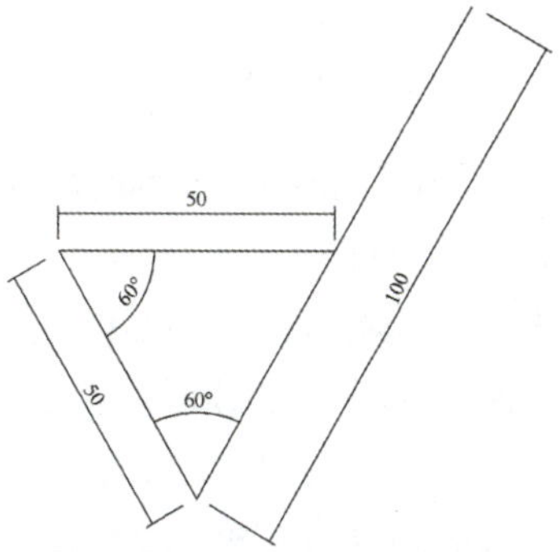

图1-1-20　极坐标输入法随堂练习（1）

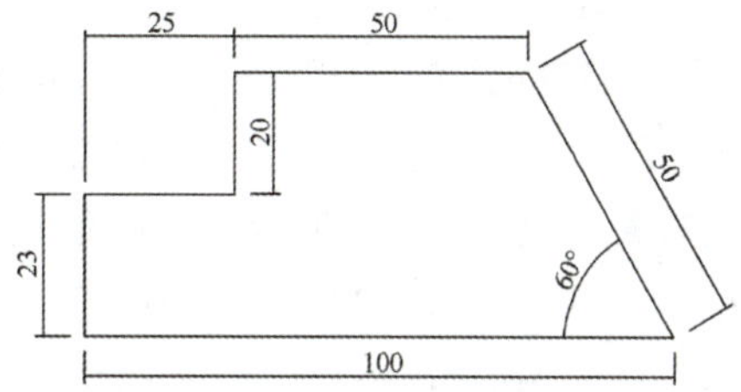

图1-1-21　极坐标输入法随堂练习（2）

（六）绘图区域背景颜色的定义

AutoCAD系统默认的绘图窗口颜色为黑色，命令行的字体为Courier，用户可以根据自己的习惯将窗口颜色和命令行的字体进行重新设置。如用户一般习惯在黑屏状态下绘制图形，可以通过选项对话框更改绘图区域的背景颜色。

自定义应用程序窗口元素中颜色的步骤如下：

（1）输入命令“OP”，打开选项对话界面。

（2）在选项对话框的显示选项卡中，单击颜色，如图1-1-22所示。

（3）在图形窗口颜色对话框中，选择要更改的上下文，然后选择要更改的界面元素。

（4）要指定自定义颜色，请从颜色列表中选择颜色，即打开颜色列表，选择所需颜色，确定即可，如图1-1-22所示。

（5）如果要恢复为默认颜色，则选择恢复当前元素、恢复当前上下文或恢复所有上下文。

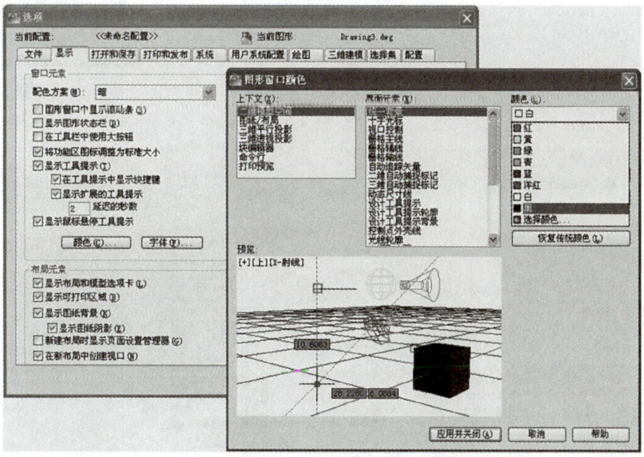

图1-1-22　图形窗口颜色更改

（6）选择“应用并关闭”，将当前选项设置记录到系统注册表中并关闭该对话框。

随堂练习　背景颜色修改练习

- 实践目的：掌握修改背景颜色的方法和步骤。
- 实践内容：通过所学内容练习修改背景颜色。
- 实践步骤：根据前面所述图形窗口颜色更该方法，将绘图区域背景颜色修改为白色或者绿色。

（七）拾取框和十字光标

屏幕上的光标将随着鼠标的移动而移动，在绘图区域内使用光标选择点或对象。光标的形状随着执行的操作和光标的移动位置不同而变化。如图1-1-23所示，在不执行命令时光标是一个十字线的小框，十字线的交叉点是光标的实际位置。小框被称为拾取框，用于选择对象。如图1-1-24所示，在选项对话框中，将光标大小由系统默认值5改为25。光标大小为5时，绘图区域如图1-1-25所示，光标大小为25时，绘图区域如图1-1-26所示。

在执行绘图命令时，光标上的拾取框将从十字线上消失，系统等待键盘输入参数或单击十字光标输入数据。当进行对象选择操作时，十字光标消失，仅显示拾取框。

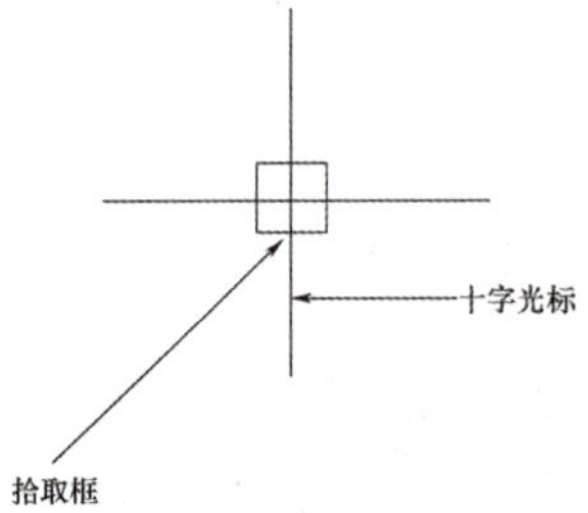

图1-1-23　光标

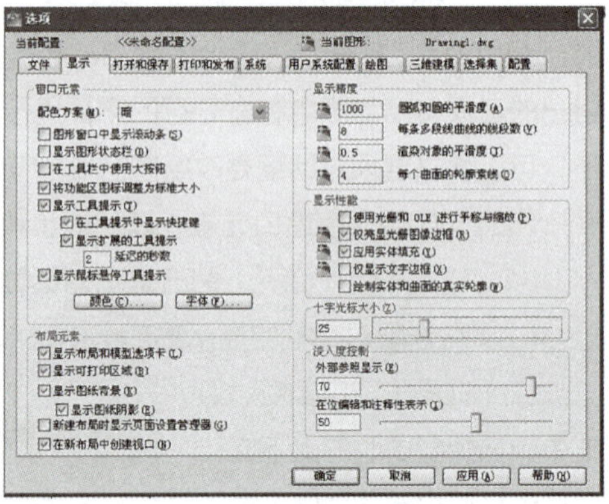

图1-1-24　更改光标大小

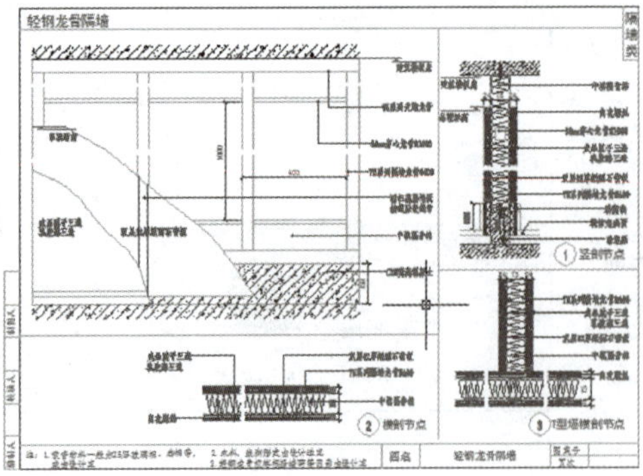

图1-1-25　十字光标为5

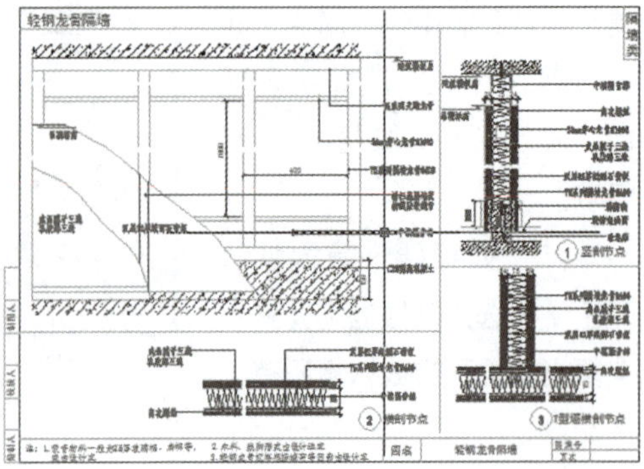

图1-1-26　十字光标为25

如果将光标移出绘图区域，光标将会变成一种标准的窗口指针。例如，当光标移到工具栏时，光标将会变成箭头形状，此时可以从工具栏上或菜单中选择要执行的选项。

（八）图层

使用图层绘图相当于在几张透明的纸上分别绘出一张图纸的不同部分，比如不同的图层可以设置不同的线宽、线型和颜色，也可以把尺寸标注、文字注释等设置到单独的图层，以便于编辑。再将所有透明的纸叠在一起，看出整体的效果。使用图层进行绘图，可以使工作更加容易，图形更易于绘制和编辑，因此，设置图层是绘图之前必须要做的准备工作。

AutoCAD2023通过“图层特性管理器”来管理图层和图层特性。可以通过以下几种办法来打开“图层特性管理器”：

- 单击“图层”工具栏上的（图层特性）按钮。
- 在命令行直接输入layer或直接输入快捷命令“LA”。

AutoCAD弹出如图1-1-27所示的图层特性管理器窗口。

在图层特性管理器中，可以很方便地对图层进行编辑。其中常用到的命令主要有：新建图层、设置当前图层、删除图层、开关图层、冻结和解冻图层、锁定和解锁图层、打印控制、设置图层颜色、设置图层线型、设置图层线宽等，如图1-1-28至图1-1-36所示。

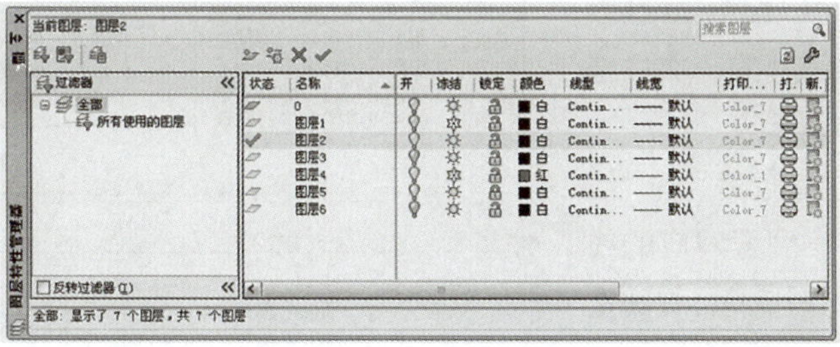

图1-1-27　图层特性管理器

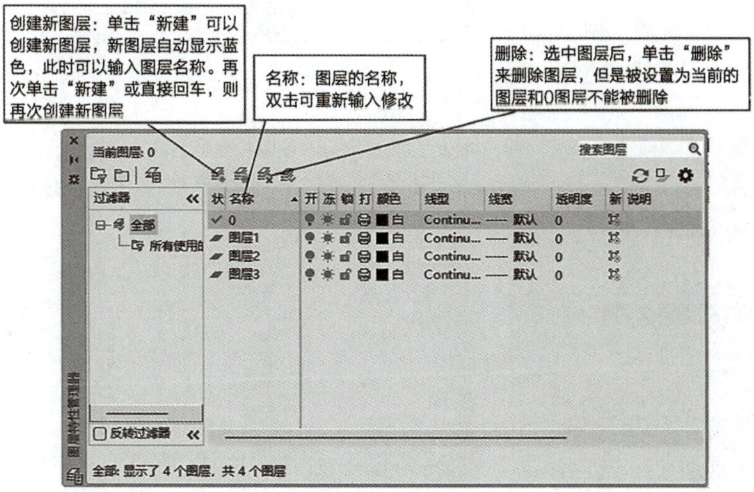

图1-1-28　图层删除与名称修改

在选择颜色对话框中选择本图层所对应的颜色后，单击“确定”即可。

线型是由线、点和空格组成的图样。可以通过图层指定对象的线型，也可以不依赖图层为对象指定其他线型。注意：这里所说的线型不包括以下对象的线型，如文字、点、视口、图案填充和块。

在“图层特性管理器”中的默认线型“Continuous”上单击，就可以弹出“选择线型”对话框，在对话框中默认只有“Continuous”（实线）一种线型，如果需要虚线、中心线等其他线型，则需要另外加载。在选择线型对话框中选择此图层需要的线型，使其显示为蓝色，然后单击“确定”，如图1-1-33所示。

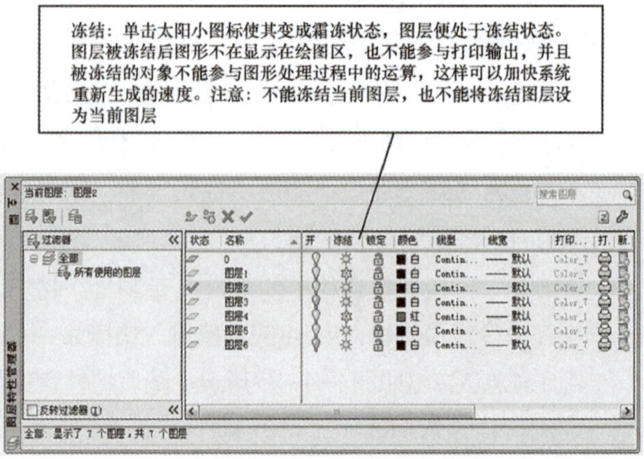

图1-1-29　冻结与解冻

单击“选择线型”对话框右下角“加载”，弹出“加载或重载线型”对话框，用户可以选择需要的线型。选择时可以配合Ctrl或者Shift键实现多种线型的一次性选择，如图1-1-34所示。

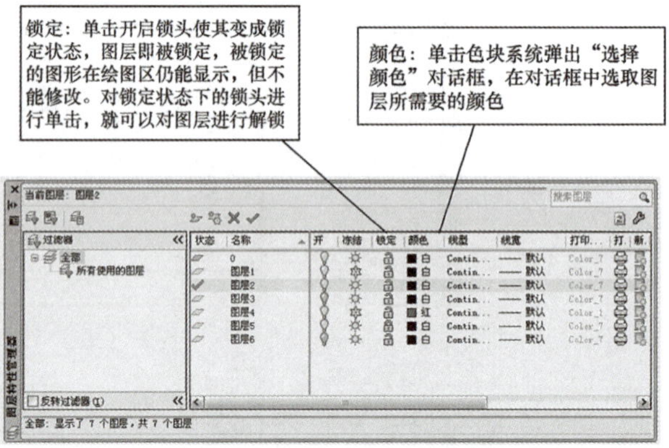

图1-1-30　锁定、解锁、颜色

在“图层特性管理器”的“线宽”列中单击某一图层对应的线宽，就会弹出线宽对话框。在线宽对话框中选择需要使用的线宽，然后确定即可，“线宽”对话框如图1-1-35所示。AutoCAD2023支持从0.00～2.11mm的线宽选择。建

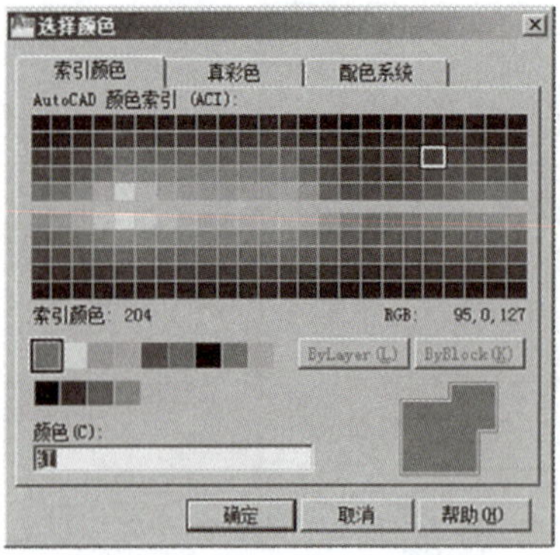

图1-1-31　“选择颜色”对话框

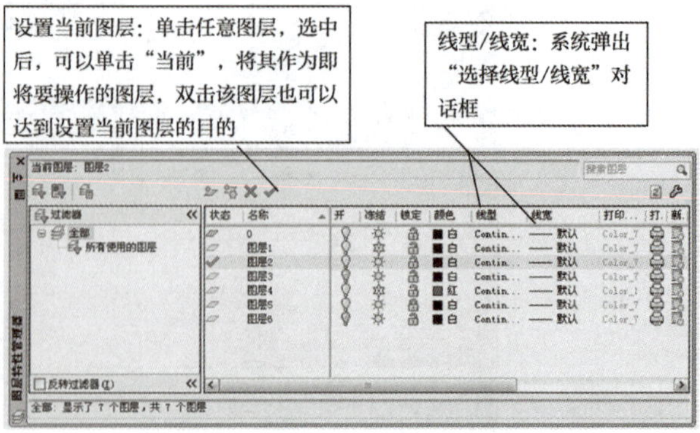

图1-1-32　设置当前图层及线宽、线型

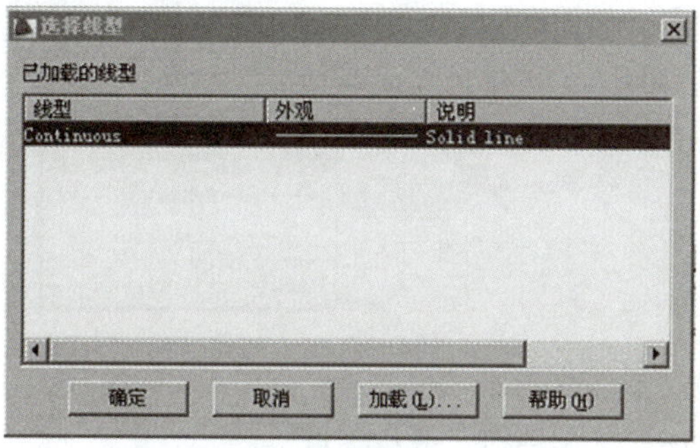

图1-1-33　“选择线型”对话框

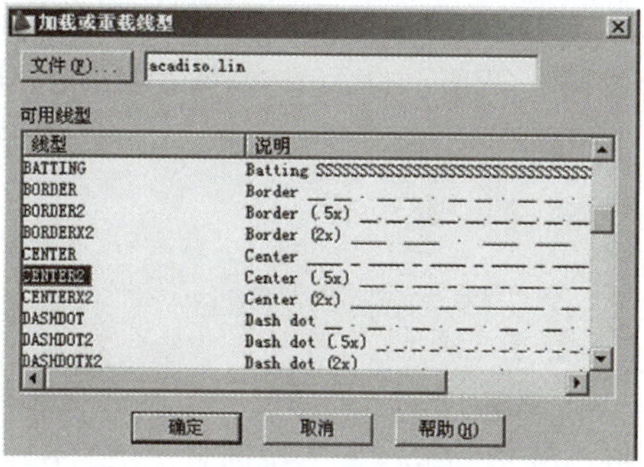

图1-1-34　“加载或重载线型”对话框

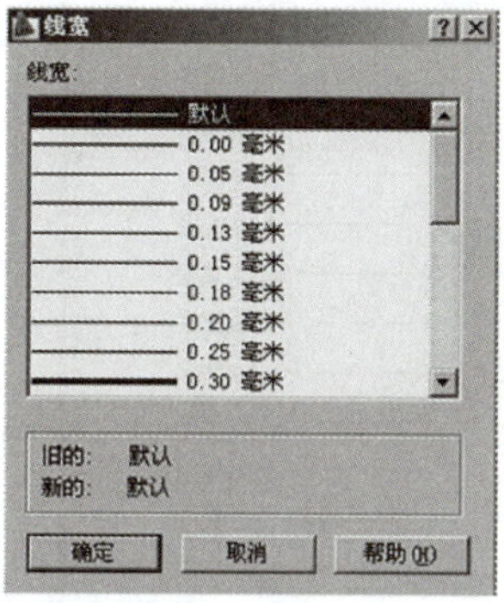

图1-1-35　“线宽”对话框

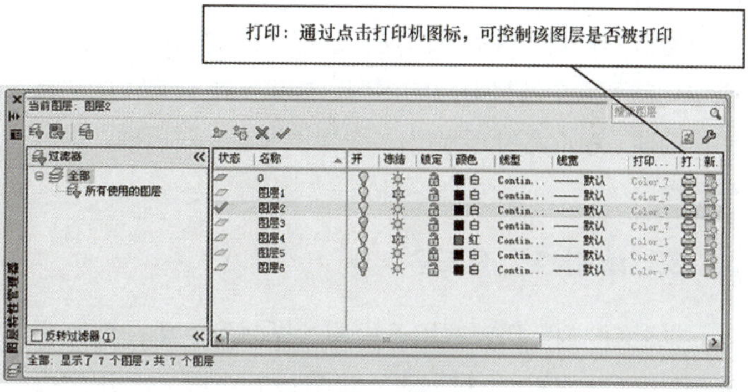

图1-1-36　打印按钮

筑、室内与家具设计行业中都有自己的制图规范，都规定了各种线型所指定的线宽。在模型空间中，线宽以像素显示，并且在缩放时不发生变化。因此，在模型空间中精确表示对象的宽度时不应该使用线宽，而应该使用多段线宽度设置。例如，如果要控制一个实际宽度为0.5mm的对象，就不能使用线宽，而应该用宽度为0.5mm的多段线表现对象。

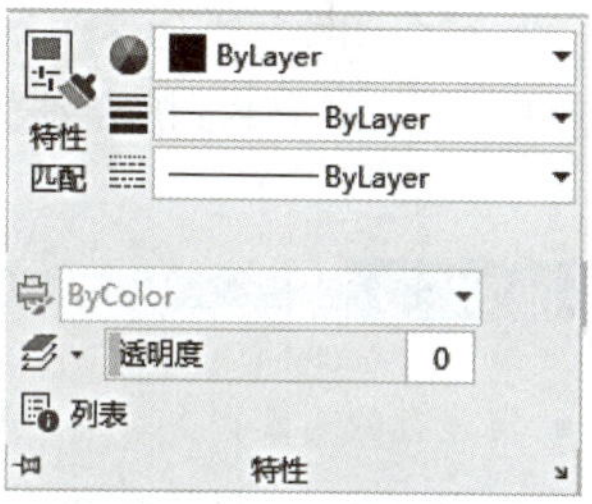

图1-1-37　图层特性工具栏

图层特性管理器中的各个图层属性的修改也可以在图层特性工具栏简单实现。在图层特性管理器中讲解的各种图表同样适用于图层特性工具栏。图层特性工具栏如图1-1-37所示。

图层特性工具栏主要有以下几点功能：

1. “颜色控制”列表框

“颜色控制”列表框用于设置绘图颜色。单击此列表框，AutoCAD弹出下拉列表，如图1-1-38所示。用户可通过该列表设置绘图颜色（一般应选择“随层”）或修改当前图形的颜色。

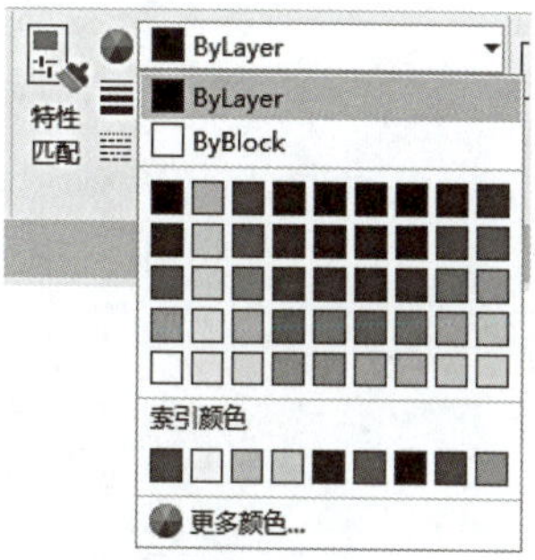

图1-1-38　“颜色控制”列表框

修改图形对象颜色的方法：首先选择图形，然后在如图1-1-38所示的颜色控制列表中选择对应的颜色。如果单击列表中的“选择颜色”项，AutoCAD会弹出“选择颜色”对话框，供用户选择。

2. “线型控制”列表框

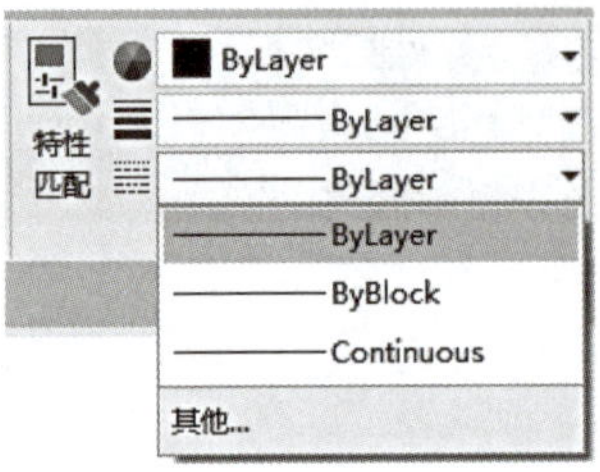

图1-1-39 “线型控制”列表框

“线型控制”列表框用于设置绘图线型。单击此列表框，AutoCAD弹出下拉列表，如图1-1-39所示。用户可通过该列表设置绘图线型（一般应选择“随层”）或修改当前图形的线型。

修改图形对象线型的方法：选择对应的图形，然后在线型控制列表中选择对应的线型。如果单击列表中的“其他”选项，AutoCAD会弹出“线型管理器”对话框，供用户选择。

3. “线宽控制”列表框

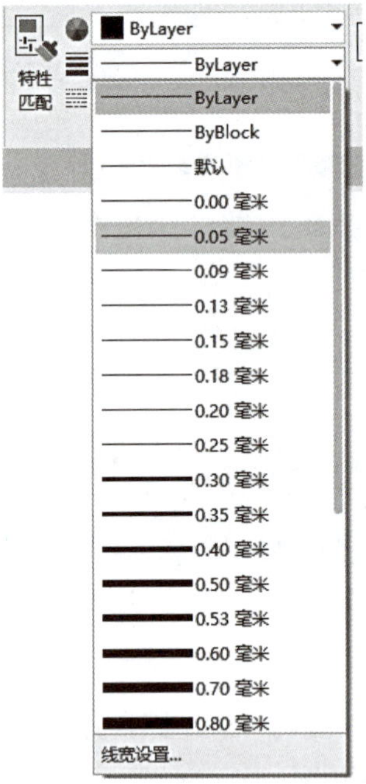

图1-1-40 “线宽控制”列表框

“线宽控制”列表框用于设置绘图线宽。单击此列表框，AutoCAD弹出下拉列表，如图1-1-40所示。用户可通过该列表设置绘图线宽（一般应选择“随层”）或修改当前图形的线宽。

修改图形对象线宽的方法：选择对应的图形，然后在线宽控制列表中选择对应的线宽。

随堂练习 **更改图层的颜色及线宽**

- 实践目的：掌握图层创建与管理的方法，提高绘图效率。
- 实践内容：通过所学内容，修改图纸的颜色和线宽。
- 实践步骤：执行“LA”，打开“图层特性管理器”，进行颜色和线宽的设置。

（1）扫描二维码，打开练习题\基础理论篇\更改图层颜色及线宽.DWG文件，如图1-1-41所示。

（2）执行“LA”，打开“图层特性管理器”，如图1-1-42所示。

（3）修改标注的颜色。单击“尺寸标注”图层的颜色图标，如图1-1-43所示。

（4）打开“选择颜色”对话框，选择颜色为“红色”，如图1-1-44所示，单击“确定”按钮。

（5）“尺寸标注”图层颜色被更改为红色后，返回绘图区域即可看到设置效果（此处黑白显示），如图1-1-45所示。若要更改图层的颜色，可以按照上述方法进行更改。

（6）若要更改图层的线宽，同样执行“LA”，打开“图层特性管理器”，选择要修改的图层线宽单击即可。

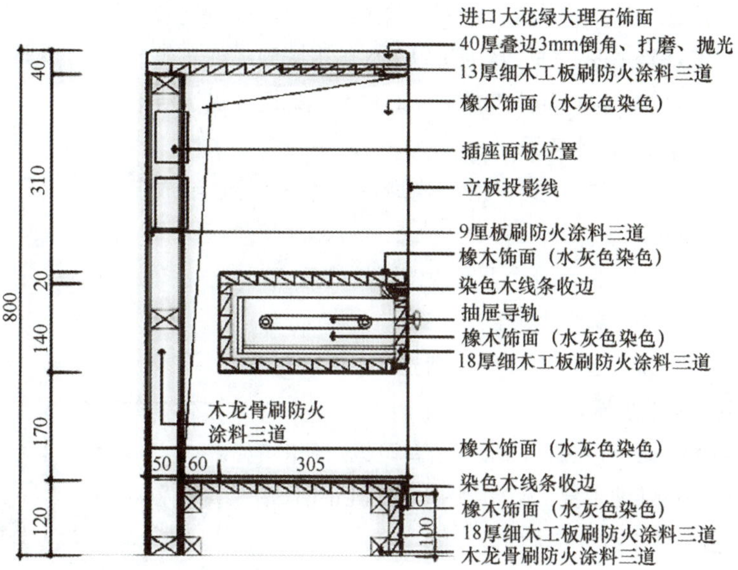

图1-1-41　打开文件

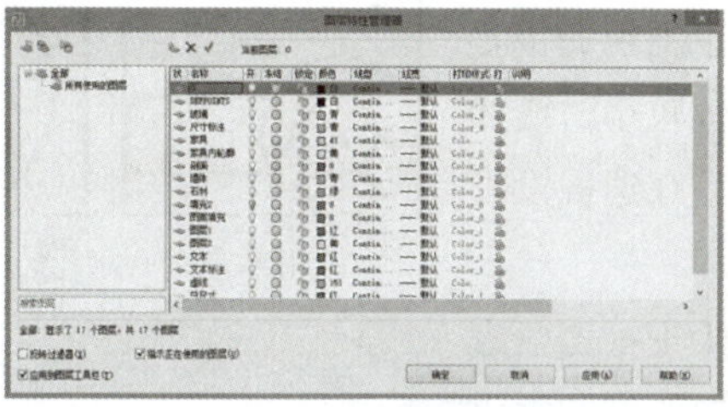

图1-1-42　打开图层特性管理器

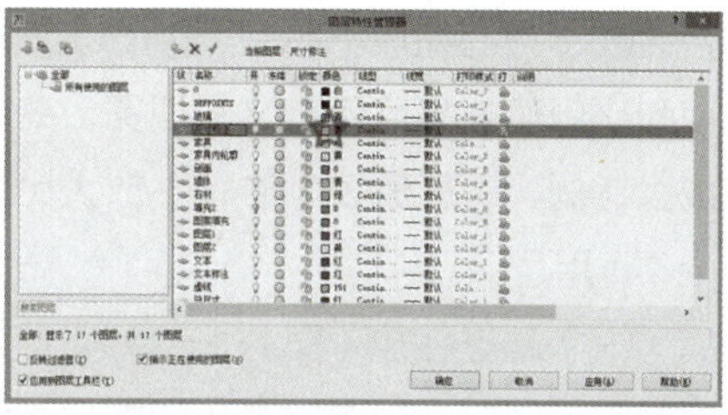

图1-1-43　单击颜色图标

图1-1-44　选择颜色

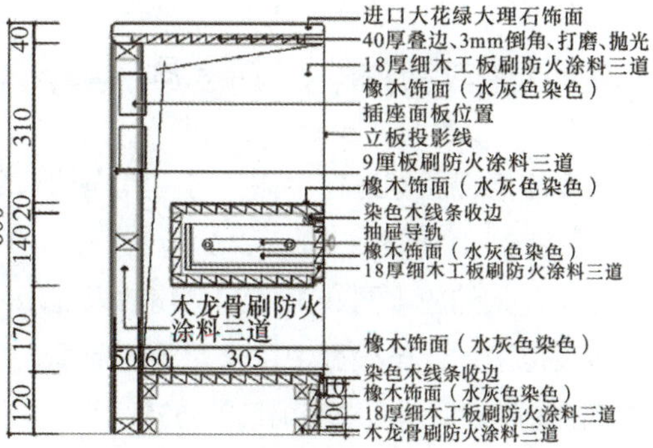

图1-1-45　绘图区已显示更改效果

（九）图形的缩放与平移

1. 图形的缩放

图形显示缩放只是将屏幕上的对象放大或缩小其视觉尺寸，就像用放大镜观看图形一样，从而可以放大图形的局部细节或者缩小图形观看全貌。执行显示缩放后，对象的实际尺寸仍保持不变。可以通过以下办法来实现：

◆单击缩放工具栏下的倒三角，选取其中的子命令，缩放工具栏如图1-1-46所示。

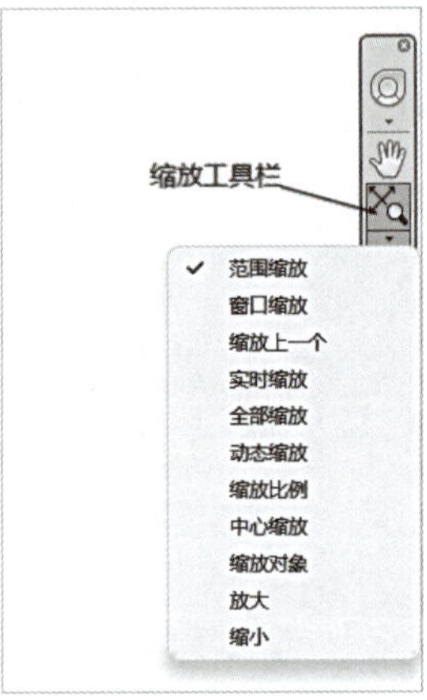

图1-1-46　缩放工具栏

（1）窗口缩放。指定一个要放大的区域的角点。对角点：指定缩放区域的对角点。

（2）全缩放部（图1-1-47）。缩放以显示所有可见对象和视觉辅助工具。

调整绘图区域，以适应图形中所有可见对象的范围，或适应视觉辅助工具［例如栅格界限（LIMITS命令）］的范围，取二者中较大者。

在右图中，栅格界限被设置为比图形范围更大的区域。因为它始终重生成图形，所以无法透明地使用“全部缩放”选项。

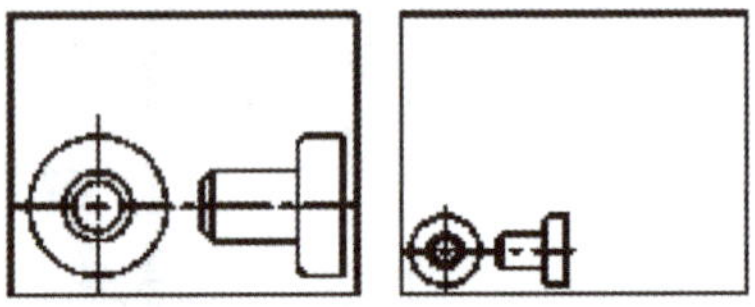

全部缩放之前　　全部缩放之后

图1-1-47　“全部缩放”示意图

（3）中心缩放（图1-1-48）。缩放以显示由中心点和比例值或高度所定义的视图。高度值较小时增加放大比例，高度值较大时减小放大比例。在透视投影中不可用。

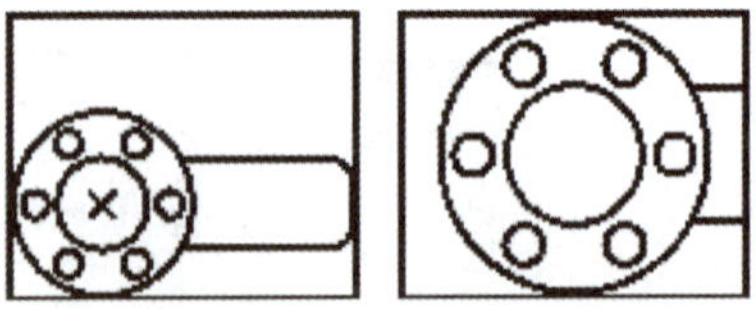

中心缩放之前　　中心缩放之后，放大比例增加

图1-1-48　“中心缩放”示意图

（4）动态缩放（图1-1-49）。使用矩形视图框进行平移和缩放。视图框表示视图，可以更改它的大小或在图形中移动。移动视图框或调整它的大小，将其中的视图平移或缩放，以充满整个视口。在透视投影中不可用。

要更改视图框的大小，可单击后调整其大小，然后再次单击，以接受视图框的新大小。

若要使用视图框进行平移，可将其拖动到所需的位置，然后按Enter键。

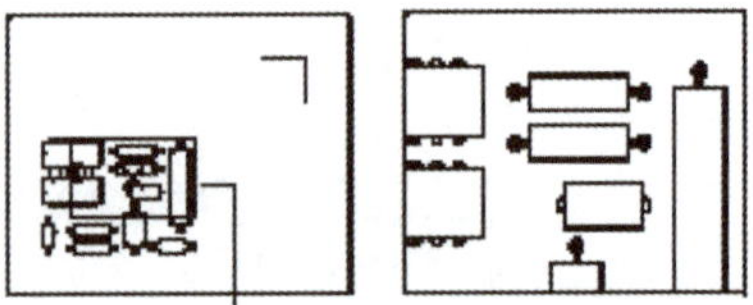

视图框　　新视图

图1-1-49　“动态缩放”示意图

（5）范围缩放（图1-1-50）。缩放以显示所有对象的最大范围。计算模型中每个对象的范围，并使用这些范围来确定模型应填充窗口的方式。

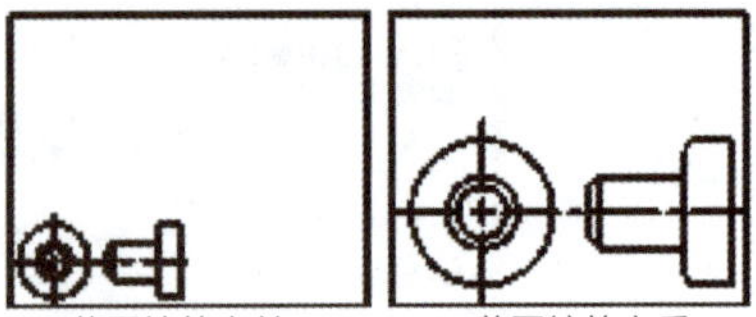

范围缩放之前　　范围缩放之后

图1-1-50　“范围缩放”示意图

（6）缩放上一个（图1-1-51）。缩放显示上一个视图，最多可恢复此前的10个视图。

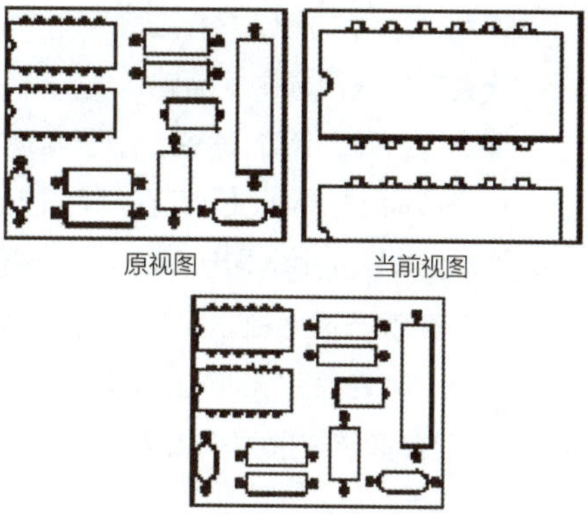

原视图　　当前视图

缩放上一个之后

图1-1-51　“缩放上一个”示意图

（7）缩放比例（图1-1-52和图1-1-53）。使用比例因子缩放视图，以更改其比例。

输入的值后面跟着x，根据当前视图指定比例。

输入值后跟着xp，指定相对于图纸空间单位的比例。

例如，输入 .5x，则使屏幕上的每个对象显示为原大小的二分之一。

输入 .5xp，则以图纸空间单位的二分之一显示模型空间。创建每个视口以不同的比例显示对象的布局。

输入值，指定相对于图形栅格界限的比例（此选项很少用）。例如如果缩放到图形界限，则输入2，将以对象原来尺寸的两倍显示对象。

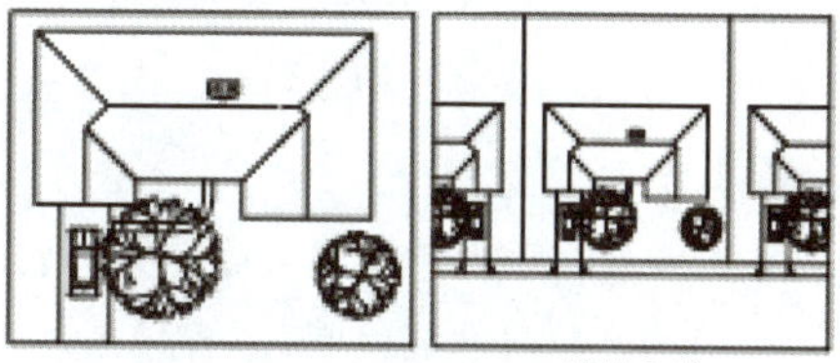

缩放 5 倍

图1-1-52　“缩放比例”示意图（1）

（8）窗口缩放（图1-1-54）。缩放显示矩形窗口指定的区域。使用光标，可以定义模型区域以填充整个窗口。

（9）缩放对象。缩放以便尽可能大地显示一个或多个选定的对象，并使其位于视图的中心。可以在启动ZOOM命令前后选择对象。

缩放 2

图1-1-53　“缩放比例”示意图（2）

（10）实时缩放。交互缩放以更改视图的比例。光标将变为带有加号（+）和减号（-）的放大镜Q+ Q-。关于实时缩放时可用选项的说明，请参见缩放快捷菜单。

在窗口的中点按住拾取键并垂直移动到窗口顶部，则放大100%。反之，在窗口的中点按住拾取键并垂直向下移动到窗口底部，则缩小100%。

达到放大极限时，光标上的加号将消失，表示将无法继续放大。达到缩小极限时，光标上的减号将消失，表示将无法继续缩小。

松开拾取键时缩放终止。可以在松开拾取键后将光标移动到图形的另一个位置，再按住拾取键，便可从该位置继续缩放显示。

若要退出缩放，可按Enter键或Esc键。

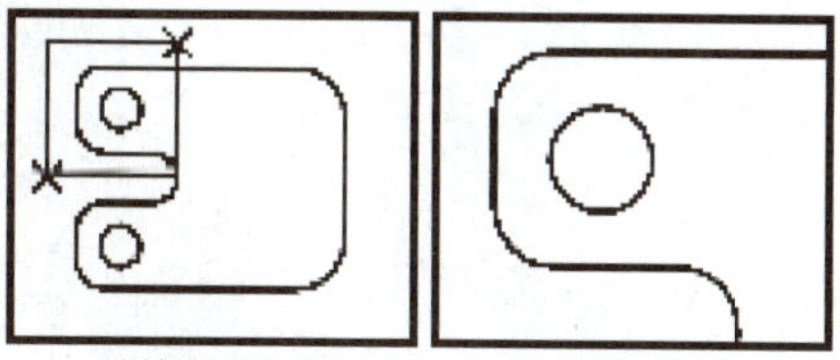

缩放窗口之前　　缩放窗口之后

图1-1-54　“窗口缩放”示意图

2. 图形的平移

图形显示移动是指移动整个图形，就像移动整个图纸，以便使图纸的特定部分显示在绘图窗口。执行显示移动后，图形相对于图纸的实际位置并不发生变化。使用“平移”可以将视图重新定位，以便能看清需要观察或者修改的地方。

使用“平移”有以下方法：

◆直接按住鼠标中间滑轮。

◆命令行输入PAN命令，用于实现图形的实时移动。

执行该命令，AutoCAD在屏幕上出现一个小手光标，并提示：

按Esc或Enter键退出，或单击右键显示快捷菜单。

同时在状态栏上提示：“按住拾取键并拖动进行平移”。此时按下拾取键并向某一方向拖动鼠标，就会使图形向该方向移动；按Esc键或Enter键可结束PAN命令；如果右击，AutoCAD会弹出快捷菜单供用户选择。

点石成金

AutoCAD 样板文件是扩展名为 .dwt 的文件，通常包括一些通用图形对象，如图幅框和标题栏等，还有一些与绘图相关的标准或通用设置，如图层、文字标注样式及尺寸标注样式的设置等。

通过样板创建新图形，可以避免一些重复性操作，如绘图环境的设置等。这样不仅能够提高绘图效率，而且还保证了图形的一致性。

当用户基于某一样板文件绘制新图形并以 .dwg 格式（AutoCAD 图形文件格式）保存后，所绘图形对原样板文件没有影响。

图形样板的制作方法为：

◆单击“文件”>“另存为”命令。

◆在命令行直接输入“Ctrl+Shift+S”组合命令。

运行命令后弹出如图 1-1-55 所示对话框，选择文件类型为 AutoCAD 图形样板文件（*.dwt），输入文件名称即可保存。

图1-1-55　图形样板的保存

任务四
综合练习

- 实践目的：了解AutoCAD的基本功能与作用。
- 实践内容：掌握如何在AutoCAD中设置绘图环境，掌握AutoCAD的基本绘图命令。
- 实践步骤：请参照以下提纲进行操作。

1. 基础操作

（1）创建新的AutoCAD文件，一般启动后自动生成。

（2）打开已有文件。

（3）保存文件和文件另存。

（4）给文件加密。

（5）退出。

2. 常见系统配置

（1）修改背景颜色及十字光标的大小。工具→选项→显示→改变背景颜色/十字光标大小。

（2）修改自动保存时间和默认保存格式。工具→选项→打开和保存→另存为.dwg格式/修改自动保存时间。

3. BAK 文件的用法（修改名称及后缀）

（1）建立一个新的.dwg文件。

（2）改变文件背景颜色为白色。

（3）设置自动保存时间为3min。

（4）打开.BAK自动备份文件。

4. 图形操作练习

（1）启动AutoCAD、退出AutoCAD的操作与练习。

（2）文件保存、加密练习。

（3）常用系统配置练习。

（4）自动备份文件应用练习。

（5）选取工具集常用工具条的使用。

（6）常用文件操作快捷命令的使用。

5. 思考

（1）安装AutoCAD2023，系统需求条件的注意事项有哪些?

（2）启动AutoCAD2023，熟悉显示选项卡和状态栏的使用方法。

（3）在AutoCAD2023中如何显示或隐藏命令行窗口?

（4）在AutoCAD2023中文件的格式有哪些?

项目二

AutoCAD2023 基本操作

教学目标

知识目标

1 掌握二维图形的基础绘制命令和操作方法。

2 掌握二维图形的编辑命令和操作方法。

3 掌握文本、尺寸标注方法。

能力目标

1 能够熟练应用AutoCAD软件常用的平面绘图命令进行绘图，利用修改命令进行图形的编辑。

2 能进行初步的二维图形的绘制和表达。

素质目标

1 具备剖析问题、解决问题的能力。

2 能有意识地培养自身的设计思维、绘图能力、设计表达能力。

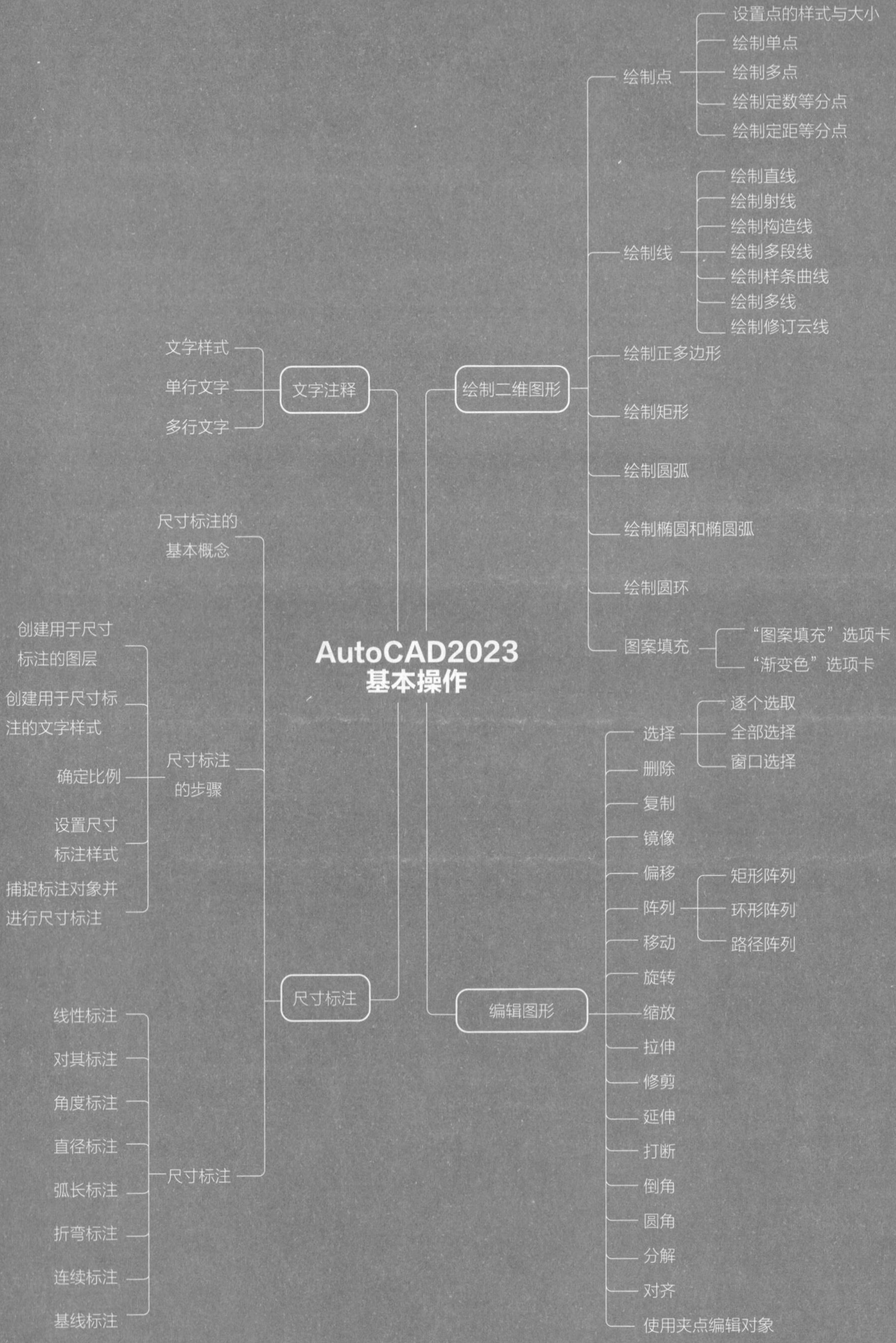
AutoCAD2023
基本操作
绘制二维图形
绘制点
设置点的样式与大小
绘制单点
绘制多点
绘制定数等分点
绘制定距等分点
绘制线
绘制直线
绘制射线
绘制构造线
绘制多段线
绘制样条曲线
绘制多线
绘制修订云线
绘制正多边形
绘制矩形
绘制圆弧
绘制椭圆和椭圆弧
绘制圆环
图案填充
“图案填充”选项卡
“渐变色”选项卡
编辑图形
选择
逐个选取
全部选择
窗口选择
删除
复制
镜像
偏移
阵列
矩形阵列
环形阵列
路径阵列
移动
旋转
缩放
拉伸
修剪
延伸
打断
倒角
圆角
分解
对齐
使用夹点编辑对象
文字注释
文字样式
单行文字
多行文字
尺寸标注
尺寸标注的
基本概念
尺寸标注
的步骤
创建用于尺寸
标注的图层
创建用于尺寸标
注的文字样式
确定比例
设置尺寸
标注样式
捕捉标注对象并
进行尺寸标注
尺寸标注
线性标注
对其标注
角度标注
直径标注
弧长标注
折弯标注
连续标注
基线标注

任务一

绘制二维图形

在室内与家具设计中，基本图形的绘制、编辑、缩放、尺寸标注、文字注释等操作非常重要，也是设计制图人员所必须掌握的。本任务将重点介绍室内与家具设计人员必须掌握的基本绘图技能。要求掌握绘制直线对象，如绘制线段、射线、构造线；绘制矩形和等边多边形；绘制曲线对象，如绘制圆、圆环、圆弧、椭圆及椭圆弧；设置点的样式并绘制点对象。工具栏绘图工具如图1-2-1所示。一般绘图快捷命令见表1-2-1。

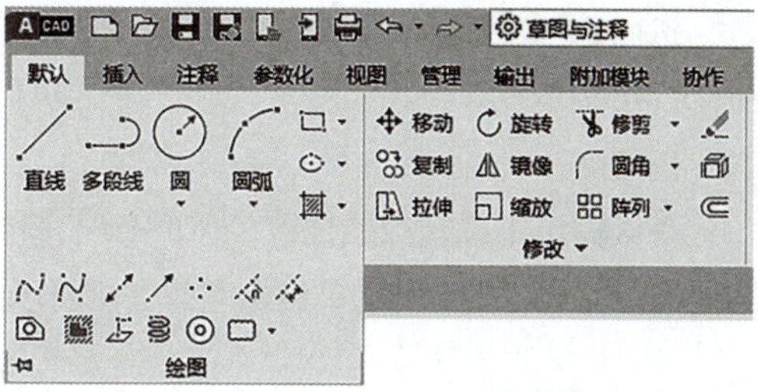

图1-2-1　绘图工具栏

表 1-2-1　　本任务涉及平面绘图快捷命令

序号	命令说明	快捷键	序号	命令说明	快捷键
1	直线	L	10	多段线	PL
2	构造线	XL	11	正多边形	POL
3	多线	ML	12	圆形	C
4	矩形	REC	13	椭圆	EL
5	圆弧	A	14	定数等分	DIV
6	单点	PO	15	图案填充	H
7	定距等分	ME	16	样条曲线	SPL
8	圆弧	A	17	多线	ML
9	射线	RAY	18	修订云线	REVCLOUD

（一）绘制点

在AutoCAD2023中，点对象可以作为捕捉或者偏移对象的节点或参考点。可以通过单点、多点、定数等分、定距等分四种方式创建点对象。在创建点对象之前，可以根据实际需求设置点的样式与大小。

1. 设置点的样式与大小

输入“DDPTYPE”命令，空格，AutoCAD弹出如图1-2-2所示“点样式”对话框，用户可通过该对话框选择需要的点样式。此外，还可以利用对话框中的“点大小”编辑框确定点的大小。

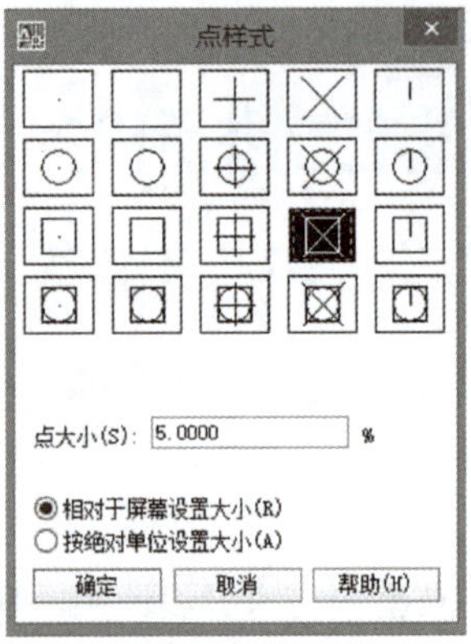

图1-2-2　点样式

2. 绘制单点

执行“POINT”命令或直接输入快捷命令“PO”，AutoCAD提示：

指定点：

在该提示下确定点的位置，AutoCAD就会在该位置绘制出相应的点，则绘制的单点如图1-2-3所示。

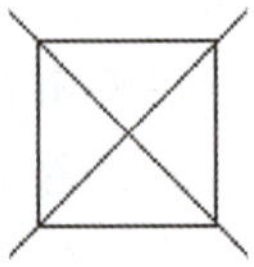
图1-2-3　单点绘制

3. 绘制多点

绘制多点就是在输入命令后，能一次绘制多个点，在“常用”选项卡的“绘图”面板中单击“多点”按钮，如图1-2-4所示，然后在绘图区指定位置多次点击，即可完成多个点的绘制。AutoCAD提示：

当前点模式：PDMODE=67　PDSIZE=0.0000，则绘制的多点如图1-2-5所示。

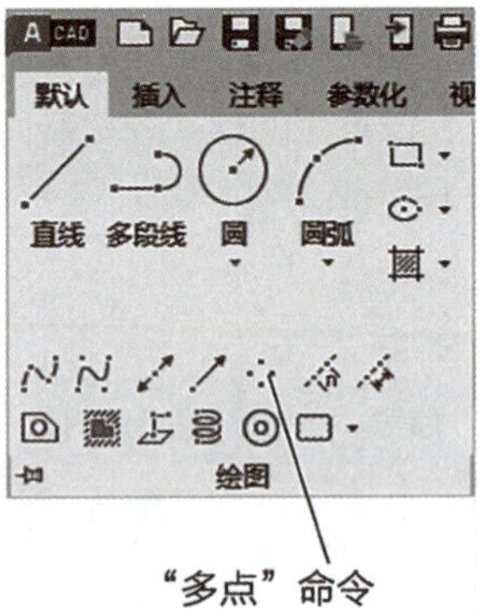

图1-2-4　“多点”命令栏

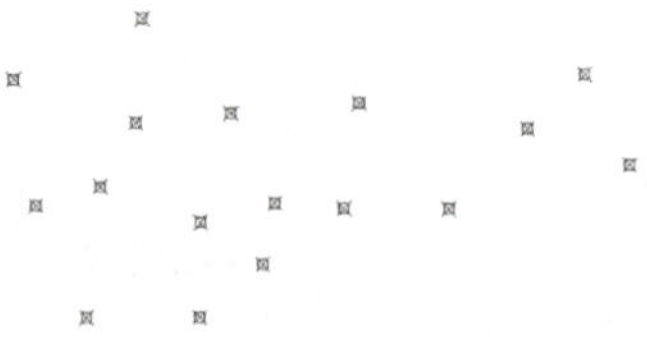
图1-2-5　多点绘制

4. 绘制定数等分点

定数等分点指将点对象沿对象的长度或周长等间隔排列。直接输入快捷命令“DIV”，AutoCAD提示：

选择要定数等分的对象：（选择对应的对象）

输入线段数目或［块（B）］：

在此提示下直接输入等分数，即响应默认项，AutoCAD在指定的对象上绘制出等分点。另外，利用“块（B）”选项可以在等分点处插入块。

点石成金

当对一条线段进行等分时，等分点总是无法显示的原因？

解决方法：

打开“草图设置”对话框，选择“象限点”后确定，打开“格式”>“点样式”，在点样式对话框更换一种点样式即可。

随堂练习　定数等分的练习

- 实践目的：了解定数等分的基本功能与作用，掌握定数等分的快捷键“DIV”。
- 实践内容：掌握如何在AutoCAD中灵活运用定数等分命令。
- 实践步骤：请使用“DIV”定数等分命令，并结合“F3”“L”等命令，绘制如图1-2-6所示图形。

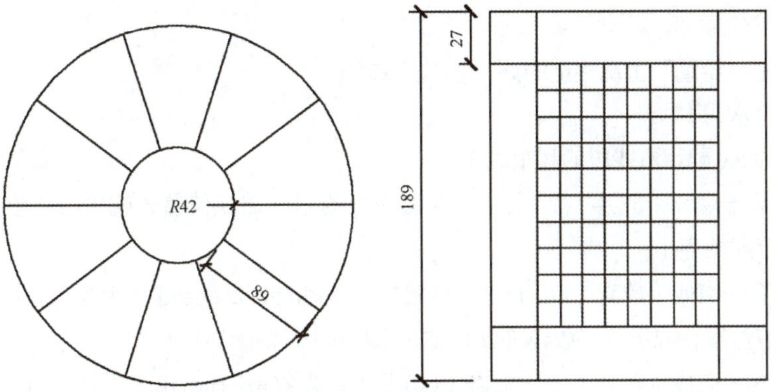

图1-2-6　定数等分示例

5. 绘制定距等分点

定距等分点是指将点对象在指定的对象上按指定的间隔放置。直接输入快捷命令“ME”，AutoCAD提示：

选择要定距等分的对象：（选择对象）

指定线段长度或［块（B）］：

在此提示下直接输入长度值，即执行默认项，AutoCAD在对象上的对应位置绘制出点。同样，可以利用“点样式”对话框设置所绘制点的样式。如果在“指定线段长度或［块（B）］：”提示下执行“块（B）”选项，则表示将在对象上按指定的长度插入块。

随堂练习　定距等分的练习

- 实践目的：了解定距等分的基本功能与作用，掌握定距等分的快捷键“ME”。
- 实践内容：掌握如何在AutoCAD中灵活运用定距等分命令。
- 实践步骤：使用“ME”命令，并结合“F3”“L”等命令，绘制如图1-2-7所示图形。

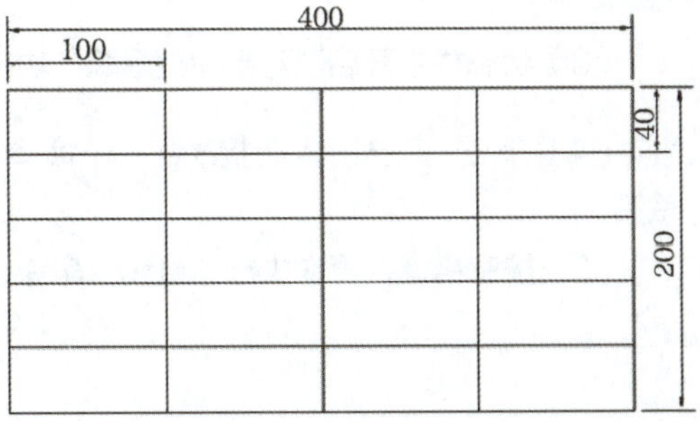

图1-2-7　定距等分练习

（二）绘制线

1. 绘制直线

根据指定的端点绘制一系列直线段。

◆命令行输入：LINE；

◆单击“绘图”工具栏上的（直线）按钮。

AutoCAD提示：

第一点：（确定直线段的起始点）

指定下一点或［放弃（U）］：［确定直线段的另一端点位置，或执行“放弃（U）”选项重新确定起始点］

指定下一点或［放弃（U）］：［可直接按Enter键或Space键结束命令，或确定直线段的另一端点位置，或执行“放弃（U）”选项取消前一次操作］

指定下一点或［闭合（C）/放弃（U）］：［可直接按Enter键或Space键结束命令，或确定直线段的另一端点位置，或执行“放弃（U）”选项取消前一次操作，或执行“闭合（C）”选项创建封闭多边形］

指定下一点或［闭合（C）/放弃（U）］：↙［也可以继续确定端点位置、执行“放弃（U）”选项、执行“闭合（C）”选项］

执行结果：AutoCAD绘制出连接相邻点的一系列直线段。值得注意的是：用LINE命令绘制出的一系列直线段中的每一条线段均是独立的对象。

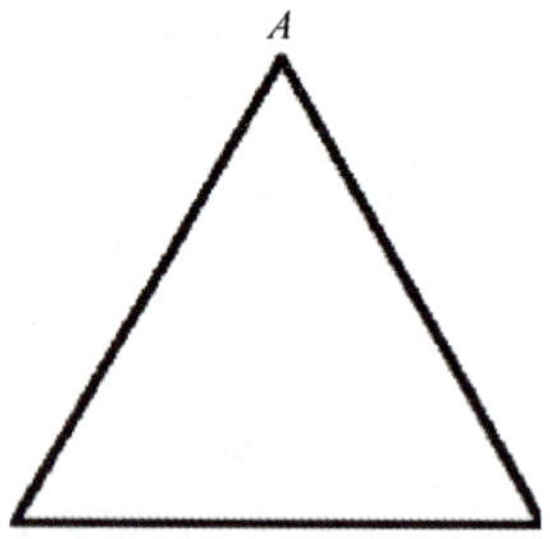

图1-2-8　等边三角形

举例：使用“直线”命令绘制边长为200的等边三角形，如图1-2-8所示。

方法如下：

（1）状态栏中开启“极轴”功能 

。

（2）单击按钮，在绘图区某点单击鼠标左键，将鼠标水平右移，在命令行输入200，绘制直线*BC*。

（3）状态栏中开启“对象捕捉追踪”功能 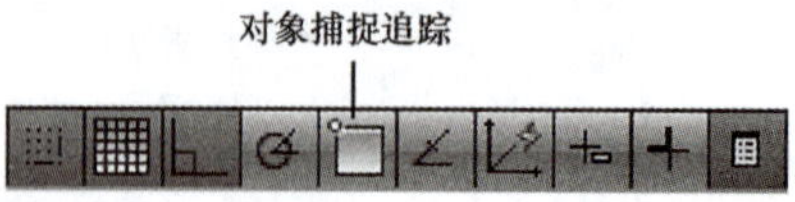

。

（4）单击按钮，捕捉*B*点，在命令行输入@200<60，回车，完成直线 *AB* 的绘制。

（5）按空格键，再次执行“直线”命令，捕捉*A*点和*C*点，完成直线*AC*的绘制。

点石成金

如何绘制水平或者垂直的线?

◆单击状态栏中的“正交”按钮，开启“正交”功能；

◆按 F8 键，开启“正交”功能。

直线如何精确地拾取到点?

绘制直线时，常常需要将起点或者终点定在特殊点上，这时就需要开启“对象捕捉”功能。利用“对象捕捉”功能，在绘图过程中可以快速、准确地确定一些特殊点，如圆心、端点、中点、切点、交点、垂足等。

可以通过“对象捕捉”工具栏和对象捕捉菜单，如图 1-2-9 所示（按 Shift 键后右击可弹出此快捷菜单），启动对象捕捉功能。

当然，在 AutoCAD2023 中还可以使用对象自动捕捉（简称自动捕捉，又称为隐含对象捕捉），利用此捕捉模式可以使 AutoCAD 自动捕捉到某些特殊点。

在状态栏上的“对象捕捉”按钮上右击，从快捷菜单选择“设置”命令，打开此对话框，如图 1-2-10 所示。在草图设置对话框中可以很方便地根据绘图需要选取对象捕捉的模式，然后单击“确定”即可。在此，需要注意的是草图设置常常配合 F3 键来实现对象捕捉开与关的功能。

如何确定直线的长度?

绘制直线时，常常要确定直线的长度，这时可以先确定直线上一个点的位置，然后将光标向需要延伸的方向拉，从键盘输入确定的数据，再确定，再输入另一个方向的数值，再确定，若想终止，再次确定即可。

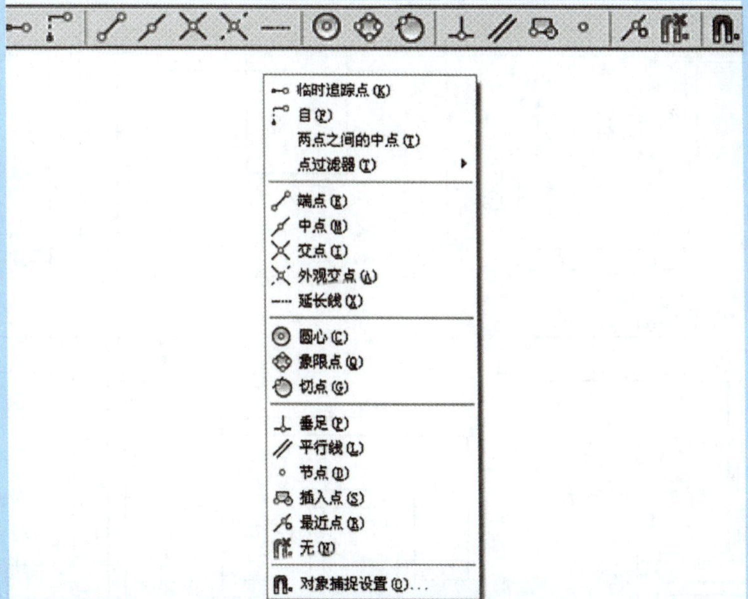

图1-2-9 对象捕捉工具栏和菜单

随堂练习　直线的练习

- 实践目的：了解直线的基本功能与作用，掌握直线的快捷键“L”。
- 实践内容：掌握如何在AutoCAD中灵活运用“直线”命令。
- 实践步骤：请使用“L”直线命令，并结合“F3”对象捕捉，绘制如图1-2-11所示图形。

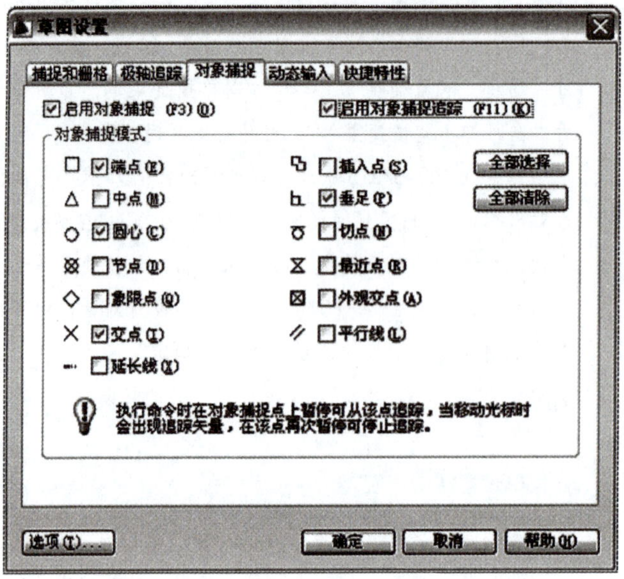

图1-2-10　对象捕捉选项栏

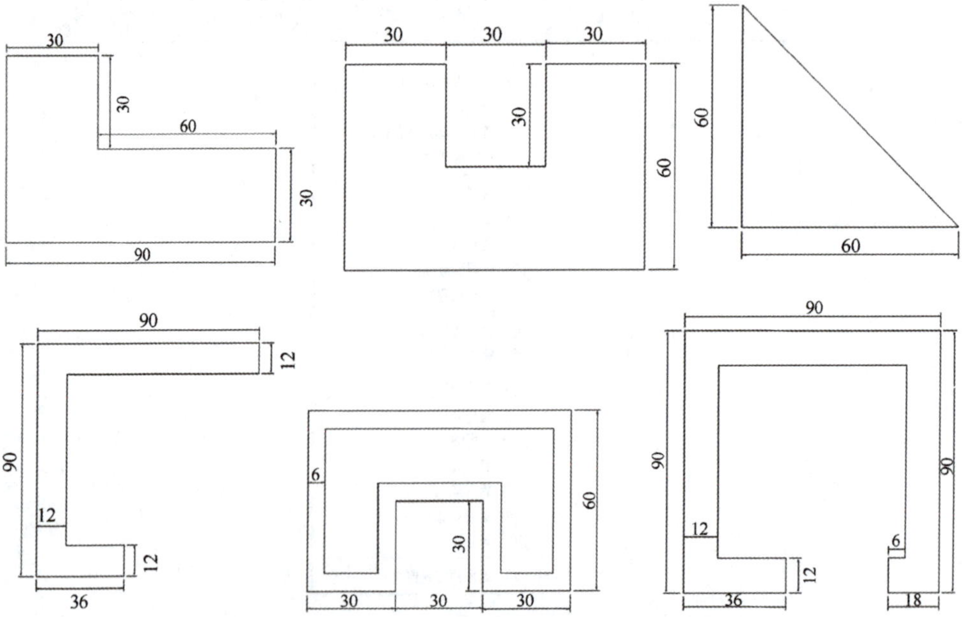

图1-2-11　直线练习

2. 绘制射线

绘制沿单方向无限长的直线，射线一般用作辅助线。

选择“绘图”>“射线”命令，即执行RAY命令，AutoCAD提示（图1-2-12）：

指定起点：（确定射线的起始点位置）

指定通过点：（确定射线通过的任一点，确定后AutoCAD绘制过起点与该点的射线）

指定通过点：↙（也可以继续指定通过点，绘制过同一起始点的一系列射线，如图1-2-13所示）

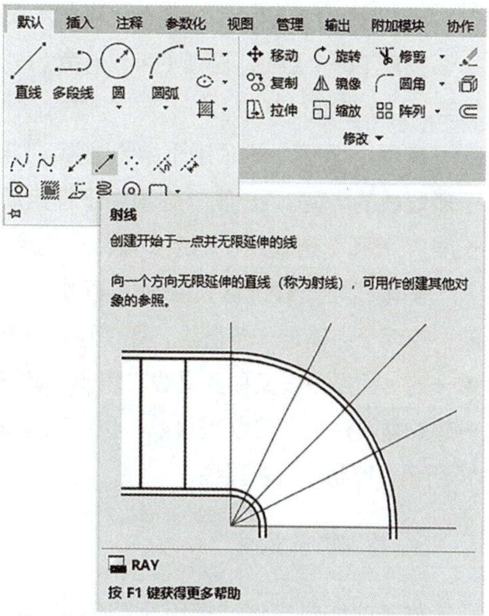

图1-2-12　射线工具栏

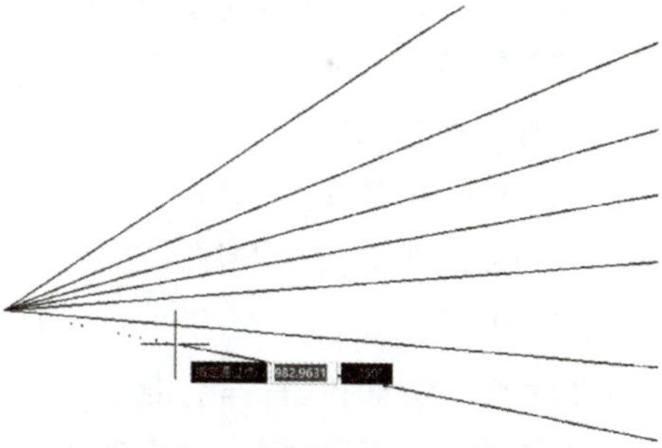
图1-2-13　射线的绘制

3. 绘制构造线

绘制沿两个方向无限长的直线，构造线一般用作辅助线。快捷命令：“XL”。

单击“绘图”工具栏上的（构造线）按钮，即执行“XL”命令，AutoCAD提示：

指定点或［水平（H）/垂直（V）/角度（A）/二等分（B）/偏移（O）］：

根据命令提示行提示进行操作，即可得到构造线，如图1-2-14所示。

其中，“指定点”选项用于绘制通过指定两点的构造线。“水平”选项用于绘制通过指定点的水平构造线。“垂直”选项用于绘制通过指定点的垂直构造线。“角度”选项用于绘制沿指定方向或与指定直线之间的夹角为指定角度的构造线。“二等分”选项用于绘制平分由指定3点所确定的角的构造线。“偏移”选项用于绘制与指定直线平行的构造线。

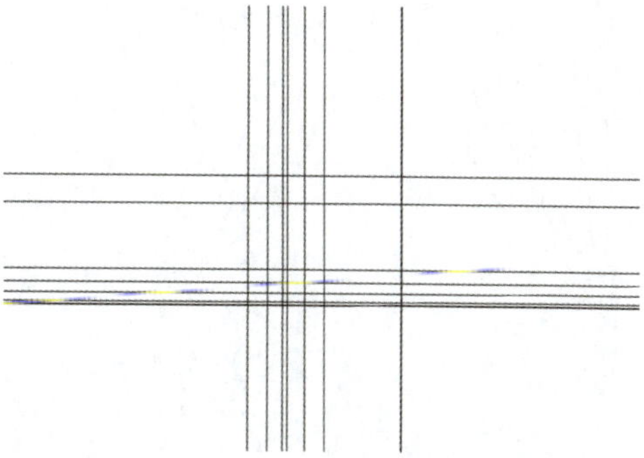
图1-2-14　构造线的绘制

4. 绘制多段线

多段线是由直线段、圆弧段构成，且可以有宽度的图形对象。快捷命令：“PL”。

单击“绘图”工具栏上的（多段线）按钮或选择“绘图”>“多段线”命令，即执行PLINE命令，AutoCAD提示：

指定起点：（确定多段线的起始点）

当前线宽为0.0000:（说明当前的绘图线宽）

指定下一个点或[圆弧（A）/半宽（H）/长度（L）/放弃（U）/宽度（W）]:

其中，“圆弧”选项用于绘制圆弧。“半宽”选项用于多段线的半宽。“长度”选项用于指定所绘多段线的长度。“宽度”选项用于确定多段线的宽度。

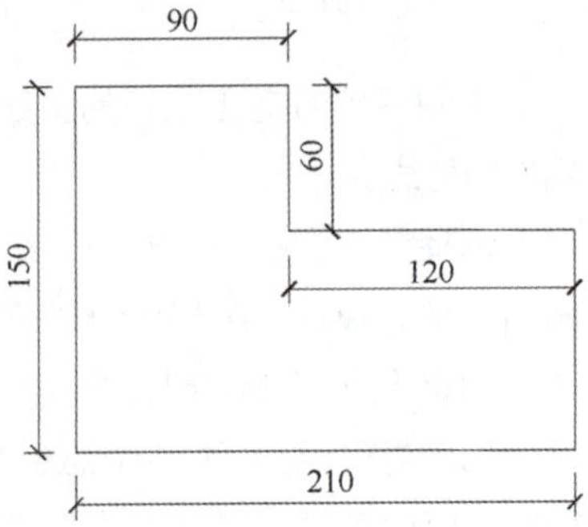

图1-2-15 多段线

多段线与直线的区别在于：直线是一个单一的对象，每两个点确定一条直线，即使连在一起画每条也是单一的。而多段线又称多义线，表示一起画的都是连在一起的复合对象，可以是直线，也可以是圆弧，并且它们还可以加不同的宽度。如图1-2-15所示，绘制一段多段线。

5. 绘制样条曲线

样条曲线是经过或接近影响曲线形状的一系列点的平滑曲线。绘制样条曲线的步骤如下：

依次单击“常用”选项卡＞“绘图”面板＞“样条曲线”，或者直接输入样条曲线的快捷命令“SPL”，AutoCAD提示：

输入m，然后输入f（拟合点）或cv（控制点）。

指定样条曲线的起点：

指定样条曲线的下一个点：根据需要继续指定点。

按 Enter 键结束，或者输入c（闭合）使样条曲线闭合。

可以使用几种方法编辑样条曲线和修改其基本参数。

可以使用多功能夹点、SPLINEDIT 和“特性”选项板编辑样条曲线。除了以上操作，还可以修剪、延伸和圆角样条曲线。

在室内施工图绘制中，样条曲线可用于绘制窗帘、绿植、艺术摆件、地面及天花造型等平滑的曲线。样条曲线图例如图1-2-16所示。

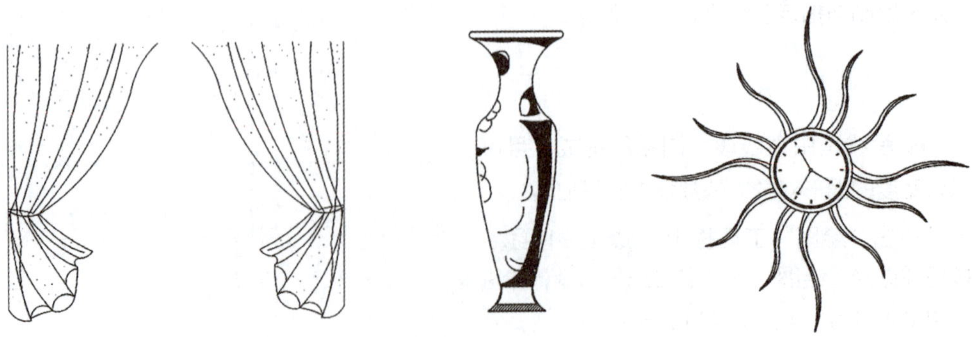
图1-2-16 样条曲线图例

6. 绘制多线

多线由多条平行线组成，这些平行线称为元素，多线的快捷命令是ML。绘制多线时，可以使用包含两个元素的STANDARD 样式，也可以指定一个以前创建的样式。开始绘制之前，可以更改多线的对正和比例。

多行对正确定将在光标的哪一侧绘制多行，或者是否位于光标的中心上。

多线比例用来控制多行的全局宽度（使用当前单位）。多线比例不影响线型比例。如果要更改多行比例，可能需要对线型比例做相应的更改，以防点或虚线的尺寸不正确。

可以创建多线的命名样式，以控制元素的数量和每个元素的特性。多线的特性包括：元素的总数和每个元素的位置；每个元素与多线中间的偏移距离；每个元素的颜色和线型；每个顶点出现的称为joints 的直线的可见性；使用的端点封口类型；多线的背景填充颜色。

带有正偏移的元素出现在多线段中间的一条线的一侧，带有负偏移的元素出现在这条线的另一侧。

进行多线样式设置时，在命令提示下，输入MLSTYLE命令。 弹出“多线样式”对话框，单击“新建”，如图1-2-17所示。

在“创建新的多线样式”对话框中，输入多线样式的名称并选择开始绘制的多线样式，单击“继续”，如图1-2-18所示。

在“新建多线样式”对话框中，选择多线样式的参数并单击“确定”，如图1-2-19所示。

绘制多线的步骤：

（1）在命令提示下，输入 MLINE或者快捷命令ML。

（2）在命令提示下，输入ST，选择一种样式。

（3）要列出可用样式，请输入样式名称。

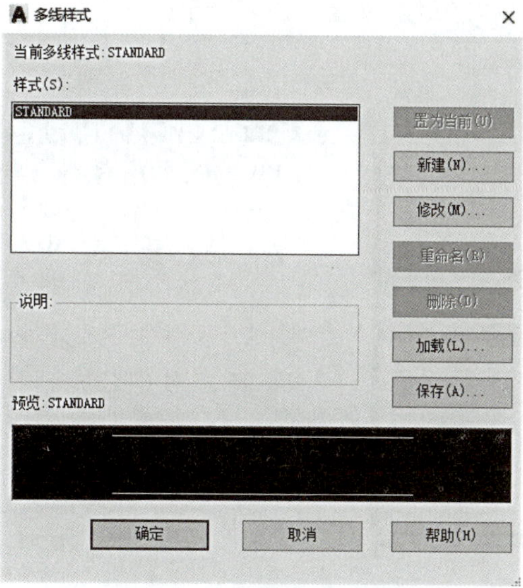

图1-2-17　“多线样式”对话框

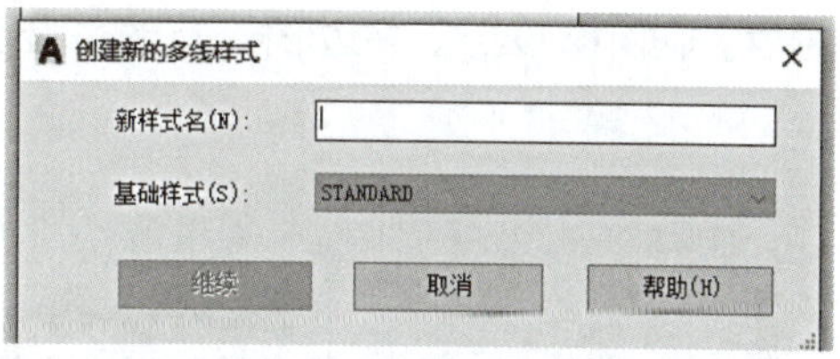

图1-2-18　“创建新的多线样式”对话框

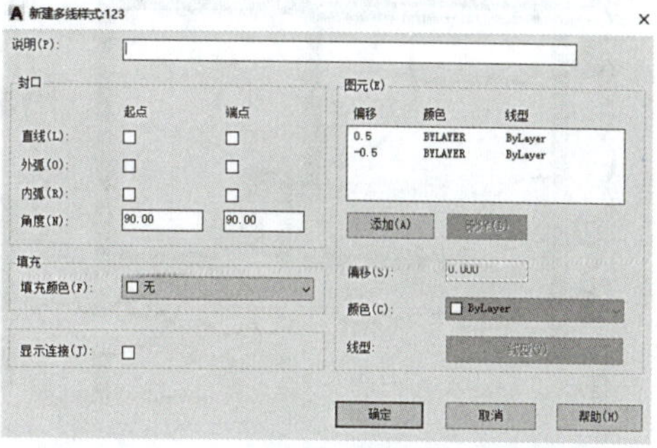

图1-2-19　“新建多线样式”对话框

（4）要对正多线，请输入j，并选择上对正、无对正或下对正。

（5）要更改多线的比例，请输入s并输入新的比例。开始绘制多线。

（6）指定起点。

（7）指定第二个点。

（8）指定其他点或按 Enter 键。如果指定了三个或三个以上的点，可以输入c，闭合多线。

在室内施工图绘制中，多线经常用于墙体、窗户的绘制，如图1-2-20所示。

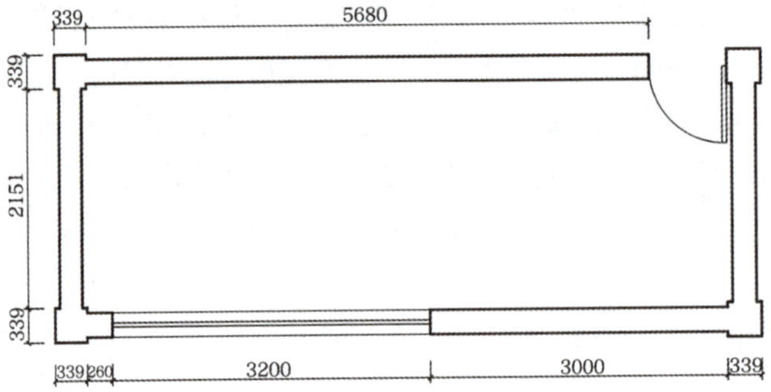

图1-2-20　利用多线绘制墙体和窗户

7. 绘制修订云线

修订云线是闭合的多段线，形成由圆弧段组成的云形对象，如图1-2-21所示。可通过创建修订云线以亮显图形中的零件。

如果审阅或标记图形，可以使用修订云线功能来引起对每个图形各部分的注意。

可以通过移动鼠标来创建修订云线，也可以将诸如圆、椭圆、封闭多段线或封闭样条曲线之类的对象转换为修订云线。样式可用于使修订云线看起来与手绘类似。AutoCAD2023提供了矩形修订云线、多边形修订云线和徒手画修订云线，如图1-2-22所示。

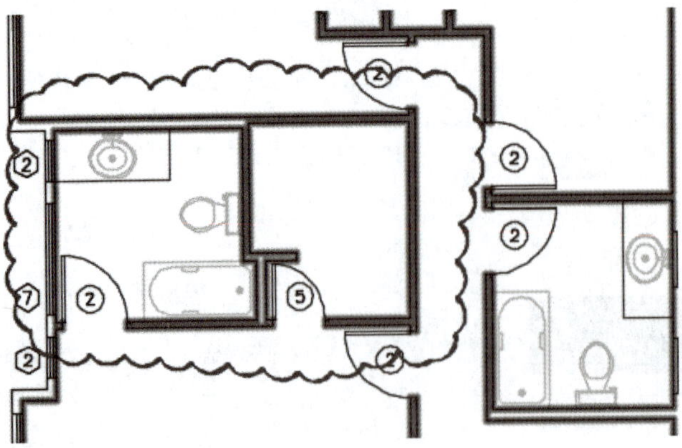

图1-2-21　修订云线

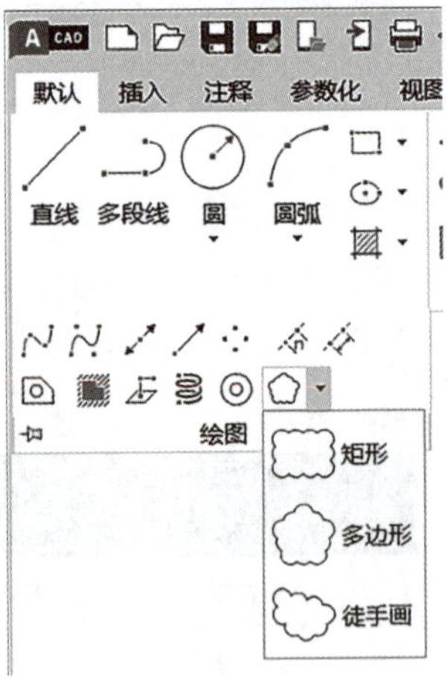

图1-2-22　修订云线类型

创建矩形修订云线步骤：

依次单击“常用”选项卡 > “绘图”面板 > “修订云线”下拉框 > “矩形”。
指定修订云线第一个角点：
指定修订云线的另一个角点：
效果如图1-2-23所示。

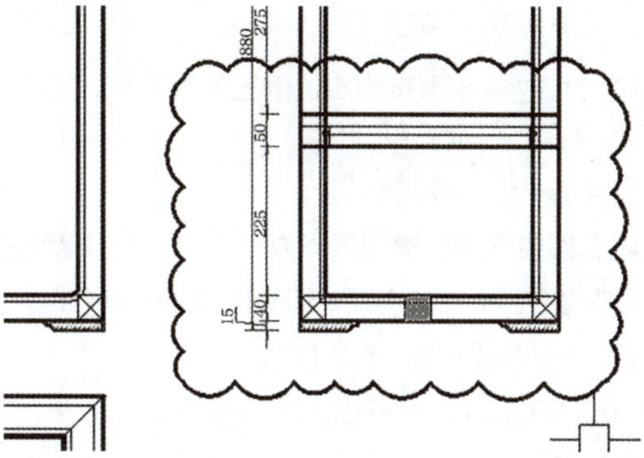

图1-2-23 创建矩形修订云线

创建多边形修订云线步骤：

依次单击“常用”选项卡 > “绘图”面板 > “修订云线”下拉框 > “多边形”。
指定修订云线的起点：
单击以指定修订云线的其他顶点：
效果如图1-2-24所示。

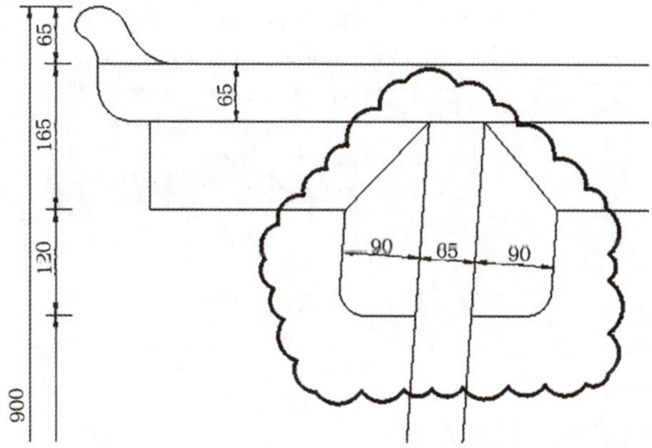

图1-2-24 多边形修订云线

创建徒手画修订云线步骤：

依次单击“常用”选项卡 > “绘图”面板 > “修订云线”下拉框 > “徒手画”。
查找，沿着云线路径移动十字光标。若要更改圆弧的大小，可以沿着路径单击拾取点。

可以随时按 Enter 键停止绘制修订云线。要闭合修订云线，请返回到起点。要反转圆弧的方向，在命令提示下输入yes，然后按 Enter 键。徒手画修订云线如图1-2-25所示。

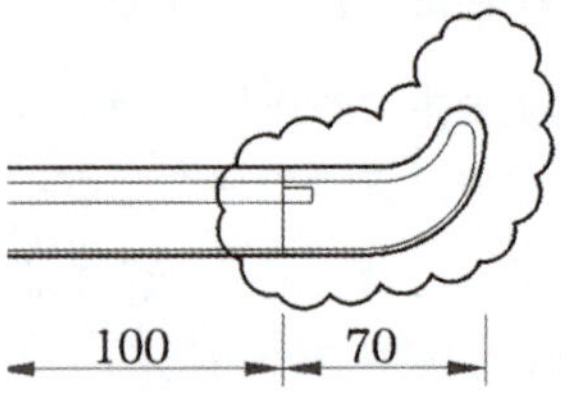

图1-2-25 徒手画修订云线

（三）绘制正多边形

用于绘制正多边形，快捷命令："POL"。

单击"绘图"工具栏上的矩形按钮右边倒三角形符号，如图1-2-26所示，选择多边形，即执行POLYGON命令，AutoCAD提示：

指定正多边形的中心点或［边（E）］：

（1）中心点。此默认选项要求用户确定正多边形的中心点，指定后将利用多边形的假想外接圆或内切圆绘制等边多边形。执行该选项，即确定多边形的中心点后，AutoCAD提示：

输入选项［内接于圆（I）/外切于圆（C）］：

其中，"内接于圆"选项表示所绘制多边形将内接于假想的圆。"外切于圆"选项表示所绘制多边形将外切于假想的圆。

（2）边。根据多边形某一条边的两个端点绘制多边形。

举例：使用正多边形命令绘制如图1-2-27所示正多边形，其中，（a）、（b）图圆的半径均为60，（c）图边长为60。

方法：

（1）单击按钮，在命令行输入边数6，回车；在绘图区某处单击鼠标左键，选定正多边形的中心位置；选取内接于圆，输入圆的半径60，回车，完成如图1-2-27（a）所示正六边形绘制。

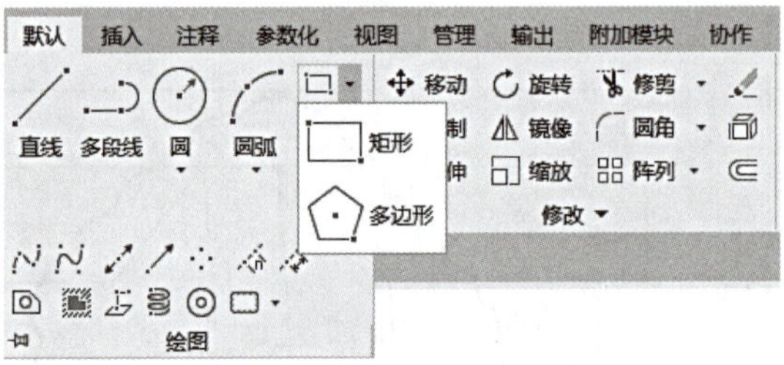

图1-2-26 多边形工具栏

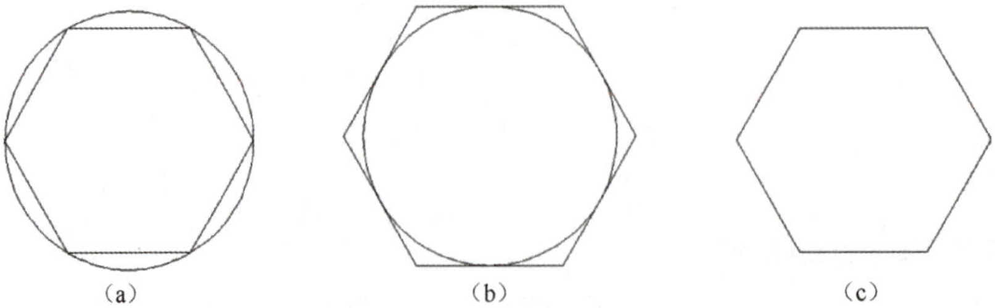

图1-2-27 正多边形

（a）内接于圆 （b）外切于圆 （c）指定边长

（2）图1-2-27（b）所示正六边形的绘制方法与图1-2-27（a）的方法一样，内接于圆改为外切于圆即可。

（3）单击按钮，在命令行输入边数6，回车；在命令行输入E，回车；在绘图区某处单击鼠标左键，选定正多边形指定边的第一端点；将鼠标水平向右拖动，在命令行输入60，回车，完成如图1-2-27（c）所示正六边形绘制。

随堂练习　**正多边形的练习**

- 实践目的：了解正多边形的基本功能与作用，掌握正多边形的快捷键“POL”。
- 实践内容：掌握如何在AutoCAD中灵活运用正多边形命令。
- 实践步骤：请使用“POL”正多边形命令，并结合“L”命令，绘制如图1-2-28所示图形。

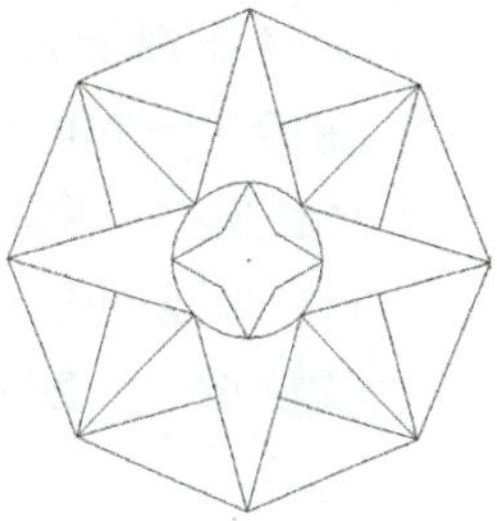

图1-2-28　正多边形练习

（四）绘制矩形

根据指定的尺寸或条件绘制矩形。快捷命令：“REC”。

单击“绘图”工具栏上的（矩形）按钮，即执行RECTANG命令，AutoCAD提示：

指定第一个角点或［倒角（C）/标高（E）/圆角（F）/厚度（T）/宽度（W）］：

其中，“指定第一个角点”选项要求指定矩形的一个角点。执行该选项，AutoCAD提示：指定另一个角点或［面积（A）/尺寸（D）/旋转（R）］：

此时可通过指定另一角点绘制矩形，通过“面积”选项根据面积绘制矩形，通过“尺寸”选项根据矩形的长和宽绘制矩形，通过“旋转”选项绘制按指定角度放置的矩形。

执行RECTANG命令时，“倒角”选项表示绘制在各角点处有倒角的矩形。“标高”选项用于确定矩形的绘图高度，即绘图面与*XY*面之间的距离。“圆角”选项确定矩形角点处的圆角半径，使所绘制矩形在各角点处按此半径绘制出圆角。“厚度”选项确定矩形的绘图厚度，使所绘制矩形具有一定的厚度。“宽度”选项确定矩形的线宽。

举例：使用“矩形”命令绘制三个图形，如图1-2-29所示。

方法：

（1）单击按钮：

①在绘图区单击鼠标左键选定矩形的第一个顶点位置；

②输入@50，20后回车，完成图1-2-29（a）的绘制。

（2）单击按钮：

①指定第一个角点或［倒角（C）/标高（E）/圆角（F）/厚度（T）/宽度（W）］：c，回车；

②指定矩形的第一个倒角距离<0.00>：5，回车；

③指定矩形的第一个倒角距离<5.00>：3，回车；

④在绘图区单击鼠标左键选定矩形的第一个顶点位置；

⑤输入@50，20后回车：完成图1-2-29（b）的绘制。

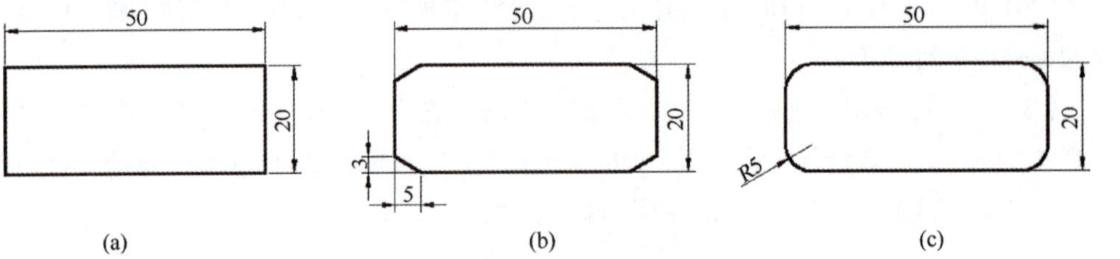

图1-2-29　绘制矩形

（a）矩形　（b）切角矩形　（c）圆角矩形

（3）单击□按钮：

①指定第一个角点或[倒角（C）/标高（E）/圆角（F）/厚度（T）/宽度（W）]：f，回车；

②指定矩形的圆角半径<0.00>：5，回车；

③在绘图区单击鼠标左键，选定矩形的第一个顶点位置；

④输入@50，20后回车，完成图1-2-29（c）的绘制。

随堂练习　**矩形的练习**

- 实践目的：了解矩形的基本功能与作用，掌握矩形的快捷键“REC”。
- 实践内容：掌握如何在AutoCAD中灵活运用“矩形”命令。
- 实践步骤：请使用“REC”矩形命令，并结合“F3”对象捕捉，绘制如图1-2-30所示图形。

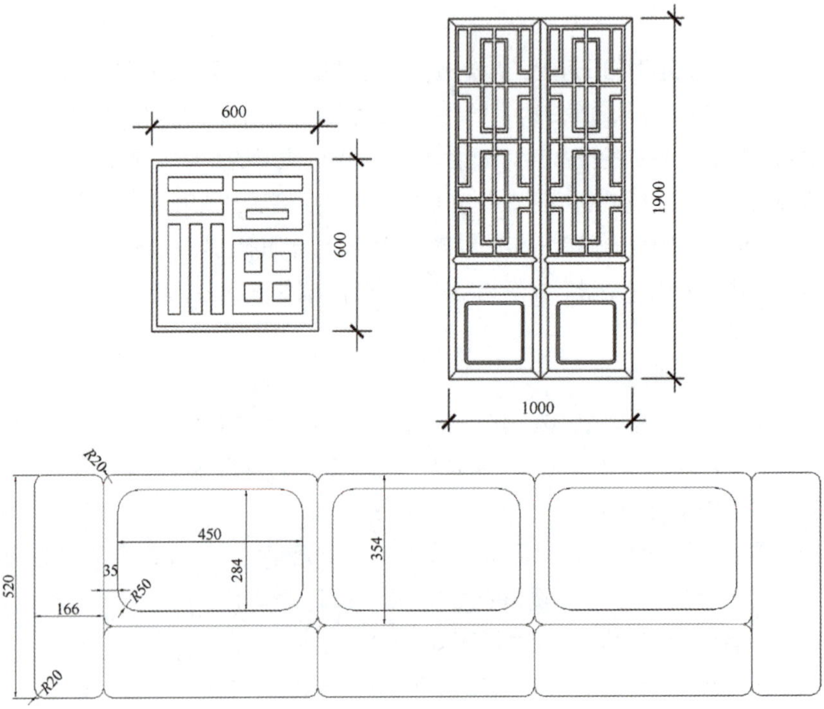

图1-2-30　矩形练习

（五）绘制圆弧

AutoCAD提供了多种绘制圆弧的方法，可通过图1-2-31所示“圆弧”子菜单执行绘制圆弧操作或通过图1-2-32所示工具栏圆弧图标来完成。

例如，选择“绘图”>“圆弧”>“三点”命令，AutoCAD提示：

指定圆弧的起点或［圆心（C）］：（确定圆弧的起始点位置）

指定圆弧的第二个点或［圆心（C）/端点（E）］：（确定圆弧上的任一点）

指定圆弧的端点：（确定圆弧的终止点位置）

执行结果：AutoCAD绘制出由指定三点确定的圆弧。

举例：使用圆弧命令绘制如图1-2-33所示圆弧。

方法：

（1）单击按钮：

①选取起点；

②选取第二点；

③选取端点，完成图1-2-33（a）所示圆弧绘制。

（2）单击按钮：

①输入c，回车；

②选取圆心；

③选取起点；

④选定端点，完成图1-2-33（b）所示圆弧绘制。

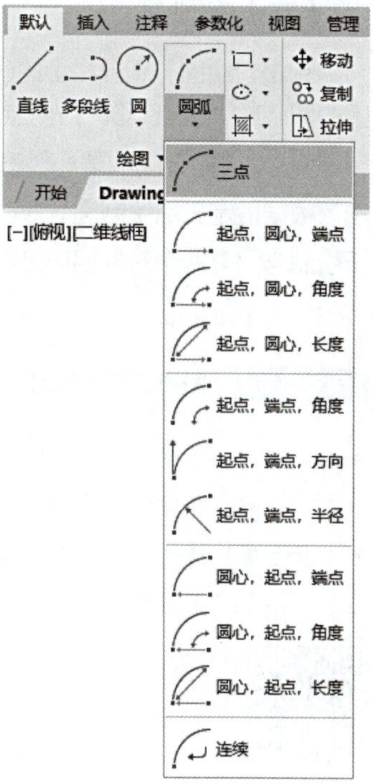

图1-2-31　圆弧工具栏

图1-2-32　工具栏

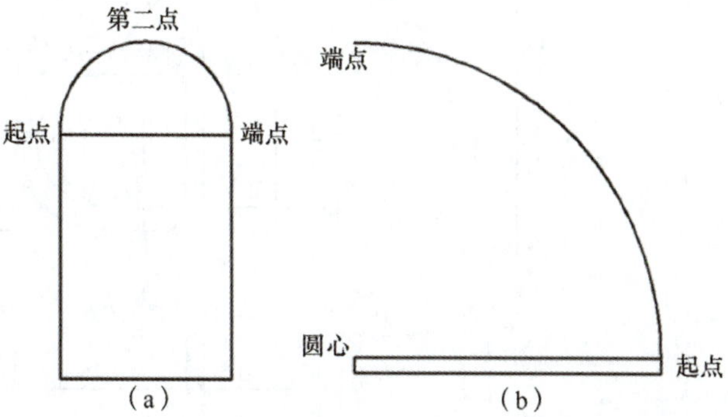

图1-2-33　圆弧

（六）绘制圆

单击“绘图”工具栏上的（圆）按钮，即执行CIRCLE命令，AutoCAD提示：指定圆的圆心或［三点（3P）/两点（2P）/相切、相切、半径（T）］

其中，“指定圆的圆心”选项用于根据指定的圆心以及半径或直径绘制圆弧。“三点”选项根据指定三点绘制圆。“两点”选项根据指定两点绘制圆。“相切、相切、半径”选项用于绘制与已有两个对象相切且半径为给定值的圆。

随堂练习　**圆和圆弧的练习**

- 实践目的：了解圆和圆弧的基本功能与作用，掌握圆的快捷键“C”，圆弧的快捷键“A”。
- 实践内容：掌握如何在AutoCAD中灵活运用圆和圆弧命令。
- 实践步骤：请使用圆“C”和圆弧“A”命令，并结合“F3”对象捕捉，绘制如图1-2-34所示图形。

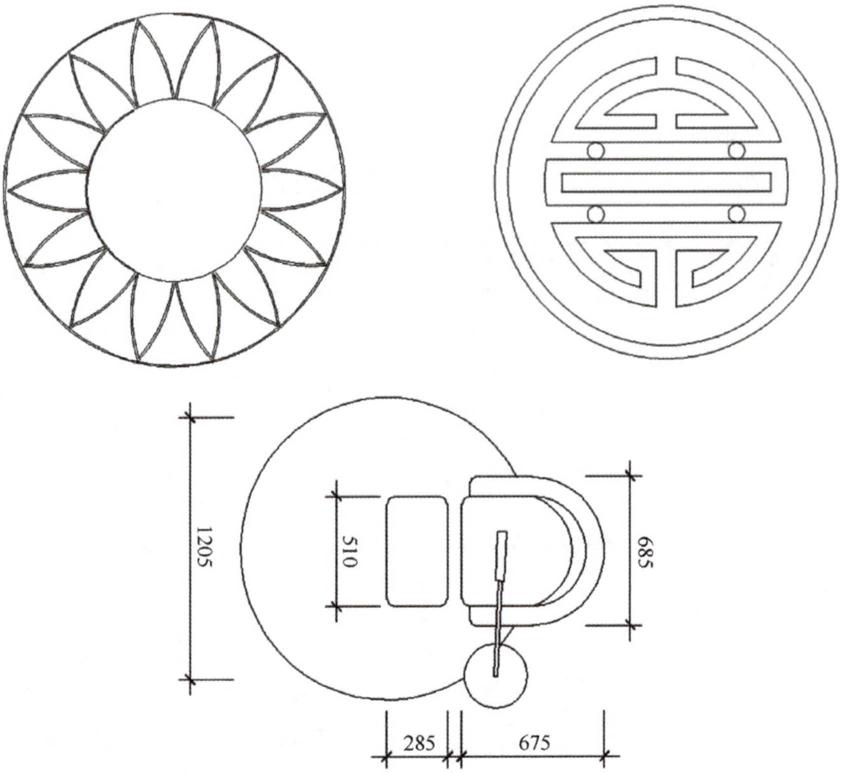

图1-2-34　圆和圆弧的练习

（七）绘制椭圆和椭圆弧

单击“绘图”工具栏上的⊕（椭圆）按钮，即执行快捷命令“EL”，AutoCAD提示：

指定椭圆的轴端点或［圆弧（A）/中心点（C）］：

其中，“指定椭圆的轴端点”选项用于根据一个轴上的两个端点位置等绘制椭圆。“中心点”选项用于根据指定的椭圆中心点等绘制椭圆。“圆弧”选项用于绘制椭圆弧。

椭圆弧是椭圆的一部分，只是起点和终点没有闭合。执行“绘图”>“椭圆”>“圆弧”命令，根据命令提示进行绘制。

随堂练习　椭圆和椭圆弧的练习

- 实践目的：了解椭圆和椭圆弧的基本功能与作用，掌握椭圆的快捷键“EL”。
- 实践内容：掌握如何在AutoCAD中灵活运用椭圆和椭圆弧命令。
- 实践步骤：请使用“EL”椭圆命令，并结合“C”圆形命令，绘制如图1-2-35所示图形。

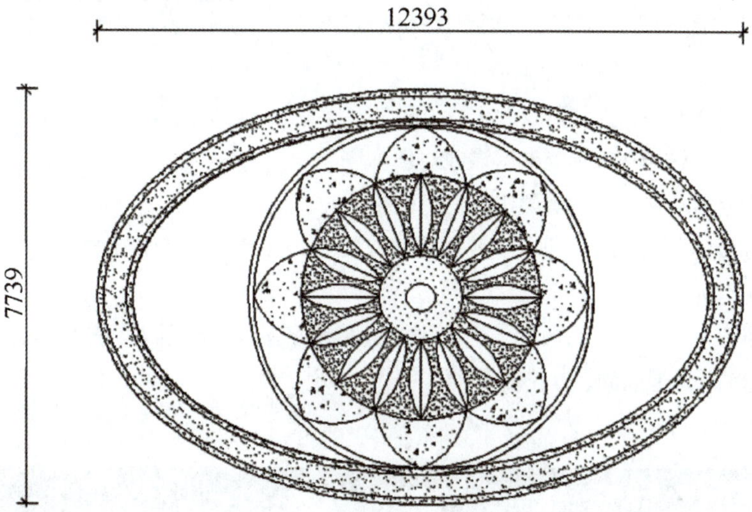

图1-2-35　利用圆和椭圆绘制地面拼花

（八）绘制圆环

圆环是进行填充了的环形，即带有宽度的闭合多段线。创建圆环，要指定它的内外直径和圆心。通过指定不同的中心点，可以继续创建相同大小的多个圆环。要想创建实体填充圆，将内径值指定为0即可。设置圆环内径为200、外径为260，随机绘制一些圆环，如图1-2-36所示。

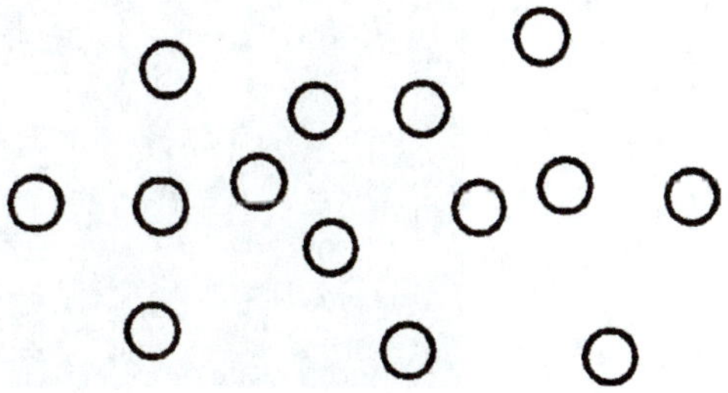

图1-2-36　圆环

（九）图案填充

1. 图案填充或者填充对象或区域

（1）单击“常用”选项卡 ➤ “绘图”面板 ➤ “图案填充” （注：在“图案填充”命令处于活动状态后，即显示“图案填充创建”功能区选项卡）。

（2）在“图案填充创建”选项卡＞“特性”面板＞“图案填充类型”列表中，选择要使用的图案填充类型，如图1-2-37所示。

（3）在“图案”面板上，单击一种填充图案或填充，如图1-2-38所示。

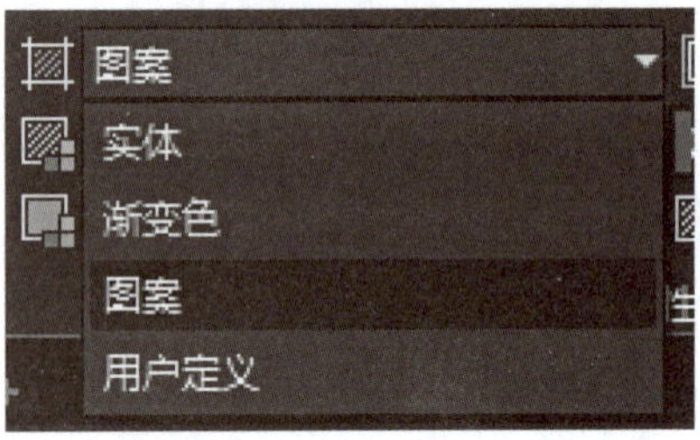

图1-2-37　图案填充创建选项卡

（4）在“边界”面板上，指定如何选择图案边界：

①拾取点。插入图案填充或布满以一个或多个对象为边界的封闭区域。使用此方法，可在边界内单击以指定区域。

②选择边界对象。在闭合对象（例如圆、闭合的多段线，或者一组具有接触和封闭某一区域的端点的对象）内插入图案填充或填充。

将保留选择方法，直到更改为止。

（5）单击要进行图案填充的区域或对象。

（6）在功能区中，根据需要进行任何调整：

①在“特性”面板中，可以更改图案填充类型和颜色，或者修改图案填充的透明度级别、角度或比例。

②在展开的“选项”面板中，可以更改绘图顺序，以指定图案填充及其边界是显示在其他对象的前面还是后面。

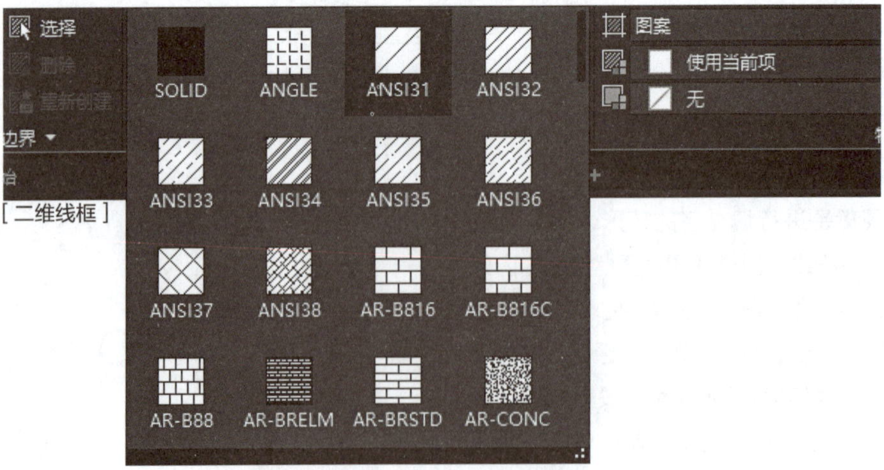

图1-2-38　填充图案选择工具栏

（7）按Enter键应用图案填充并退出命令（注：仅可以对与当前UCS的 *XY* 平面平行的平面上的封闭区域进行图案填充）。

2. 图案填充或填充大量闭合对象

（1）使用窗口、交叉或栏选方法，选择要进行图案填充或填充的所有闭合对象。或者，可以选择一个闭合对象，单击鼠标右键，然后从快捷菜单中选择“选择类似对象”。

（2）启动图案填充（或Hatch）命令，然后选择任意选项或设置。

（3）如有必要，指定“选择对象”选项。

（4）在提示下输入 p（上一个），然后按Enter键，将对上一选择集中的对象进行图案填充或填充。

3. 独立的图案填充对象

默认情况下，使用一个命令将图案填充应用到多个区域时，结果为一个图案填充对象。如果需要更改一个区域的特性或删除区域，则需要分隔图案填充对象。

（1）单击该图案填充。请注意，不论在何处单击该图案填充，它会作为一个对象（具有一个夹点）（注：选择图案填充对象，即会显示“图案填充编辑器”功能区选项卡）。

（2）在“图案填充编辑器”功能区中，展开“选项”面板，然后选择“独立的图案填充”，如图1-2-39所示。结果是每个图案填充区域当下各自为一个图案填充对象，并且可以单独进行编辑或删除（注：在图案填充分离后，无法重新合并为一个图案填充对象）。

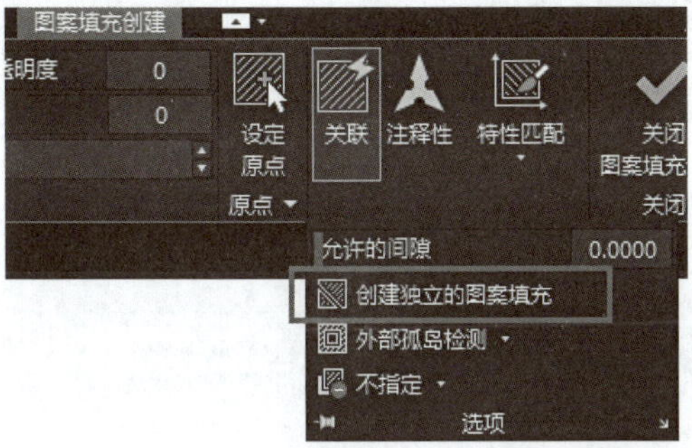

图1-2-39　独立填充对话框

随堂练习　**图案填充的练习**

- 实践目的：了解图案填充的基本功能与作用，掌握图案填充的快捷键“H”。
- 实践内容：掌握如何在AutoCAD中灵活运用“H”命令。
- 实践步骤：（1）使用“H”命令，并结合“C”等命令，绘制图形，进行图案填充比例和角度练习，如图1 2-40所示。

  （2）使用“H”命令进行颜色的填充练习，绘制图形，如图 1-2-41 所示。

  （3）使用“H”命令，并结合“L”“DIV”绘制图形，如图 1-2-42 和图 1-2-43 所示。

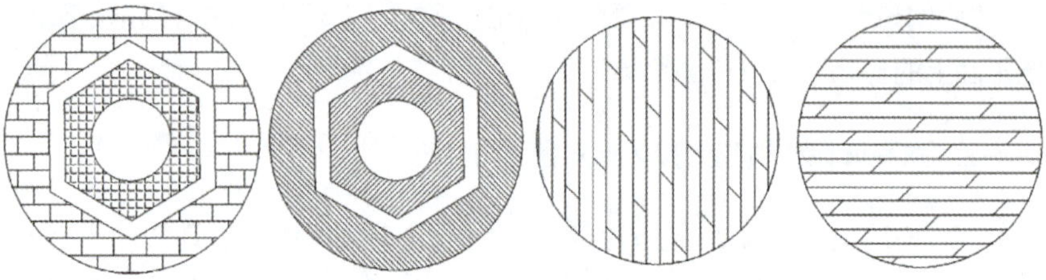

图1-2-40　图案填充

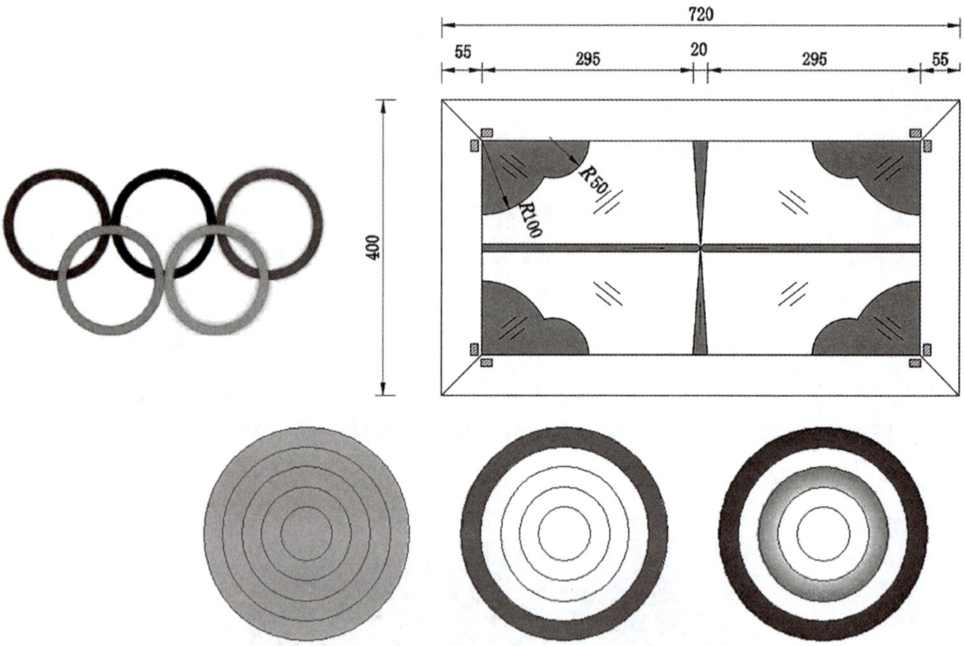

图1-2-41　颜色填充

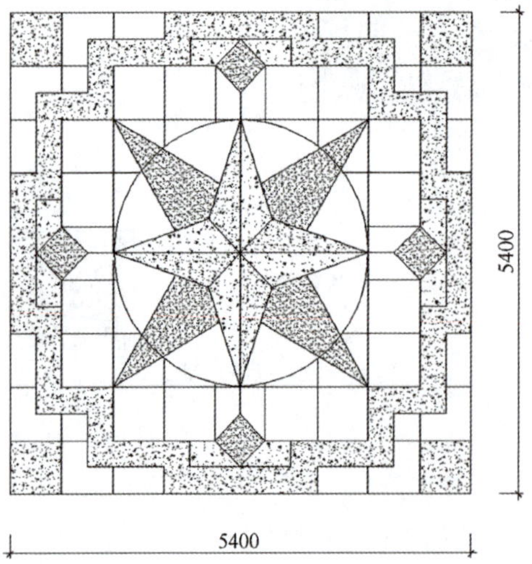

图1-2-42　利用图案填充绘制地面拼花

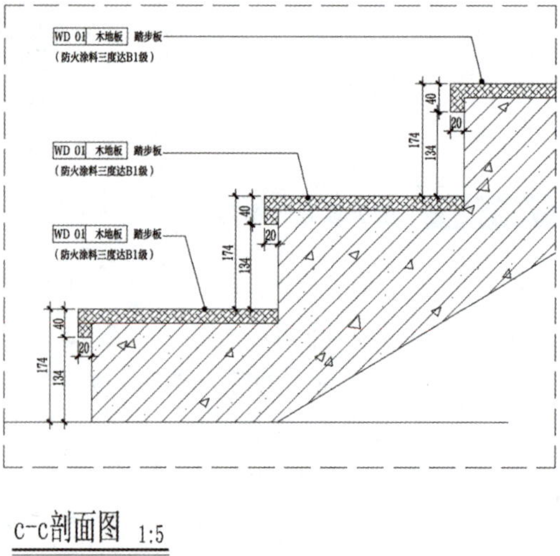

图1-2-43　楼梯大样图

任务二

编辑图形

图形绘制后，常常需要进行编辑，AutoCAD2023提供了多种编辑命令。利用这些命令可以省时省力地完成绘图。一般情况下，编辑命令的使用频率占整套图纸工作量的60%~80%，是绘图命令的两倍之多。本任务涉及的快捷命令见表1-2-2。

表 1-2-2　本任务涉及的图形编辑快捷命令

序号	命令说明	快捷键	序号	命令说明	快捷键
1	删除	E	9	复制	CO
2	镜像	MI	10	偏移	O
3	阵列	AR	11	移动	M
4	旋转	RO	12	缩放	SC
5	拉伸	S	13	修剪	TR
6	延伸	EX	14	打断	BR
7	倒角	CHA	15	圆角	F
8	分解	X	16	对齐	AL

（一）选择

当对绘制的图纸进行修改时，必须首先选择对象，AutoCAD提供了多种选择对象的方法。

1. 逐个选取

逐个选取也称点选，常用来选择单独的实体，将选择光标对准实体进行单击，使其呈虚线状即可。如图1-2-44所示为逐个选取。

2. 全部选择

如果要使用一个编辑命令，当执行命令时，命令提示行提示："选择对象"，这时输入"all"，便可以选择所有实体。执行"Ctrl+A"组合命令，同样可以实现全部选择。如图1-2-45所示为全部选择。

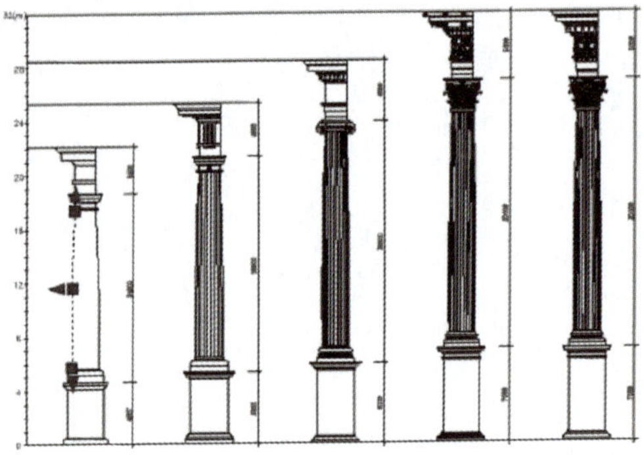

图1-2-44　逐个选取

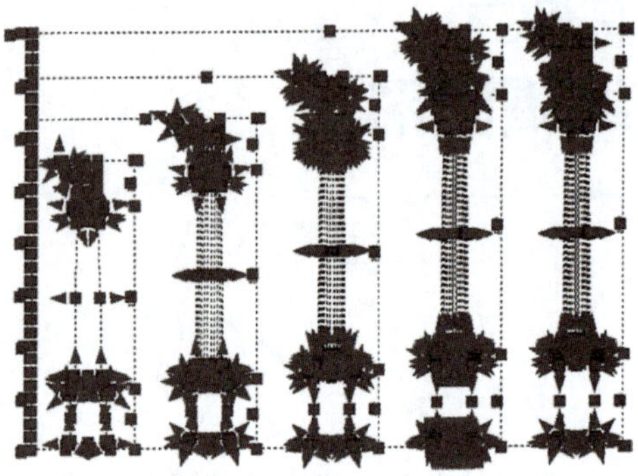

图1-2-45　全部选择

3. 窗口选择

窗口选择是最常用的一种选择方法，从左边和右边都可以拉出矩形选框，但是选择的性质不同，可以分为正选和反选。

（1）正选。从右上角或右下角拉出的矩形选框，则包括在矩形选框中的实体以及框边所触及的实体都会被选中，如图1-2-46所示。

（2）反选。从左上角或左下角拉出的矩形选框，则完全包含在矩形选框中的实体才会被选中（选中的物体呈虚线状），如图1-2-47所示。

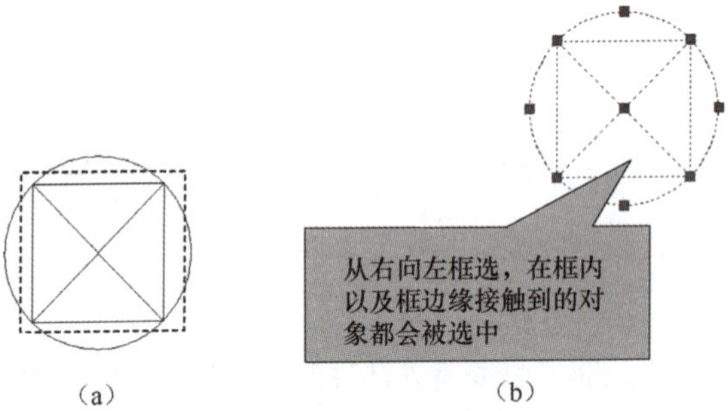

图1-2-46　正选

（a）从右向左正选　（b）从右向左正选结果

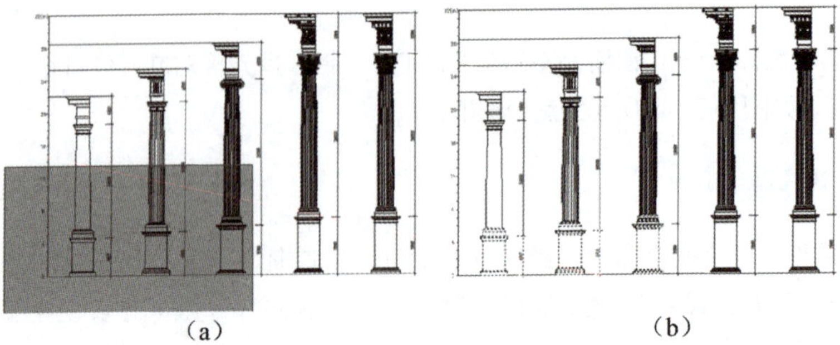

图1-2-47　反选

（a）从左向右反选　（b）从左向右反选结果

随堂练习　**选择命令的练习**

- 实践目的：了解选择的基本功能与作用，掌握正选与反选的区别。
- 实践内容：掌握如何在AutoCAD中灵活运用“E”命令和“Delete”功能键以及正选、反选功能。

（二）删除

删除指定的对象就像是用橡皮擦除图纸上不需要的内容。快捷命令：“E”。

单击“修改”工具栏上的（删除）按钮，或选择“修改”>“删除”命令，即执行ERASE命令，AutoCAD提示：

选择对象：（选择要删除的对象，可以用“点石成金”介绍的各种方法进行选择）

选择对象：↙（也可以继续选择对象或者按回车，完成对实体的删除）

点石成金

在 AutoCAD 中使用键盘上的“Delete”同样可以实现图形删除的功能。

随堂练习　**删除功能的练习**

- 实践目的：了解删除的基本功能与作用，掌握删除的快捷键“E”和“Delete”功能键。
- 实践内容：掌握如何在AutoCAD中灵活运用“E”命令和“Delete”功能键。
- 实践步骤：根据操作步骤绘制图形。

（1）打开源文件，将要删除的部分进行反向选择，如图 1-2-48 所示。

（2）执行“E”或“Delete”功能键，将选中的部分删除，删除后效果如图1-2-49所示。

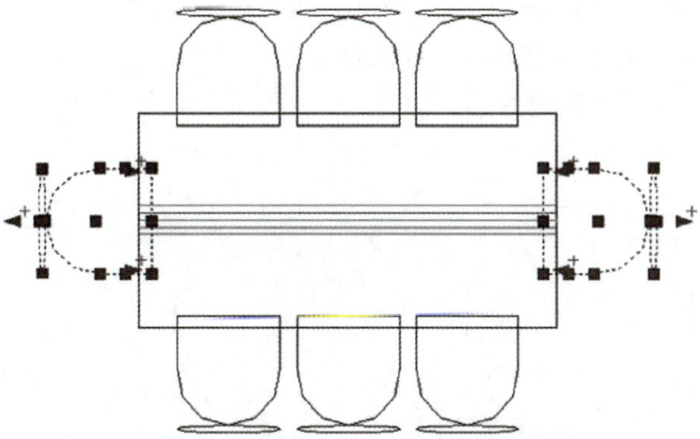

图1-2-48　反向选择

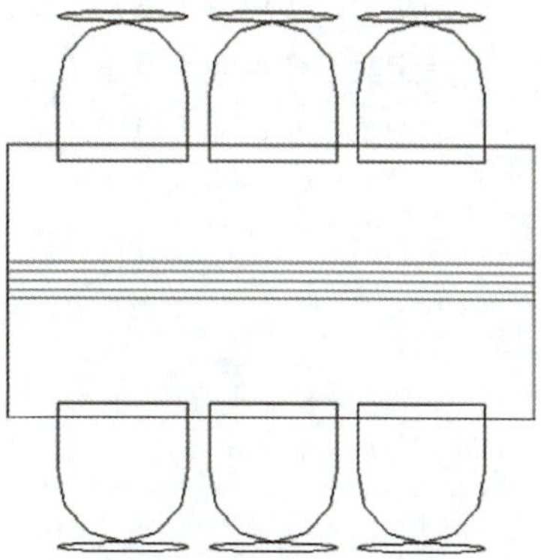

图1-2-49　删除后效果

（三）复制

复制对象指将选定的对象复制到指定位置。快捷命令："CO"。

单击"修改"工具栏上的（复制）按钮，或选择"修改"＞"复制"命令，即执行COPY命令，AutoCAD提示：

选择对象：（选择要复制的对象）

选择对象：↙（也可以继续选择对象）

指定基点或［位移（D）/模式（O）］<位移>：

（1）指定基点。确定复制基点，为默认项。执行该默认项，即指定复制基点后，AutoCAD提示：

指定第二个点或<使用第一个点作为位移>：

在此提示下再确定一点，AutoCAD将所选择对象按由两点确定的位移矢量复制到指定位置；如果在该提示下直接按Enter键或Space键，AutoCAD将第一点的各坐标分量作为位移量复制对象

（2）位移（D）。根据位移量复制对象。执行该选项，AutoCAD提示：

指定位移：［如果在此提示下输入坐标值（直角坐标或极坐标），AutoCAD将所选择对象按与各坐标值对应的坐标分量作为位移量复制对象］

（3）模式（O）。确定复制模式。执行该选项，AutoCAD提示：输入复制模式选项［单个（S）/多个（M）］<多个>：

其中，"单个（S）"选项表示执行COPY命令后只能对选择的对象执行一次复制，而"多个（M）"选项表示可以多次复制，AutoCAD默认为"多个（M）"

举例：如图1-2-50所示，将左侧的图形沿水平方向每隔100个单位复制1个，共复制2个（用键盘输入法）。

命令：co↙选择对象：选择左边的圆　指定对角点：找到5个选择对象：按Enter键或鼠标右键确认

指定基点或［位移（D）］<位移>：选用任意点　指定第二个点或<使用第一个点作为位移>：@100，0↙

指定第二个点或［退出（E）/放弃（U）］<退出>：@200，0↙

指定第二个点或［退出（E）/放弃（U）］<退出>：@300，0↙

指定第二个点或［退出（E）/放弃（U）］<退出>：↙

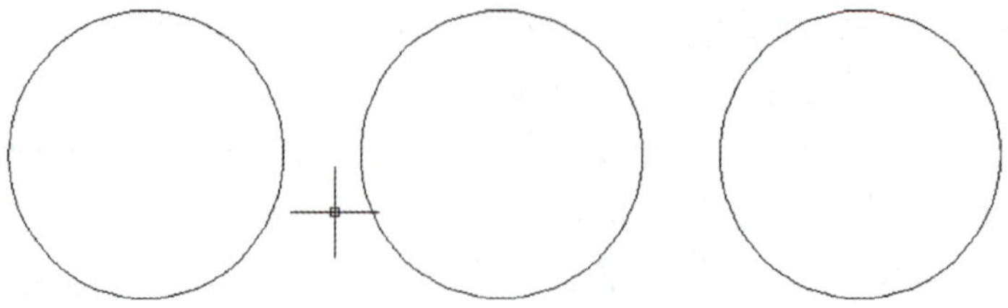

图1-2-50　复制举例

随堂练习　**复制命令的练习**

- 实践目的：了解复制的基本功能与作用，掌握复制的快捷键“CO”。
- 实践内容：掌握如何在AutoCAD中灵活运用“CO”命令。
- 实践步骤：根据命令提示进行操作。

（1）使用“CO”命令，复制如图 1-2-51 所示图形。

（2）复制后效果如图 1-2-52 所示。

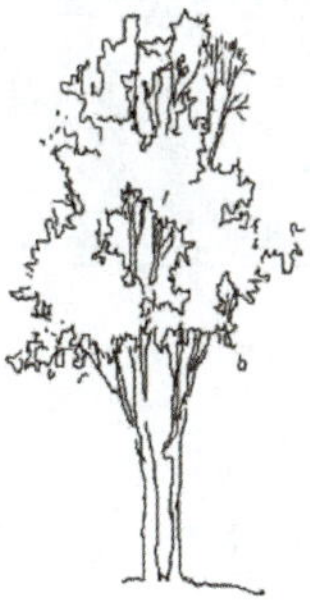

图1-2-51　复制前

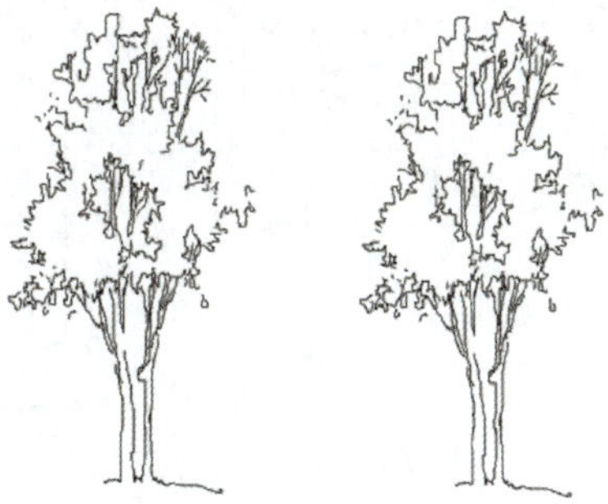

图1-2-52　复制后

（四）镜像

将选中的对象相对于指定的镜像线进行镜像。快捷命令“MI”。

单击“修改”工具栏上的（镜像）按钮，或选择“修改”>“镜像”命令，即执行MIRROR命令，AutoCAD提示：

选择对象：（选择要镜像的对象）

选择对象：↙（也可以继续选择对象）

指定镜像线的第一点：（确定镜像线上的一点）

指定镜像线的第二点：（确定镜像线上的另一点）

是否删除源对象？[是（Y）/否（N）] <N>：（根据需要响应即可）

举例：如图1-2-53所示，将椅子镜像到右方，保留源对象，则镜像后效果如图1-2-54所示。

图1-2-53　镜像前效果

命令：mirror↙

选择对象：选择椅子找到1个

选择对象：按Enter键或单击鼠标右键确认指定镜像线的第一点：捕捉矩形上线的中点

指定镜像线的第二点：捕捉矩形下线的中点，要删除源对象吗？[是（Y）/否（N）] <N>：↙（注：当打开正交方式时，第二点可不用捕捉，直接在向下方向上任取一点）

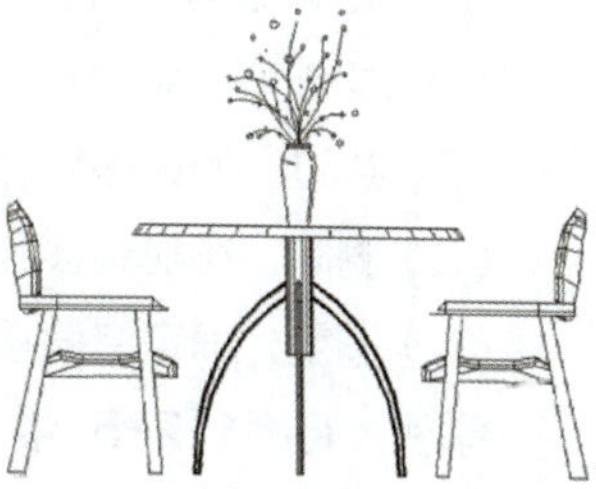

图1-2-54　镜像后效果

随堂练习　镜像命令的练习

- 实践目的：了解镜像的基本功能与作用，掌握镜像的快捷键“MI”。
- 实践内容：掌握如何在AutoCAD中灵活运用“MI”命令。
- 实践步骤：请使用“MI”命令，镜像图形，如图1-2-55所示，最终镜像效果如图1-2-56所示。可扫描二维码下载本图例源文件。

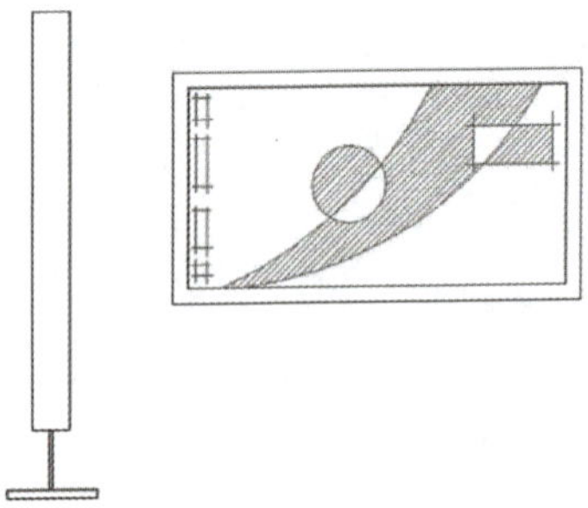

图1-2-55　镜像前效果

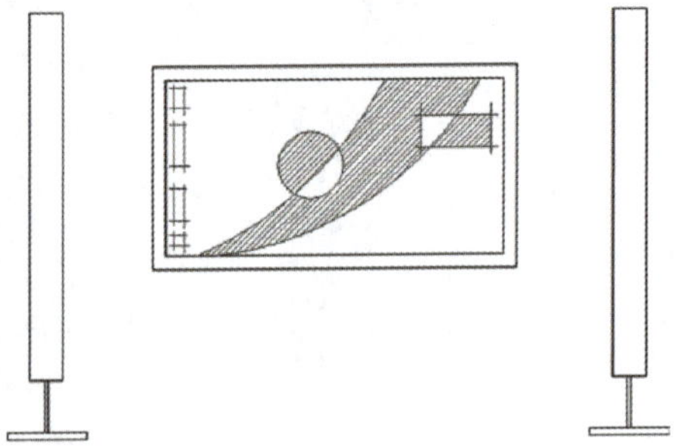

图1-2-56　镜像后效果

（五）偏移

创建同心圆、平行线或等距曲线。偏移操作又称为偏移复制。命令：OFFSET。

单击“修改”工具栏上的（偏移）按钮，或选择“修改”>“偏移”命令，即执行OFFSET命令，AutoCAD提示：

指定偏移距离或［通过（T）/删除（E）/图层（L）］<通过>：

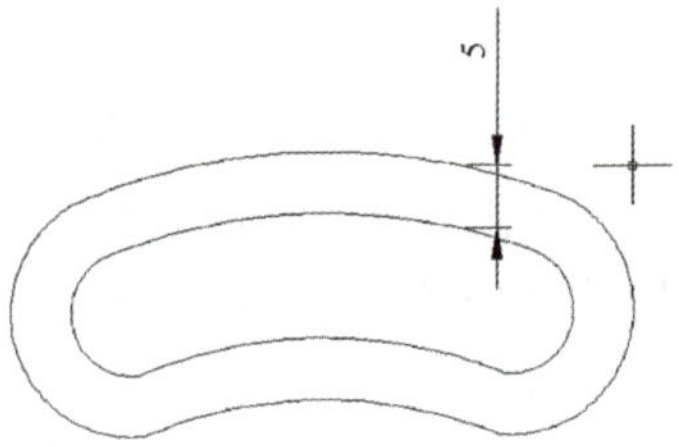

图1-2-57　偏移举例

（1）指定偏移距离。根据偏移距离偏移复制对象。在“指定偏移距离或［通过（T）/删除（E）/图层（L）］：”提示下直接输入距离值，AutoCAD提示：

选择要偏移的对象，或［退出（E）/放弃（U）］<退出>：（选择偏移对象）

指定要偏移的那一侧上的点，或［退出（E）/多个（M）/放弃（U）］<退出>：［在要复制到的一侧任意确定一点。“多个（M）”选项用于实现多次偏移复制］

选择要偏移的对象，或［退出（E）/放弃（U）］<退出>：↙（也可以继续选择对象进行偏移复制）

（2）通过。使偏移复制后得到的对象通过指定的点。

（3）删除。实现偏移源对象后删除源对象。

（4）图层。确定将偏移对象创建在当前图层上还是源对象所在的图层上。

举例：将图1-2-57中“圆弧槽”的内圈用偏移画出。内、外圈的间距为5。

命令：o↙OFFSET

当前设置：删除源=否　图层=源　OFFSETGAPTYPE=0

指定偏移距离或［通过（T）/删除（E）/图层（L）］<5.0000>：5↙

选择要偏移的对象，或［退出（E）/放弃（U）］<退出>：选择第一条弧线

指定要偏移的那一侧上的点，或［退出（E）/多个（M）/放弃（U）］<退出>：在圆弧槽内侧单击

选择要偏移的对象，或［退出（E）/放弃（U）］<退出>：选择第二条弧线

指定要偏移的那一侧上的点，或［退出（E）/多个（M）/放弃（U）］<退出>：在圆弧槽内侧单击

选择要偏移的对象，或［退出（E）/放弃（U）］<退出>：选择第三条弧线

指定要偏移的那一侧上的点，或［退出（E）/多个（M）/放弃（U）］<退出>：在圆弧槽内侧单击

选择要偏移的对象，或［退出（E）/放弃（U）］<退出>：选择第四条弧线

指定要偏移的那一侧上的点，或［退出（E）/多个（M）/放弃（U）］<退出>：在圆弧槽内侧单击

选择要偏移的对象，或［退出（E）/放弃（U）］<退出>：↙

随堂练习　偏移命令的练习

- 实践目的：了解偏移的基本功能与作用，掌握镜像的快捷键“O”。
- 实践内容：掌握如何在AutoCAD中灵活运用“O”命令。
- 实践步骤：请使用“O”命令，绘制如图1-2-58至图1-2-60所示图形。

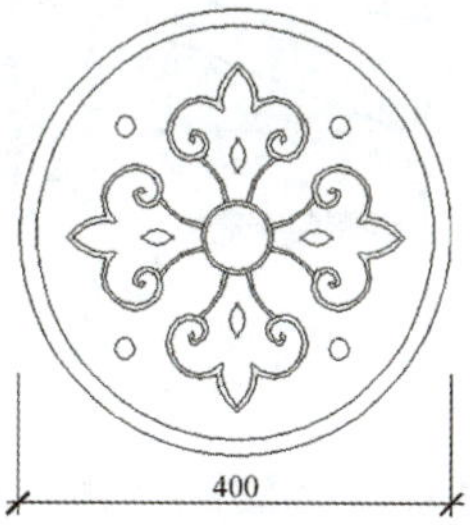

图1-2-58　偏移举例（1）

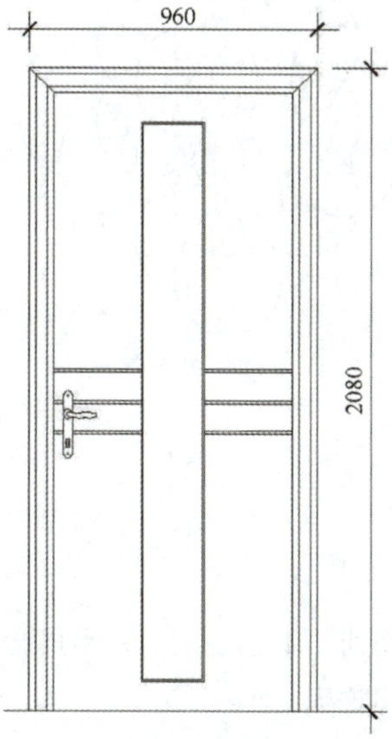

图1-2-59　偏移举例（2）

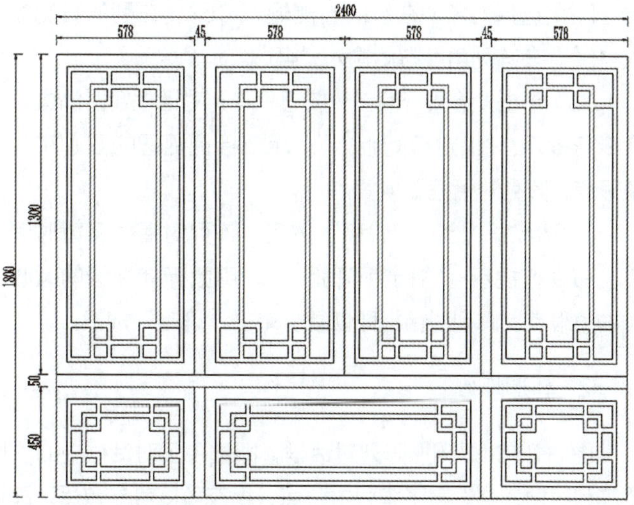

图1-2-60　偏移举例（3）

（六）阵列

将选中的对象进行矩形或环形多重复制。命令：ARRAY。

单击“修改”工具栏上的（阵列）按钮，或选择“修改”>“阵列”命令，即执行ARRAY命令，AutoCAD弹出“阵列”对话框，如图1-2-61所示。

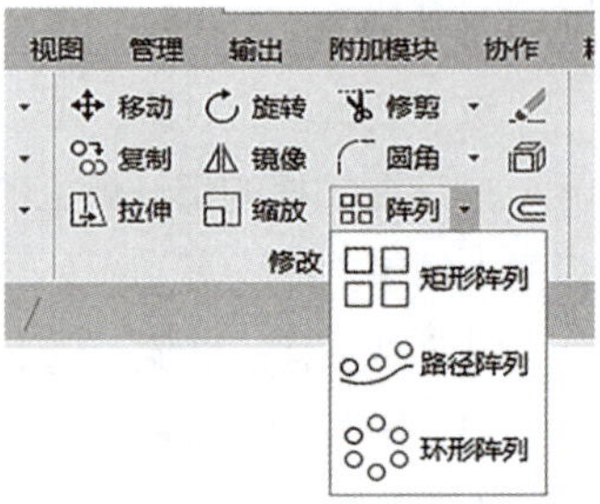

图1-2-61　阵列对话框

1. 矩形阵列

如图1-2-62所示，即选中了对话框中的“矩形阵列”单选按钮。利用其选择阵列对象，并设置阵列行数、列数、行间距、列间距等参数后，即可实现阵列。

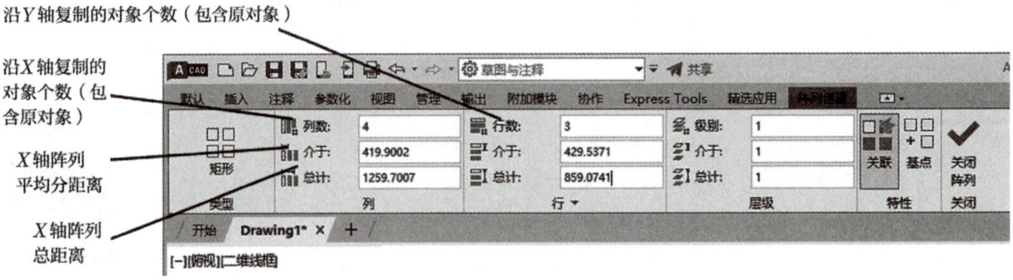

图1-2-62　矩形阵列对话框

举例：绘制一个图案，如图1-2-63所示。

方法：

（1）在绘图区画一任意圆，打开阵列对话框。

（2）选择对象，在行的右侧输入“5”，在列的右侧输入“5”，在阵列角度右侧输入“45”。

（3）单击“拾取行偏移”按钮，阵列对话框暂时消失，命令行提示：“指定行间距：”，用鼠标捕捉圆的圆心和上象限点，阵列对话框即恢复。

（4）点击“拾取列偏移”按钮，阵列对话框又暂时消失，命令行提示：“指定列间距：”，用鼠标捕捉圆的圆心和右象限点。阵列对话框即恢复，单击“确定”按钮。

图1-2-63　阵列图案

2. 环形阵列

图1-2-64是环形阵列对话框，即选中了对话框中的“环形阵列”单选按钮。利用其选择阵列对象，并设置了阵列中心点、填充角度等参数后，即可实现阵列。

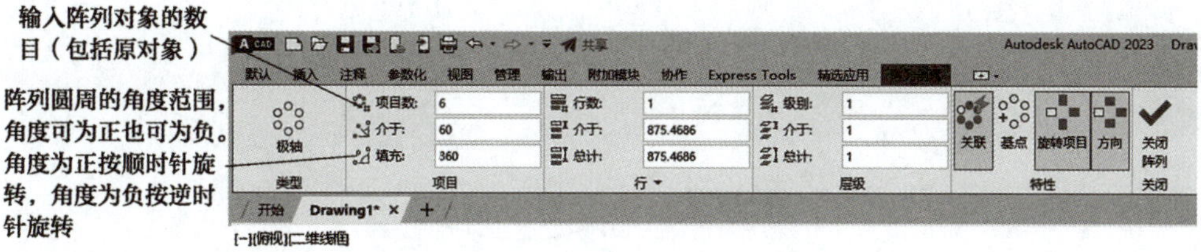

图1-2-64　环形阵列对话框

3. 路径阵列

路径阵列是指沿路径平均分布对象副本，路径可以是曲线、弧线、折线等所有开放性线段。执行“修改”>“阵列”>“路径阵列”命令，按照命令提示行的提示信息进行操作，如图1-2-65所示。

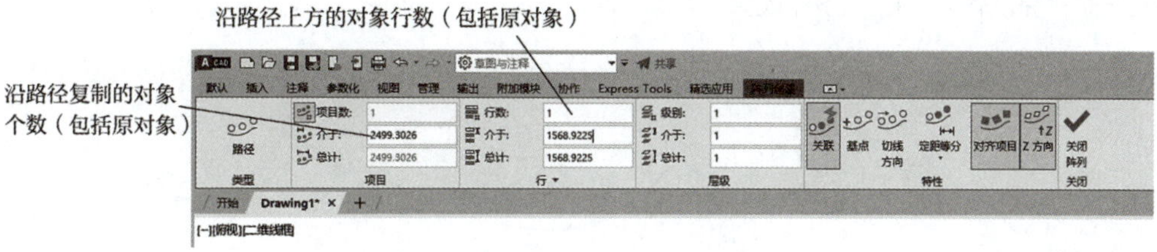

图1-2-65　路径阵列对话框

按照样条曲线的路径进行阵列。

输入阵列的快捷命令“AR”，选择路径阵列。

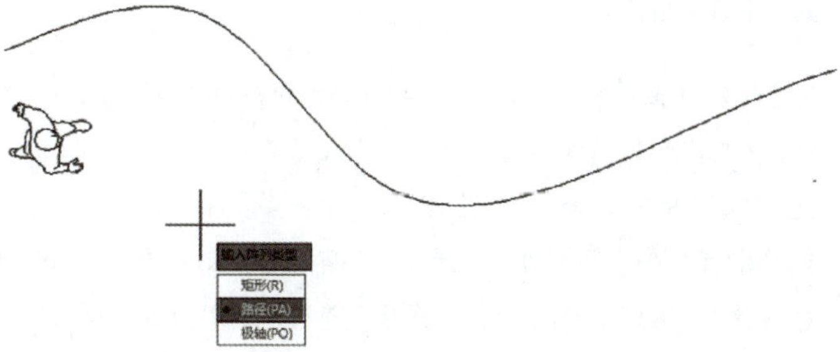

根据命令提示先选择对象，再选择路径曲线。

根据命令提示先选择对象，再选择路径曲线。

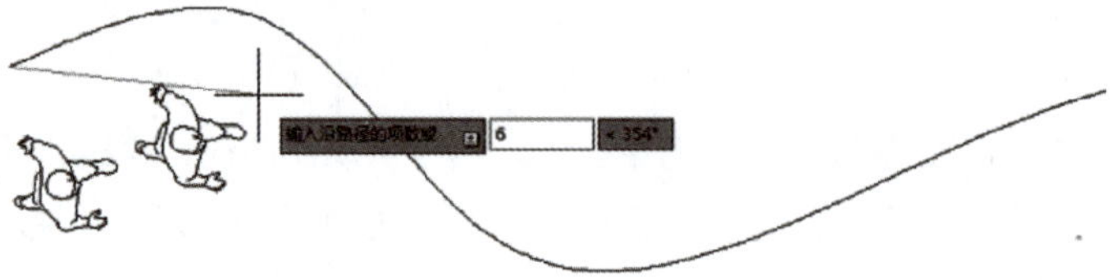

根据命令提示先输入沿路径的项数和距离。项数输入“6”，如果不能确定距离，可以根据命令提示输入“D”，进行定数等分。

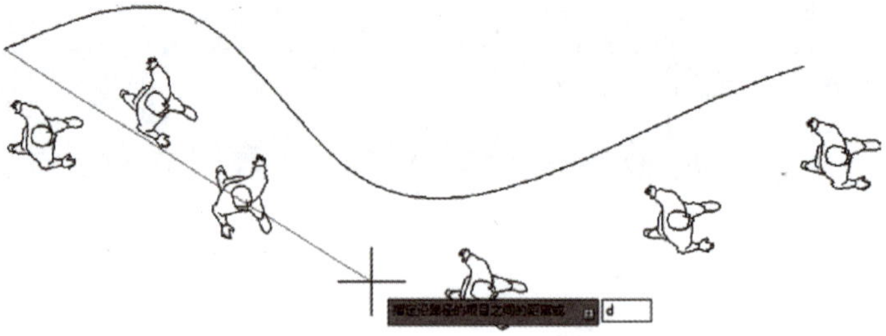

路径阵列绘制完成。

随堂练习　阵列命令的练习

- 实践目的：了解阵列的基本功能与作用，掌握阵列的快捷键“AR”。
- 实践内容：掌握如何在AutoCAD中灵活运用“AR”命令。
- 实践步骤：使用“AR”命令，绘制如图1-2-66所示图形。

（1）执行“AR”阵列命令，选择环形阵列，绘制如图 1-2-66 所示图形。

（2）执行“AR”阵列命令，选择矩形阵列，绘制如图 1-2-67 所示图形。

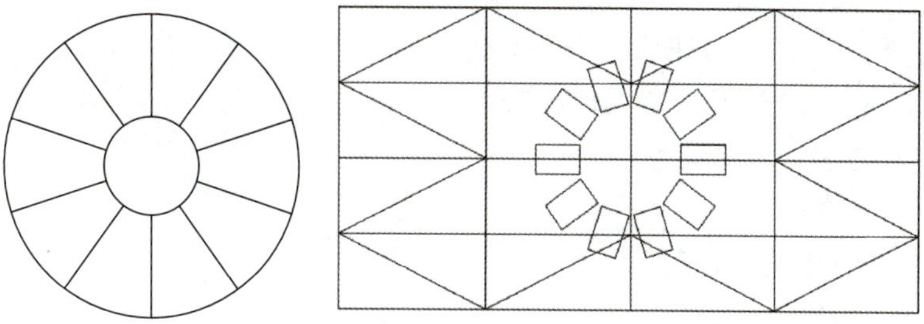

图1-2-66　环形阵列练习

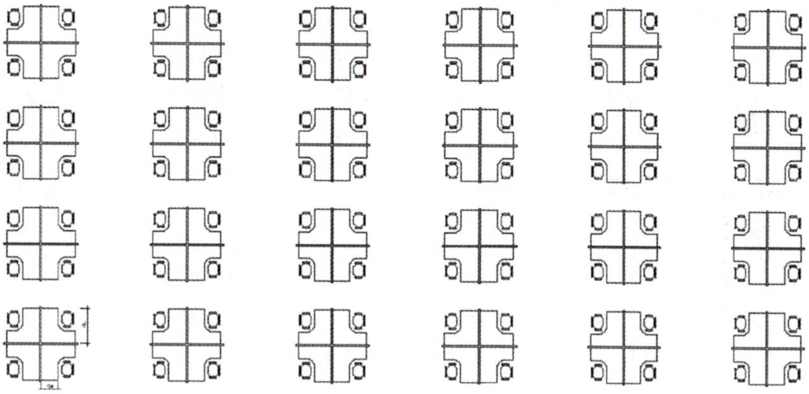

图1-2-67　矩形阵列练习

（七）移动

将选中的对象从当前位置移到另一位置，即更改图形在图纸上的位置。命令：MOVE　快捷命令：“M”。

单击“修改”工具栏上的（移动）按钮，或选择“修改”>“移动”命令，即执行MOVE命令，AutoCAD提示：

选择对象：（选择要移动位置的对象）

选择对象：↙（也可以继续选择对象）

指定基点或［位移（D）］<位移>：

（1）指定基点。确定移动基点，为默认项。执行该默认项，即指定移动基点后，AutoCAD提示：

指定第二个点或<使用第一个点作为位移>：

在此提示下指定一点作为位移第二点，或直接按Enter键或Space键，将第一点的各坐标分量（也可以看成为位移量）作为移动位移量移动对象。

（2）位移。根据位移量移动对象。执行该选项，AutoCAD提示：

指定位移：［如果在此提示下输入坐标值（直角坐标或极坐标），AutoCAD将所选择对象按与各坐标值对应的坐标分量作为移动位移量移动对象］。

举例：如图1-2-68所示，现有一个圆，要将它向右移动100个单位，向下移动50个单位。有两种方法：

方法1：选择基点的位移。

命令：m↙

选择对象：找到1个

选择对象：↙

指定基点或［位移（D）］<位移>：10，10↙

指定第二个点或<使用第一个点作为位移>：110，-40↙

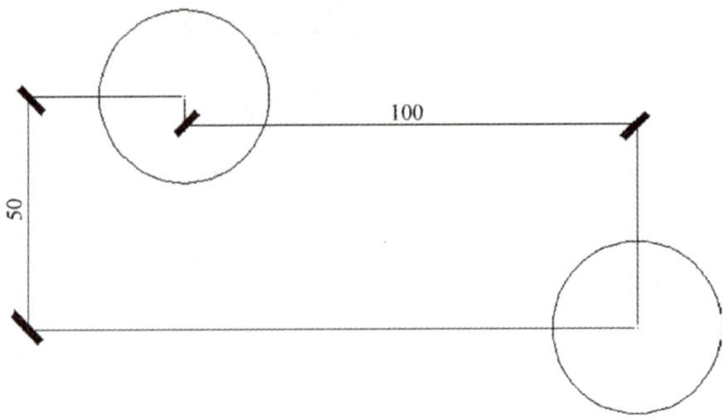

图1-2-68　移动举例

上述方法中的基点（10，10）是任意的，第二点减去第一点正好是位移量：（100，-50）。但在一般实践中要这样计算显然非常麻烦。可以用相对坐标的方法省去烦琐的计算。

方法2：不选择基点的位移。

命令：m↙

选择对象：找到1个

选择对象：↙

指定基点或［位移（D）］<位移>：100，-50↙

指定第二个点或<使用第一个点作为位移>：↙

这种方法是将第一个输入的点作为位移处理，没有基点的选择。

随堂练习　移动命令的练习

- 实践目的：了解移动的基本功能与作用，掌握移动的快捷键“M”。
- 实践内容：掌握如何在AutoCAD中灵活运用“M”命令。
- 实践步骤：请使用“M”命令，将图1-2-69中左图的装饰画移动到旁边的茶室墙体立面图上，最终效果如图1-2-70所示。

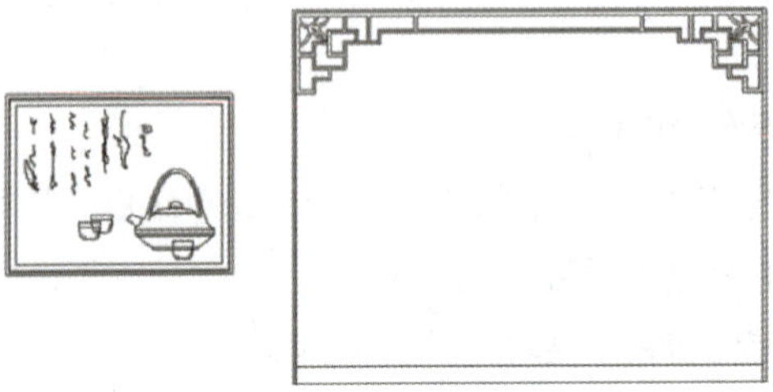

图1-2-69　移动前效果

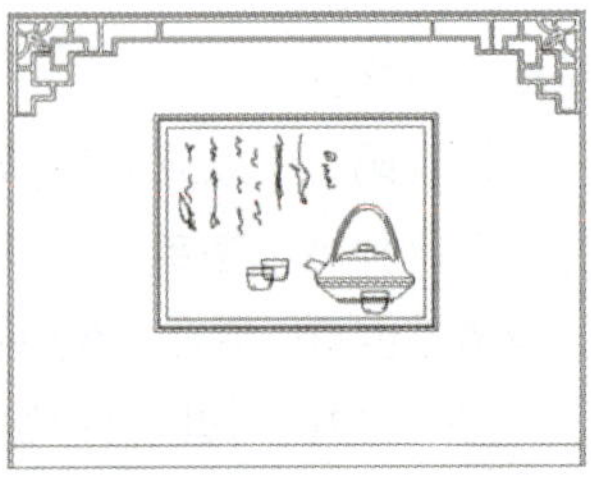

图1-2-70　移动后效果

（八）旋转

旋转对象指将指定的对象绕指定点（称其为基点）旋转指定的角度。快捷命令：“RO”。

单击“修改”工具栏上的（旋转）按钮，或选择“修改”>“旋转”命令，即执行ROTATE命令，AutoCAD提示：

选择对象：（选择要旋转的对象）

选择对象：↙（也可以继续选择对象）

指定基点：（确定旋转基点）

指定旋转角度，或［复制（C）/参照（R）］：

（1）指定旋转角度。输入角度值，AutoCAD会将对象绕基点转动该角度。在默认设置下，角度为正时沿逆时针方向旋转，反之沿顺时针方向旋转。

（2）复制。创建出旋转对象后仍保留原对象。

（3）参照（R）。以参照方式旋转对象。执行该选项，AutoCAD提示：

指定参照角：（输入参照角度值）

指定新角度或［点（P）］<0>：［输入新角度值，或通过“点（P）”选项指定两点来确定新角度］

执行结果：AutoCAD根据参照角度与新角度的值自动计算旋转角度（旋转角度=新角度－参照角度），然后将对象绕基点旋转该角度。

举例：将原来任意位置的矩形放置在斜坡上，如图1-2-71所示。矩形和三角形的角度都不知，此类问题必须按参照方式进行旋转。命令：rotate↙

UCS当前的正角方向：ANGDIR=逆时针ANGBASE=0

选择对象：选择矩形找到1个

选择对象：按Enter键或鼠标右键确认

指定基点：指定矩形下边与三角形斜边的交点为基点

指定旋转角度，或［复制（C）/参照（R）］<28>：r↙

指定参照角<0>：再次用鼠标指定基点　指定第二点：指定矩形的右下角点　指定新角度或［点（P）］<0>：鼠标单击三角形右上顶点。

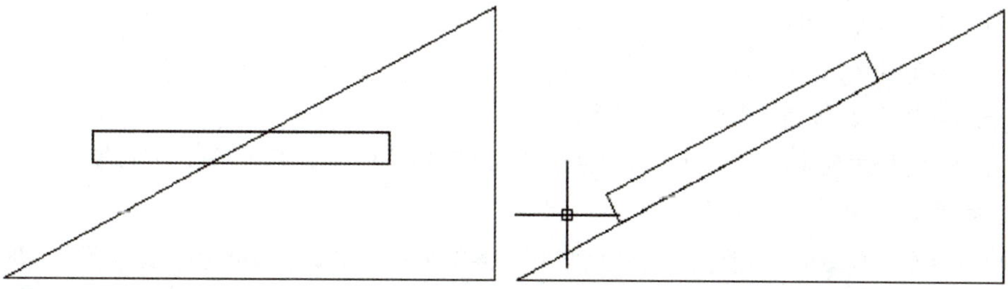

图1-2-71　旋转举例

随堂练习　旋转命令的练习

- 实践目的：了解旋转的基本功能与作用，掌握旋转的快捷键“RO”。
- 实践内容：掌握如何在AutoCAD中灵活运用“RO”命令。
- 实践步骤：使用“RO”命令，将双人床图形旋转90°，如图1-2-72所示。

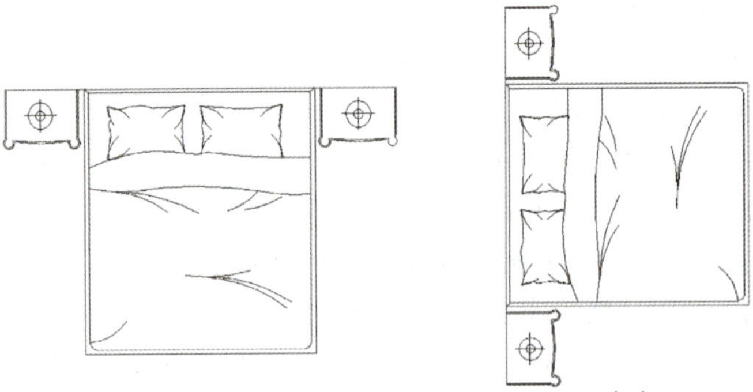

（a）　　　　　　（b）

图1-2-72　旋转

（a）双人床旋转前　（b）双人床旋转后

（九）缩放

缩放对象指放大或缩小指定的对象。命令：SCALE。

单击“修改”工具栏上的（缩放）按钮，或选择“修改”>“缩放”命令，即执行SCALE命令，AutoCAD提示：

选择对象：（选择要缩放的对象）

选择对象：↙（也可以继续选择对象）

指定基点：（确定基点位置）

指定比例因子或 [复制（C）/参照（R）]：

（1）指定比例因子。确定缩放比例因子，为默认项。执行该默认项，即输入比例因子后按Enter键或Space键，AutoCAD将所选择对象根据该比例因子相对于基点缩放，且0＜比例因子＜1时，缩小对象，比例因子＞1时，放大对象。

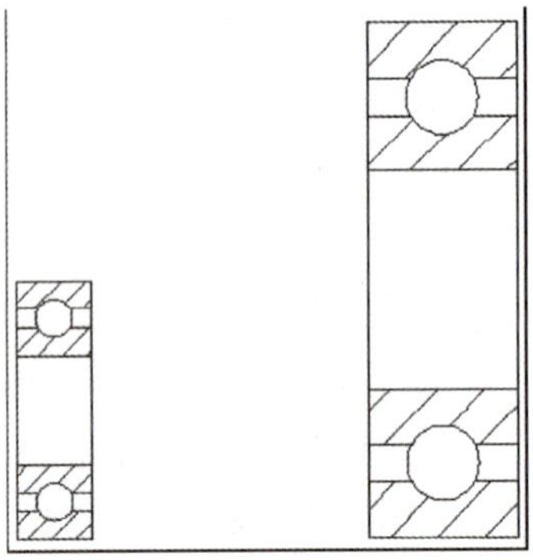

图1-2-73　缩放命令

（2）复制（C）。创建出缩小或放大的对象后仍保留原对象。执行该选项后，根据提示指定缩放比例因子即可。

（3）参照（R）。将对象按参照方式缩放。执行该选项，AutoCAD提示：

指定参照长度：（输入参照长度的值）

指定新的长度或 [点（P）]：[输入新的长度值或通过“点（P）”选项通过指定两点来确定长度值]

执行结果：AutoCAD根据参照长度与新长度的值自动计算比例因子（比例因子=新长度值÷参照长度值），并进行对应的缩放。

举例：将图1-2-73中左边小门放大一倍，成为右边的大门。

命令：scale↙

选择对象：使用窗口方式指定对角点：找到25个选择对象：↙

指定基点：捕捉小门的左下角点

指定比例因子或［复制（C）/参照（R）］<0.5000>：2↙

可以得到图1-2-73中的右图。

随堂练习　缩放命令的练习

- 实践目的：了解缩放的基本功能与作用，掌握缩放的快捷键“SC”。
- 实践内容：掌握如何在AutoCAD中灵活运用“SC”命令。
- 实践步骤：使用“SC”命令，将窗户装饰图案分别缩放0.5倍、2倍，如图1-2-74所示。

（a）　（b）　（c）

图1-2-74　缩放练习

（a）缩放 0.5 倍效果　（b）原图　（c）缩放 2 倍效果

（十）拉伸

拉伸与移动命令的功能有类似之处，可移动图形，但拉伸通常用于使对象拉长或压缩。命令：STRETCH。拉伸示例如图1-2-75所示。

单击“修改”工具栏上的（拉伸）按钮，或选择“修改”>“拉伸”命令，即执行STRETCH命令，AutoCAD提示：

以交叉窗口或交叉多边形选择要拉伸的对象...

选择对象：C↙［或用CP响应。第一行提示说明用户只能以交叉窗口方式（即交叉矩形窗口，用C响应）或交叉多边形方式（即不规则交叉窗口方式，用CP响应）选择对象］

选择对象：（可以继续选择拉伸对象）

选择对象：↙

指定基点或［位移（D）］<位移>：

（1）指定基点。确定拉伸或移动的基点。

（2）位移（D）。根据位移量移动对象。

（a）　（b）

图1-2-75　拉伸

（a）拉伸前（b）拉伸后

随堂练习　拉伸命令的练习

- 实践目的：了解拉伸的基本功能与作用，掌握拉伸的快捷键“S”。
- 实践内容：掌握如何在AutoCAD中灵活运用“S”命令。
- 实践步骤：使用“S”命令，将桌面宽度拉伸300mm，如图1-2-76所示。视频讲解案例如图1-2-77所示。

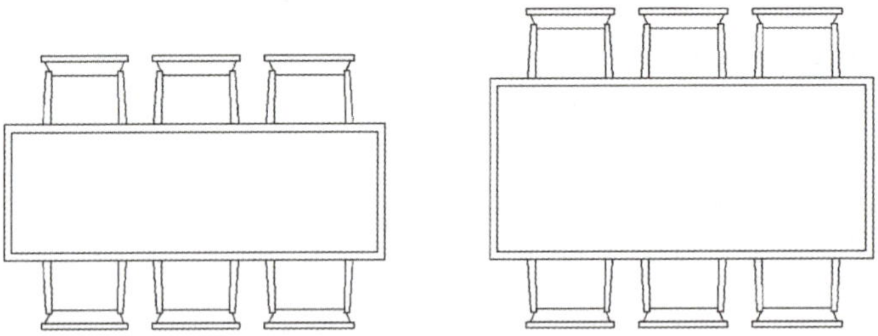

（a）　（b）

图1-2-76　拉伸桌宽

（a）餐桌宽度拉伸前　（b）餐桌宽度拉伸后

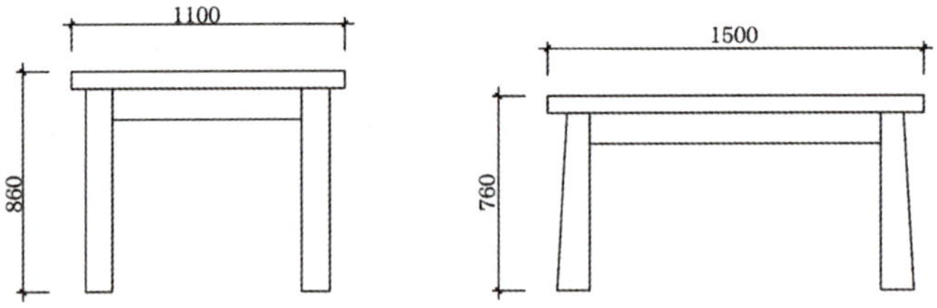

（a）　（b）

图1-2-77　拉伸练习

（a）拉伸前　（b）拉伸后

（十一）修剪

用作为剪切边的对象修剪指定的对象（后者称为被剪边），即将被修剪对象沿修剪边界（即剪切边）断开，并删除位于剪切边一侧或位于两条剪切边之间的部分。修剪示例如图1-2-78所示。命令：TRIM。快捷命令：“TR”。

单击“修改”工具栏上的（修剪）按钮，或选择“修改”>“修剪”命令，即执行TRIM命令，AutoCAD提示：

选择剪切边...

选择对象或<全部选择>：（选择作为剪切边的对象，按Enter键选择全部对象）

选择对象：↙（还可以继续选择对象）

选择要修剪的对象，或按住Shift键选择要延伸的对象，或

[栏选（F）/窗交（C）/投影（P）/边（E）/删除（R）/放弃（U）]:

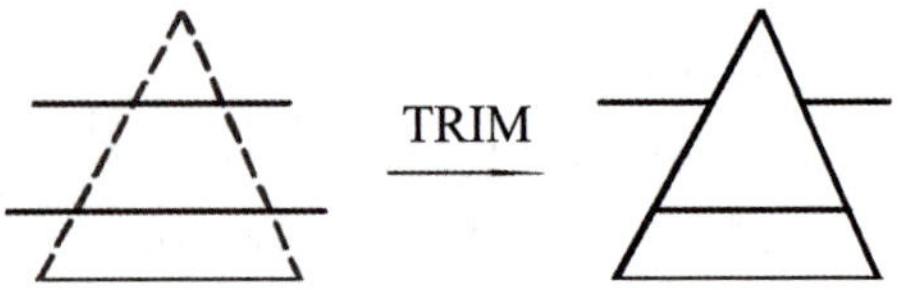

图1-2-78　修剪示例

（1）选择要修剪的对象，或按住Shift键选

择要延伸的对象。在该提示下选择被修剪对象，AutoCAD会以剪切边为边界，将被修剪对象上位于拾取点一侧的多余部分或将位于两条剪切边之间的部分剪切掉。如果被修剪对象没有与剪切边相交，在该提示下按下Shift键后选择对应的对象，AutoCAD则会将其延伸到剪切边。

（2）栏选（F）。以栏选方式确定被修剪对象。

（3）窗交（C）。使与选择窗口边界相交的对象作为被修剪对象。

（4）投影（P）。确定执行修剪操作的空间。

（5）边（E）。确定剪切边的隐含延伸模式。

（6）删除（R）。删除指定的对象。

（7）放弃（U）。取消上一次的操作。

随堂练习　**修剪命令的练习**

- 实践目的：了解修剪的基本功能与作用，掌握修剪的快捷键“TR”。
- 实践内容：掌握如何在AutoCAD中灵活运用“TR”命令。
- 实践步骤：请使用“TR”命令对图形进行修剪，如图1-2-79所示。

（十二）延伸

将指定的对象延伸到指定边界。命令：EXTEND。快捷命令：“EX”。

单击“修改”工具栏上的（延伸）按钮，或选择“修改”>“延伸”命令，即执行EXTEND命令，AutoCAD提示：

选择边界的边...

选择对象或<全部选择>：（选择作为边界边的对象，按Enter键则选择全部对象）

选择对象：↙（也可以继续选择对象）

选择要延伸的对象，或按住Shift键选择要修剪的对象，或

[栏选（F）/窗交（C）/投影（P）/边（E）/放弃（U）]：

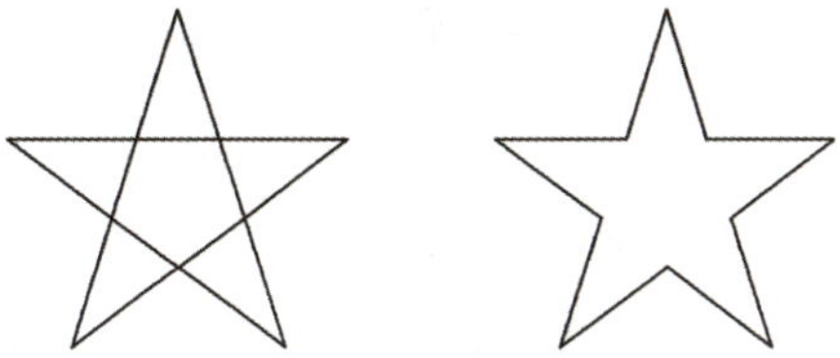

（a）　　（b）

图1-2-79　修剪

（a）修剪前　（b）修剪后

（1）选择要延伸的对象，或按住Shift键选择要修剪的对象选择对象。进行延伸或修剪，为默认项。用户在该提示下选择要延伸的对象，AutoCAD把该对象延长到指定的边界对象。如果延伸对象与边界交叉，在该提示下按下Shift键，然后选择对应的对象，那么AutoCAD会修剪它，即将位于拾取点一侧的对象用边界对象将其修剪掉。

（2）栏选（F）。以栏选方式确定被延伸对象。

（3）窗交（C）。使与选择窗口边界相交的对象作为被延伸对象。

（4）投影（P）。确定执行延伸操作的空间。

（5）边（E）。确定延伸的模式。

（6）放弃（U）。取消上一次的操作。

举例：将图1-2-80所示两条线延伸至相交。

命令：ex　EXTEND↙

当前设置：投影=UCS，边=无

选择边界的边...

选择对象或<全部选择>：找到1个

选择对象：↙

选择要延伸的对象，或按住Shift键选择要修剪的对象，或

[栏选（F）/窗交（C）/投影（P）/边（E）/放弃（U）]：

图1-2-80　延伸举例

随堂练习　延伸命令的练习

- 实践目的：了解延伸的基本功能与作用，掌握延伸的快捷键“EX”。
- 实践内容：掌握如何在AutoCAD中灵活运用“EX”命令。
- 实践步骤：请使用“EX”命令，对图像进行延伸，如图1-2-81所示。

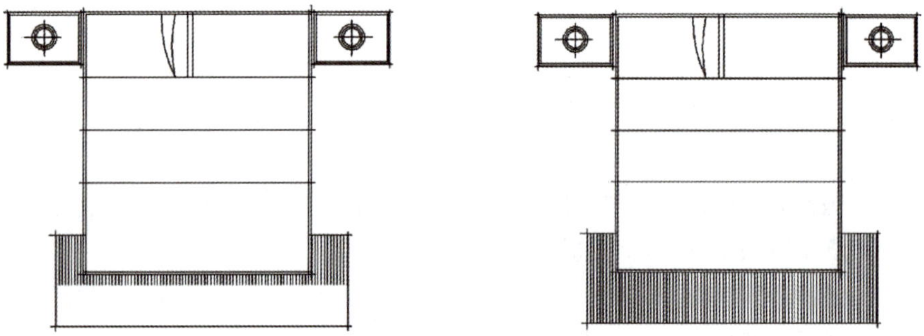

（a）　　（b）

图1-2-81　延伸

（a）延伸前　（b）延伸后

（十三）打断

从指定点处将对象分成两部分，或删除对象上所指定两点之间的部分。快捷命令：“BR”。

选择“修改”>“打断”命令，即执行BREAK命令，AutoCAD提示：

选择对象：（选择要断开的对象/此时只能选择一个对象）

指定第二个打断点或[第一点（F）]：

（1）指定第二个打断点。此时AutoCAD以用户选择对象时的拾取点作为第一断点，并要求确定第二断点。用户可以有以下选择：

如果直接在对象上的另一点处单击拾取键，AutoCAD将对象上位于两拾取点之间的对象删除掉。如果输入符号“@”后按Enter键或Space键，AutoCAD在选择对象时的拾取

点处将对象一分为二。如果在对象的一端之外任意拾取一点，AutoCAD将位于两个拾取点之间的那段对象删除掉。

（2）第一点（F）。重新确定第一断点。执行该选项，AutoCAD提示：

指定第一个打断点：（重新确定第一断点）

指定第二个打断点：

在此提示下，可以按前面介绍的三种方法确定第二断点。

随堂练习　**打断命令的练习**

- 实践目的：了解打断的基本功能与作用，掌握打断的快捷键“BR”。
- 实践内容：掌握如何在AutoCAD中灵活运用“BR”命令。
- 实践步骤：任意绘制一条直线，使用“BR”命令，将直线打断。

（十四）倒角

在两条直线之间创建倒角。快捷命令：“CHA”，倒角示例如图1-2-82所示。

单击“修改”工具栏上的（倒角）按钮，或选择“修改”＞“倒角”命令，即执行CHAMFER命令，AutoCAD提示：

（“修剪”模式）当前倒角距离1=0.0000，距离2=0.0000

选择第一条直线或［放弃（U）/多段线（P）/距离（D）/角度（A）/修剪（T）/方式（E）/多个（M）］：

提示的第一行说明当前的倒角操作属于“修剪”模式，且第一、第二倒角距离分别为1和2。

（1）选择第一条直线。要求选择进行倒角的第一条线段，为默认项。选择某一线段，即执行默认项后，AutoCAD提示：

选择第二条直线，或按住Shift键选择要应用角点的直线：在该提示下选择相邻的另一条线段即可。

（2）多段线（P）。对整条多段线倒角。

（3）距离（D）。设置倒角距离。

（4）角度（A）。根据倒角距离和角度设置倒角尺寸。

（5）修剪（T）。确定倒角后是否对相应的倒角边进行修剪。

（6）方式（E）。确定将以什么方式倒角，即根据已设置的两个倒角距离倒角，还是根据距离和角度设置倒角。

（7）多个（M）。如果执行该选项，当用户选择了两条直线进行倒角后，可以继续对其他直线倒角，不必重新执行倒角命令。

（8）放弃（U）。放弃已进行的设置或操作。

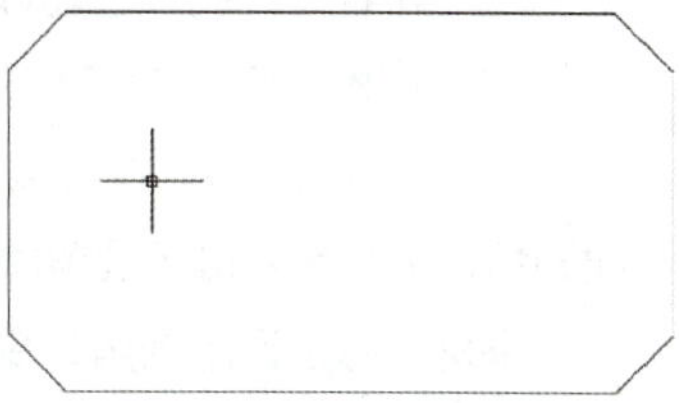

图1-2-82　倒角图例

随堂练习　倒角命令的练习

- 实践目的：了解倒角的基本功能与作用，掌握倒角的快捷键“CHA”。
- 实践内容：掌握如何在AutoCAD中灵活运用“CHA”命令。
- 实践步骤：使用“CHA”命令，对图形进行倒角，如图1-2-83所示。

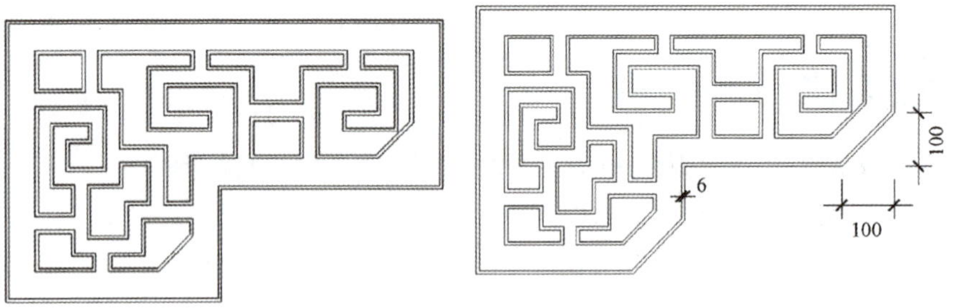

（a）　（b）

图1-2-83　倒角

（a）倒角前　（b）倒角后

（十五）圆角

为对象创建圆角。快捷命令：“F”。

单击“修改”工具栏上的 （圆角）按钮，或选择“修改”>“圆角”命令，即执行FILLET命令，AutoCAD提示：

当前设置：模式=修剪，半径=0.0000

选择第一个对象或［放弃（U）/多段线（P）/半径（R）/修剪（T）/多个（M）］：

提示中，第一行说明当前的创建圆角操作采用了“修剪”模式，且圆角半径为0。第二行的含义如下：

（1）选择第一个对象。此提示要求选择创建圆角的第一个对象，为默认项。用户选择后，AutoCAD提示：

选择第二个对象，或按住Shift键选择要应用角点的对象：

在此提示下选择另一个对象，AutoCAD按当前的圆角半径设置对它们创建圆角。如果按住Shift键选择相邻的另一对象，则可以使两个对象准确相交。

（2）多段线（P）。对二维多段线创建圆角。

（3）半径（R）。设置圆角半径。

（4）修剪（T）。确定创建圆角操作的修剪模式。

（5）多个（M）。执行该选项且用户选择两个对象创建圆角后，可以继续对其他对象创建圆角，不必重新执行圆角命令。

举例：综合运用圆角命令，画出如图1-2-84所示图形。

启动圆角命令。

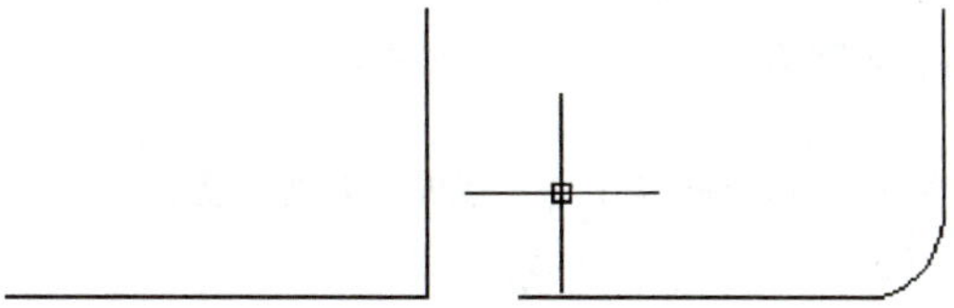

图1-2-84　圆角命令

“当前设置：模式=修剪，半径=0.0000，选择第一个对象或［放弃（U）/多段线（P）/半径（R）/修剪（T）/多个（M）］”，与倒角需要设置距离一样，首次使用圆角命令需设置圆角半径。输入“R”，↙

“指定圆角半径<0.0000>”：输入“20”，↙

“选择第一个对象或［放弃（U）/多段线（P）/半径（R）/修剪（T）/多个（M）］”：在视图中分别单击两条直线，即可创建两条直线之间的圆角，如图1-2-84所示。

圆角命令其他选项的含义与倒角命令选项的含义相同。

随堂练习　**圆角命令的练习**

- 实践目的：了解圆角的基本功能与作用，掌握圆角的快捷键“F”。
- 实践内容：掌握如何在AutoCAD中灵活运用“F”命令。
- 实践步骤：使用“F”命令，对图形进行圆角操作，如图1-2-85所示。

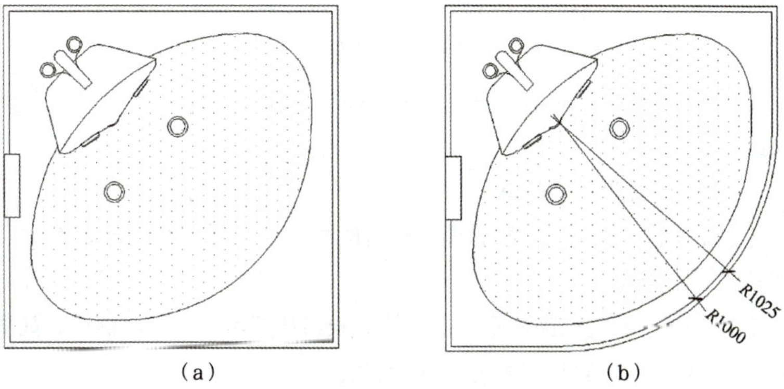

（a）　（b）

图1-2-85　圆角

（a）圆角操作前　（b）圆角操作后

（十六）分解

分解命令也称炸开命令，可以将多段线、块、标注和面域等合成对象分解成其部件对象。在命令行输入快捷命令“X”，或在“修改”菜单中选择“分解”命令；

命令提示行：“选择对象”（选择想要炸开的图形，全部选定后，单击鼠标右键或者回车，即完成炸开命令。图形被分解后，往往变成多个小个体）。

随堂练习　分解命令的练习

- 实践目的：了解分解的基本功能与作用，掌握分解的快捷键“X”。
- 实践内容：掌握如何在AutoCAD中灵活运用“X”命令。
- 实践步骤：使用“X”命令，对图块进行分解操作。分解后尝试选择分解图形，如图1-2-86所示。

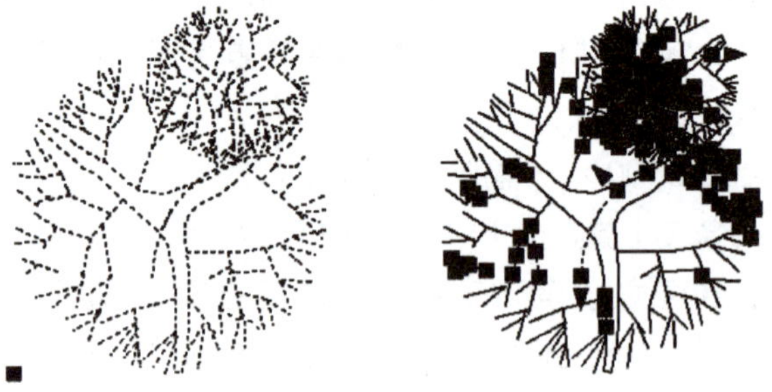

（a）　（b）

图1-2-86　分解

（a）分解前进行选择　（b）分解后进行选择

（十七）对齐

ALIGN（命令）：在二维和三维空间中将对象与其他对象对齐。

可以指定一对、两对或三对源点和定义点以移动、旋转或倾斜选定的对象，从而将它们与其他对象上的点对齐，如图1-2-87所示。

主要学习在二维中对齐两个对象的步骤：

（1）依次单击“常用”选项卡>“修改”面板>“对齐”，或者直接输入对齐快捷命令AL。

（2）选择要对齐的对象。

（3）指定一个源点，然后指定相应的目标点。要旋转对象，请指定第二个源点，然后指定第二个目标点。

（4）按Enter键结束命令。选定的对象将从源点移动到目标点，如果指定了第二点和第三点，则这两点将旋转并倾斜选定的对象。

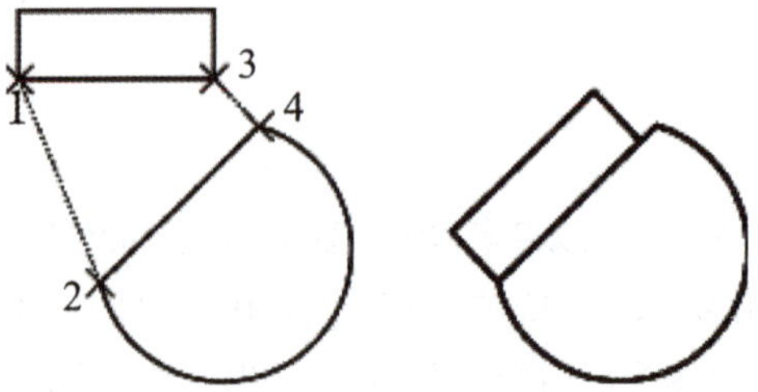

图1-2-87　对齐示例

（十八）使用夹点编辑对象

夹点是一些小方框，是对象上的控制点。利用夹点功能，用户可以比较方便地编辑对象。要使用夹点编辑对象，必须启用AutoCAD夹点功能。

AutoCAD默认情况下启用夹点。单击对象时，对象关键点上将出现蓝色的夹点。单击其中一个夹点作为操作点，该夹点呈红色显示，此时用户可以拖拽夹点直接移动其位置，如图1-2-88所示。圆弧夹点还多了蓝色的箭头，选中箭头操作，改变圆弧的半径或周长，但圆心不动。选中蓝色方块操作，则改变此点的位置。

当显示夹点之后，单击鼠标右键，弹出快捷菜单，如图1-2-89所示，可从中选择命令进行编辑操作。也可以在显示夹点之后直接在命令行中输入相应的命令或单击所需命令按钮。

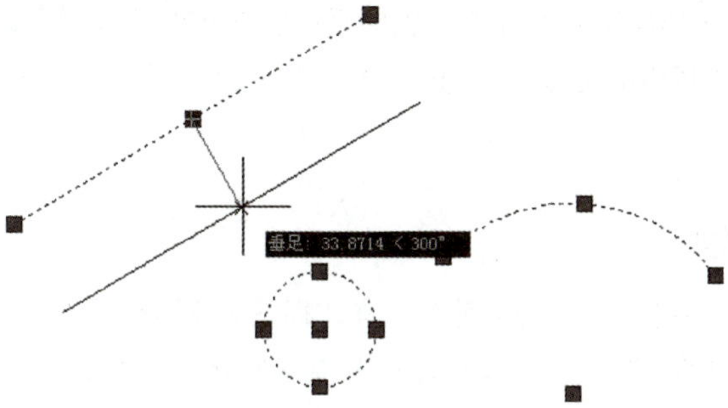

图1-2-88 夹点操作

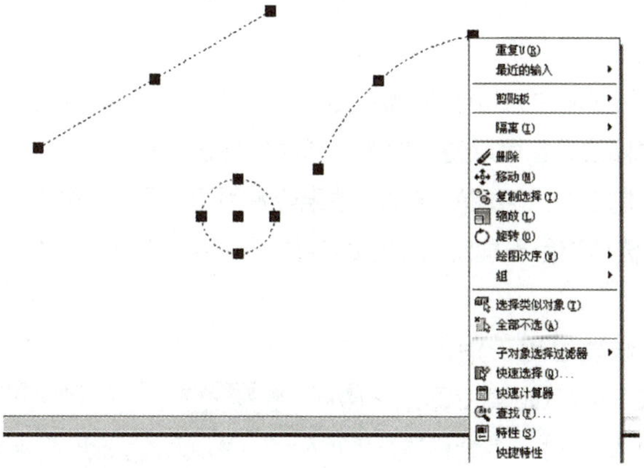

图1-2-89 右键快捷菜单

随堂练习 **使用夹点编辑对象的练习**

- 实践目的：了解夹点的基本功能与作用，掌握夹点编辑的使用方法。
- 实践内容：掌握如何在AutoCAD中灵活运用夹点进行编辑。
- 实践步骤：使用夹点对任意图形进行编辑练习，熟练操作。

任务三
文字注释

完整的图纸可能包含复杂的技术要求、标题栏信息、标签等诸多文字注释。AutoCAD2023提供了多种文字标注方法。对简短的文字输入可以使用单行文字工具；对带有某种格式的较长的文字输入可以使用多种文字工具；也可以输入带有引线的多行文字。

所有输入的文字都应用文字样式，包括相应字体和格式的设置以及文字外观的定义。用户还可以利用系统提供的工具方便地更改文字的比例、对齐文字、查找和替换文字以及检查拼写错误等。

（一）文字样式

AutoCAD图形中的文字根据当前文字样式标注。文字样式说明所标注文字使用的字体以及其他设置，如字高、颜色、文字标注方向等。AutoCAD2023为用户提供了默认文字样式STANDARD。当在AutoCAD中标注文字时，如果系统提供的文字样式不能满足国家制图标准或用户的要求，则应首先定义文字样式。命令：STYLE。

单击对应的工具栏按钮，或选择“格式”>“文字样式”命令，即执行STYLE命令，AutoCAD弹出如图1-2-90所示“文字样式”对话框。

（1）“样式”列表框中列有当前已定义的文字样式，用户可从中选择对应的样式作为当前样式或进行样式修改，也可以通过单击“新建”按钮，打开“新建文字样式”对话框，创建新的文字样式，制定个人习惯的字体和效果或者引用公司统一的形式。

（2）“字体”选项组用于确定所采用的字体。使用“大字体”选项，往往应用于大字体的文件。

（3）“大小”选项组用于指定文字的高度，在高度一栏，如果设置为0.00，那么再输入文字时，将会再次提示输入文字高度，如果在此预先设置好高度，那么文字的输入就会默认按照已设定的高度。

（4）“效果”选项组用于设置字体的某些特征，如字的宽高比（即宽度比例）、倾斜角度、是否倒置显示、是否反向显示以及是否垂直显示等。

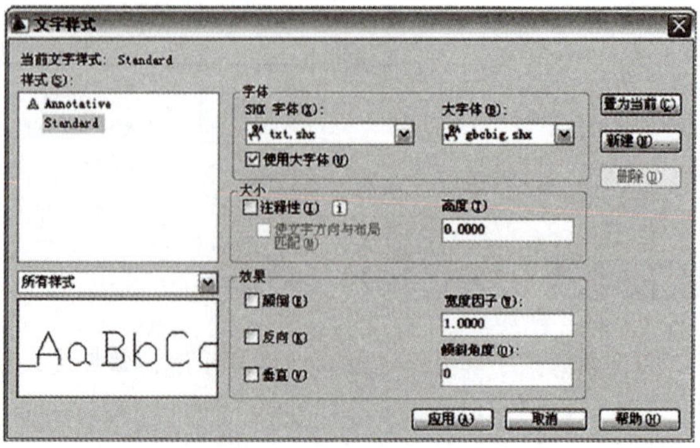

图1-2-90　文字样式对话框

（5）预览框用于预览所选择或所定义文字样式的标注效果。

（6）“新建”按钮用于创建新样式。

（7）“置为当前”按钮用于将选定的样式设为当前样式。

（8）“应用”按钮用于确认用户对文字样式的设置。单击“确定”按钮，AutoCAD关闭“文字样式”对话框。

（二）单行文字

单行文字适用于字体单一、内容简单，一行就可以容纳的注释文字。如室内装饰中表面材料的标注。其优点在于使用单行文字命令输入的文字，每一行都是一个编辑对象，可以方便移动、旋转和删除。可以通过如下命令调用单行文字命令：

选择“绘图”>“文字”>“单行文字”命令，或工具栏“文字”> “（单行文字）”，即执行DTEXT命令，AutoCAD提示：

当前文字样式：文字35　当前文字高度：2.5000

指定文字的起点或［对正（J）/样式（S）］：

第一行提示信息说明当前文字样式以及字高度。

第二行中，“指定文字的起点”选项用于确定文字行的起点位置。用户响应后，AutoCAD提示：

指定高度：（输入文字的高度值）

指定文字的旋转角度<0>：（输入文字行的旋转角度）

而后，AutoCAD在绘图屏幕上出现一个表示文字位置的方框，用户在其中输入要标注的文字后，按两次Enter键，即可完成文字的标注。

（三）多行文字

多行文字适用于字体复杂、字数多，甚至整段的文字。使用多行文字输入后，文字可以由任意数目的文字行或段落组成，在指定的宽度内布满，可以沿垂直方向无限延伸。

不论行数多少，单个编辑任务创建的段落将构成单个对象。用户可对其进行移动、旋转、删除、复制、镜像或者缩放操作。

多行文字的编辑选项要比单行文字多，例如可以对段落中的单个字符、词语或者短语添加下划线、更改字体、变换颜色和调整文字高度等。可以通过以下方法调用多行文字命令：

选择“绘图”>“文字”>“多行文字”，或工具栏“绘图”>“A（多行文字）”，即执行MTEXT命令，AutoCAD提示：

指定第一角点：

在此提示下指定一点作为第一角点后，AutoCAD继续提示：

指定对角点或［高度（H）/对正（J）/行距（L）/旋转（R）/样式（S）/宽度（W）］：

如果响应默认项，即指定另一角点的位置，AutoCAD弹出如图1-2-91所示文字编辑器。

文字编辑器由“文字格式”工具栏和水平标尺组成，工具栏上有一些下拉列表框、按钮等。用户可通过该编辑器输入要标注的文字，并进行相关标注设置。

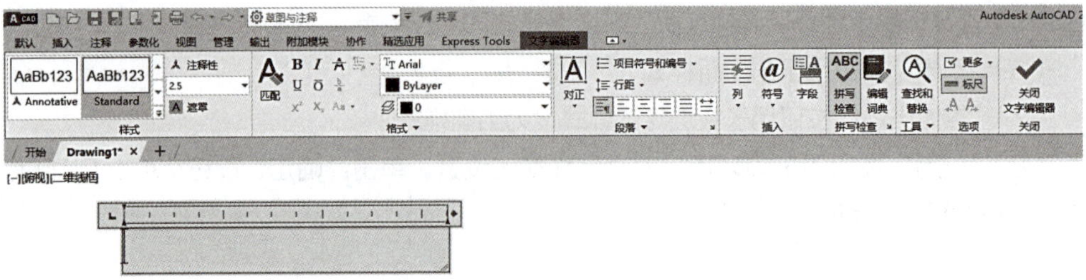

图1-2-91　文字编辑器

点石成金

特殊符号输入方法：

输入“%%d”表示度数；

输入“%%c”表示直径符号；

输入“%%p”表示正负号；

输入“/”垂直堆叠文字，并用水平线分隔；

输入“#”对角堆叠文字，由对角线分隔；

输入“^”公差堆叠，不用直线分隔。

随堂练习　文本标注的练习

- 实践目的：了解文本标注的基本功能与作用，掌握文本样式的设置方法。
- 实践内容：掌握如何在AutoCAD中灵活运用“ST”“T”“DT”等命令，掌握特殊符号输入方法。
- 实践步骤：设置三种不同的文本样式，在AutoCAD图纸中输入不同大小和字体的文字，并按照图1-2-92和图1-2-93所示进行文本标注练习。

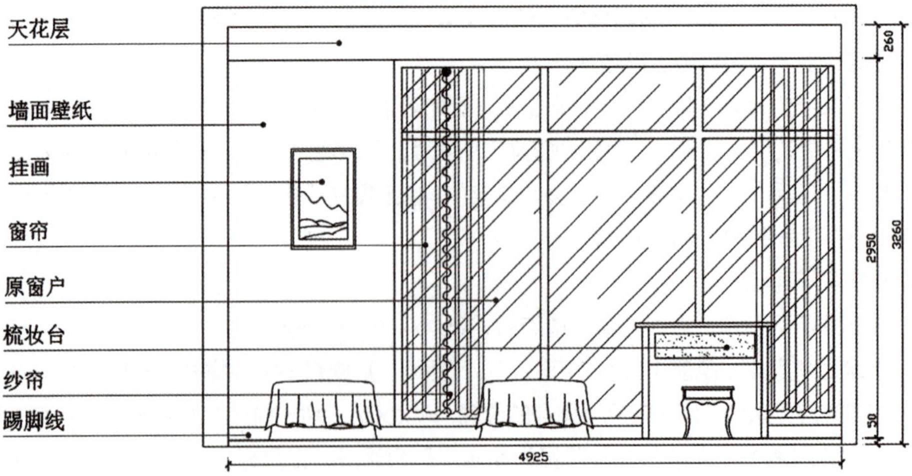

图1-2-92　VIP室立面图

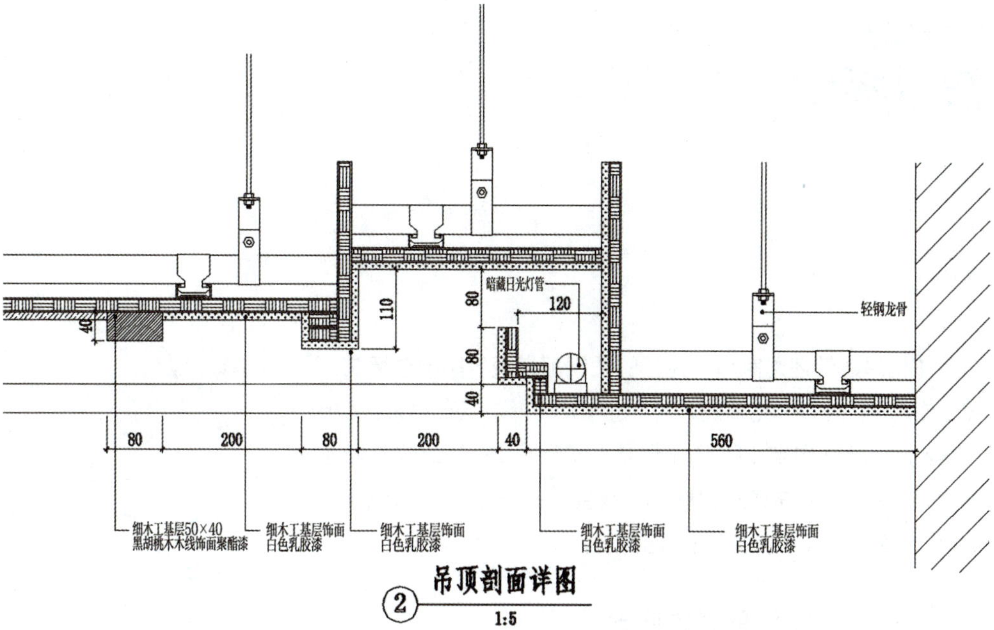

图1-2-93　吊顶剖面详图

任务四
尺寸标注

不论是建筑还是家具，完整的图纸都必须包括尺寸标注。AutoCAD中，一个完整的尺寸一般由尺寸线、延伸线（即尺寸界线）、尺寸文字（即尺寸数字）和箭头4部分组成，如图1-2-94所示。请注意：这里的“箭头”是一个广义的概念，也可以用短划线、点或其他标记代替。

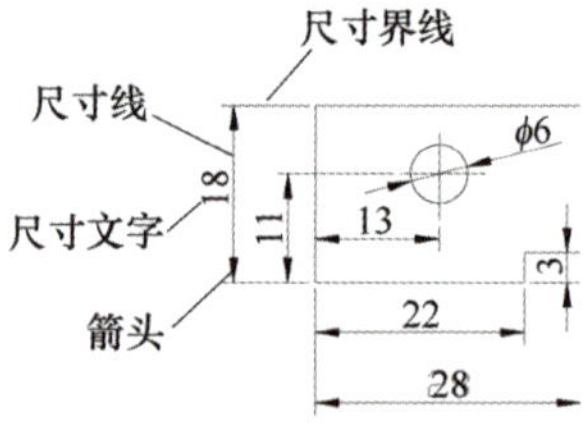

图1-2-94 尺寸组成

（一）尺寸标注的基本概念

AutoCAD提供对各种标注对象设置标注格式的方法。可以在各个方向、各个角度对对象进行标注。也可以创建符合行业标准规范的标注样式，从而达到快速标注图形的目的。

标注显示对象的测量值、对象之间的距离及角度等。AutoCAD提供三种基本的标注类型：线性、半径和角度。标注可以是水平、垂直、对齐、旋转、坐标、基线或连续等，如图1-2-95所示。

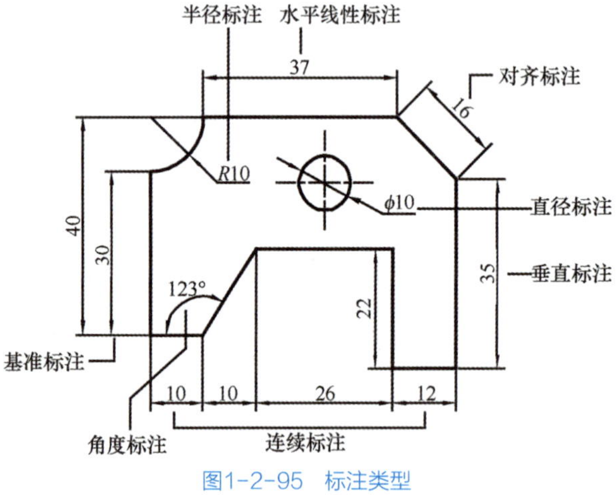

图1-2-95 标注类型

（二）尺寸标注的步骤

在AutoCAD室内装饰施工图的绘制过程中，进行尺寸标注应遵循以下步骤。

1. 创建用于尺寸标注的图层

在AutoCAD中编辑、修改图纸时，由于各种图线与尺寸混杂在一起，操作非常不方便。为了便于控制尺寸标注对象的显示与隐藏，在AutoCAD中要为尺寸标注创建独立的图层，并运用图层技术使其与图形的其他信息分开，以便操作。

2. 创建用于尺寸标注的文字样式

为了方便尺寸标注时修改所标注的各种文字，应建立专门用于尺寸标注的文字样式。在建立尺寸标注文字样式时，应将文字高度设置为0，如果文字类型的默认高度不为0，则修改标注样式对话框中文字选项卡中的文字高度编辑框将不起作用。建立用于尺寸标注的文字样式，样式名为标注尺寸文字。

3. 依据图形的大小和复杂程度配合将选用的图幅规格，确定比例

在AutoCAD中，一般按1∶1尺寸绘图，在图形上要进行标注，必须要考虑相应的文字和箭头等因素，以确保按比例输出后的图纸符合国家标准。因此，必须首先确定比例，并由这个比例指导标注样式中的标注特征比例的填写。

4. 设置尺寸标注样式

标注样式是尺寸标注对象的组成方式，如标注文字的位置和大小、箭头的形状等。设置尺寸标注样式可以控制尺寸标注的格式和外观，有利于执行相关的绘图标准。

5. 捕捉标注对象并进行尺寸标注

（三）标注样式

尺寸标注样式（简称标注样式）用于设置尺寸标注的具体格式，如尺寸文字采用的样式，尺寸线、尺寸界线以及尺寸箭头的标注设置等，以满足不同行业或不同国家的尺寸标注要求。

定义、管理标注样式的命令是DIMSTYLE，此外，还可以调用“格式”>“标注样式”或者“标注”>“标注样式”。执行DIMSTYLE命令，AutoCAD弹出“标注样式管理器”对话框，如图1-2-96所示。

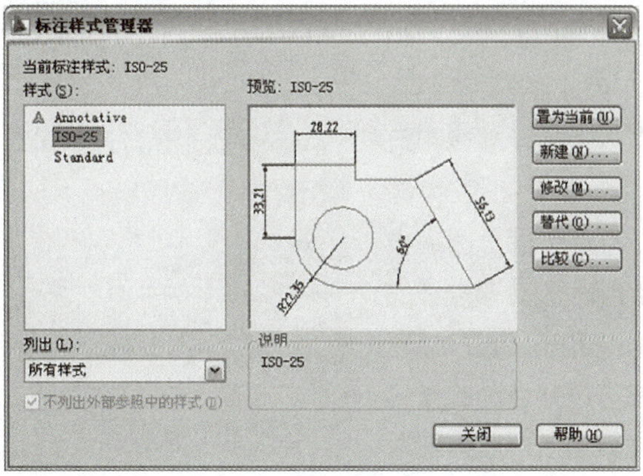

图1-2-96　标注样式管理器

（1）“当前标注样式”标签显示当前标注样式的名称。

（2）“样式”列表框用于列出已有标注样式的名称。

（3）“列出”下拉列表框确定要在“样式”列表框中列出哪些标注样式。

（4）“预览”图片框用于预览在“样式”列表框中所选中标注样式的标注效果。

（5）“说明”标签框用于显示在“样式”列表框中所选定标注样式的说明。

（6）“置为当前”按钮将指定的标注样式置为当前样式。

（7）“新建”按钮用于创建新标注样式。

（8）“修改”按钮则用于修改已有标注样式。

（9）“替代”按钮用于设置当前样式的替代样式。

（10）“比较”按钮用于对两个标注样式进行比较或了解某一样式的全部特性。

在家具设计中，一般需要结合行业标准与自己的标注习惯对标注样式进行重新设定，那么就需要创建新的标注样式。

在“标注样式管理器”对话框中单击“新建”按钮，AutoCAD弹出“创建新标注样式”对话框，如图1-2-97所示。

（1）“新样式名”文本框用于指定新样式的名称。

（2）“基础样式”下拉列表框用来创建新样式的基础样式。

（3）通过“用于”下拉列表框，可确定新建标注样式的适用范围。下拉列表中有“所有标注”“线性标注”“角度标注”“半径标注”“直径标注”“坐标标注”及“引线和公差”等选择项，分别使新样式适用于对应的标注。

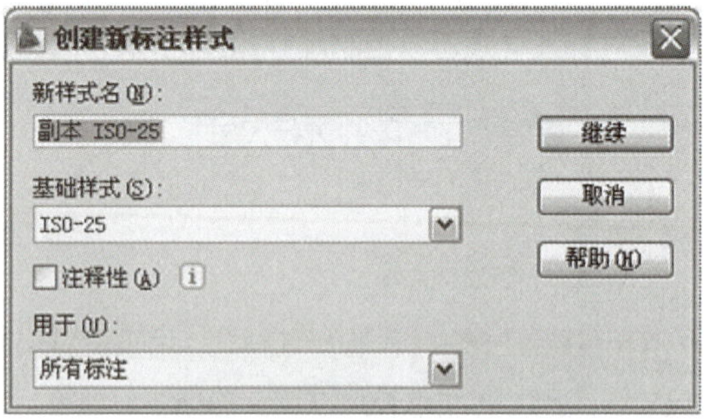

图1-2-97 “创建新标注样式”对话框

（4）确定新样式的名称和有关设置后，单击“继续”按钮，AutoCAD弹出“新建标注样式”对话框，如图1-2-98所示。对话框中有“线”“符号和箭头”“文字”“调整”“主单位”“换算单位”和“公差”7个选项卡，下面分别予以介绍。

①“线”选项卡：设置尺寸线和尺寸界线的格式与属性。图1-2-98为与“直线”选项卡对应的对话框。选项卡中，“尺寸线”选项组用于设置尺寸线的样式；“延伸线”选项组用于设置尺寸界线的样式；预览窗口可根据当前的样式设置显示对应的标注效果示例。详细说明如图1-2-99所示。

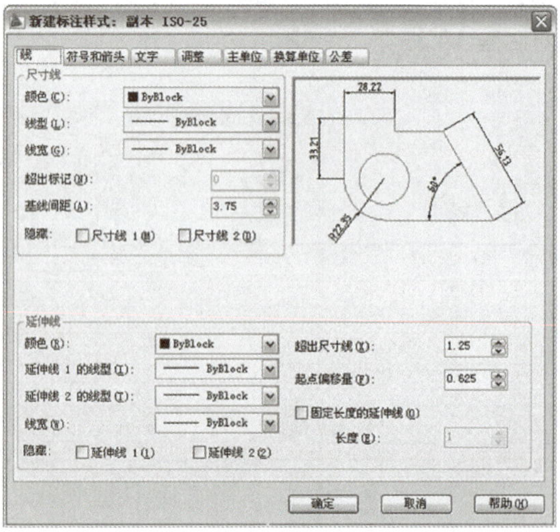

图1-2-98 “新建标注样式”对话框

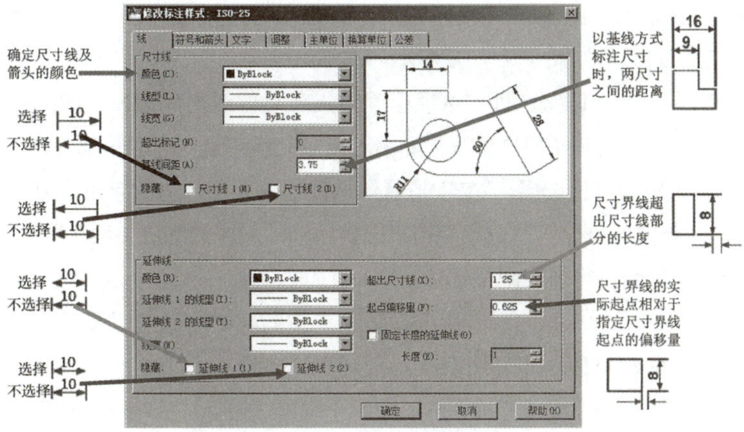

图1-2-99 “修改标注样式”对话框

②“符号和箭头”选项卡：“符号和箭头”选项卡用于设置尺寸箭头、圆心标记、弧长符号以及半径标注折弯方面的格式，对应的对话框如图1-2-100所示。

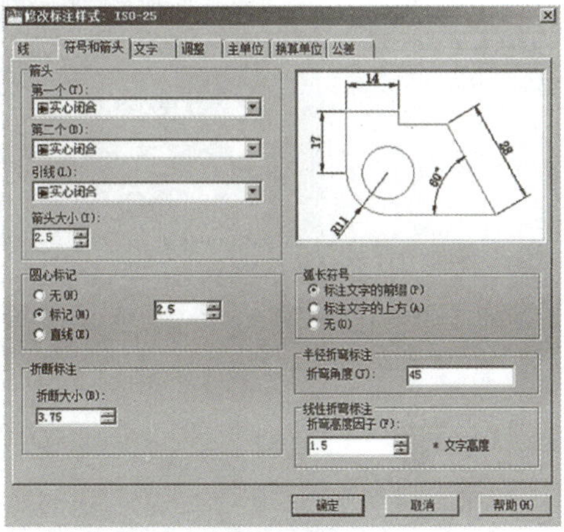

图1-2-100 “符号和箭头”选项卡

“符号和箭头”选项卡中，“箭头”选项组用于确定尺寸线两端的箭头样式；“圆心标记”选项组用于确定当对圆或圆弧执行标注圆心标记操作时，圆心标记的类型与大小；“折断标注”选项确定在尺寸线或延伸线与其他线重叠处打断尺寸线或延伸线时的尺寸；“弧长符号”选项组用于为圆弧标注长度尺寸时的设置；“半径标注折弯”选项设置通常用于标注尺寸的圆弧的中心点位于较远位置时；“线性折弯标注”选项用于线性折弯标注设置。

③“文字”选项卡：此选项卡用于设置尺寸文字的外观、位置以及对齐方式等，对应的对话框如图1-2-101所示。“文字”选项卡中，“文字外观”选项组用于设置尺寸文字的样式等；“文字位置”选项组用于设置尺寸文字的位置。“文字对齐”选项组则用于确定尺寸文字的对齐方式。

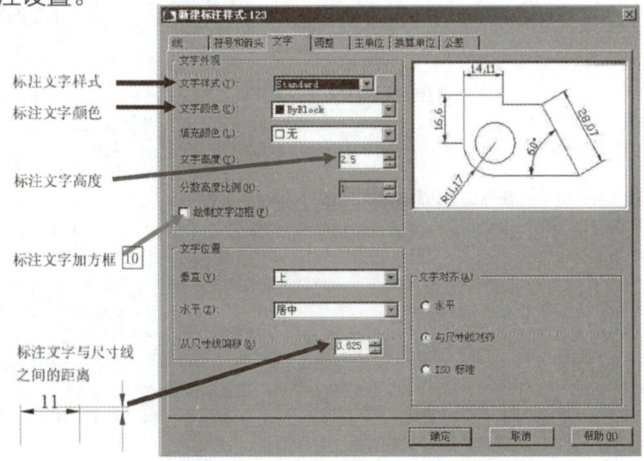

图1-2-101 “文字”选项卡

④“调整”选项卡：此选项卡用于控制尺寸文字、尺寸线以及尺寸箭头等位置和其他一些特征。对应的对话框如图1-2-102所示。

“调整”选项卡中，“调整选项”选项组确定当尺寸界线之间没有足够的空间同时放置尺寸文字和箭头时，应首先从尺寸界线之间移出尺寸文字和箭头的哪一部分，用户可通过该选项组中的各单选按钮进行选择；“文字位置”选项组确定当尺寸文字不在默认位置时，应将其放在何处；“标注特征比例”选项组用于设置所标注尺寸的缩放关系；“优化”选项组用于设置标注尺寸时是否进行附加调整。

⑤“主单位”选项卡：此选项卡用于设置主单位的格式、精度以及尺寸文字的前缀和后缀，对应的对话框如图1-2-103所示。

“主单位”选项卡中，“线性标注”选项组用于设置线性标注的格式与精度；“角度标注”选项组用于确定标注角度尺寸时的单位、精度以及是否消零。

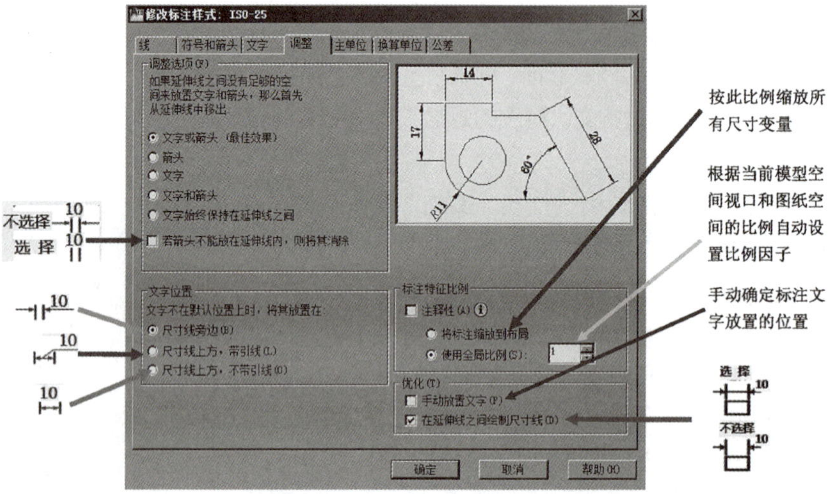

图1-2-102 “调整”选项卡

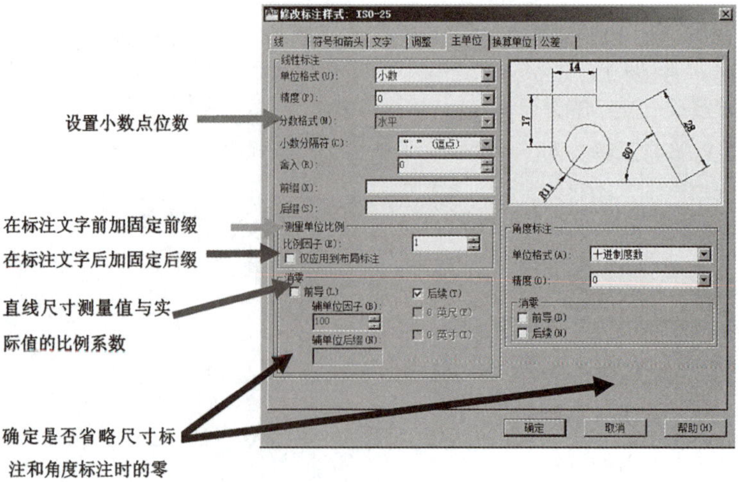

图1-2-103 “主单位”选项卡

⑥“换算单位”选项卡：“换算单位”选项卡用于确定是否使用换算单位以及换算单位的格式。

“换算单位”选项卡中，“显示换算单位”复选框用于确定是否在标注的尺寸中显示换算单位；“换算单位”选项组用于确定换算单位的单位格式、精度等设置；“消零”选项组用于确定是否消除换算单位的前导或后续零；“位置”选项组则用于确定换算单位的位置。用户可在“主值后”与“主值下”之间选择，如图1-2-104所示。

⑦“公差”选项卡：“公差”选项卡用于确定是否标注公差，如果标注公差，以何种方式进行标注，对应的选项卡如图1-2-105所示。

“公差”选项卡中，“公差格式”选项组用于确定公差的标注格式；“换算单位公差”选项组用于确定当标注换算单位时换算单位公差的精度与是否消零。

利用“新建标注样式”对话框设置样式后，单击对话框中的“确定”按钮，完成样式的设置，AutoCAD返回“标注样式管理器”对话框，单击对话框中的“关闭”按钮关闭对话框，完成尺寸标注样式的设置。

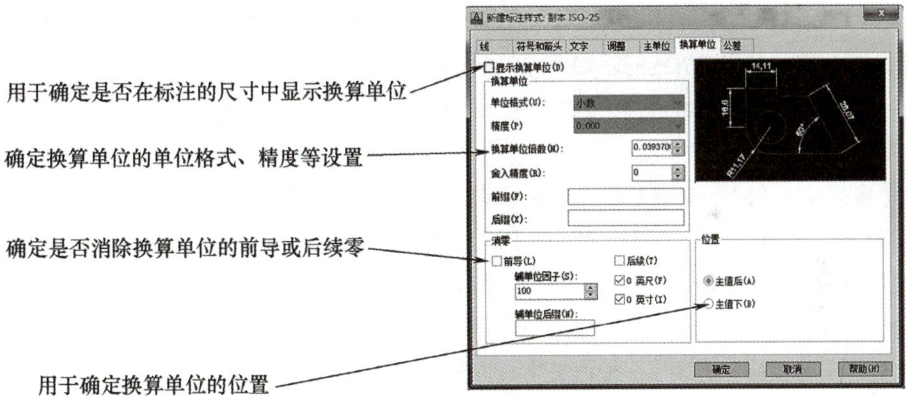

图1-2-104　“换算单位”选项卡

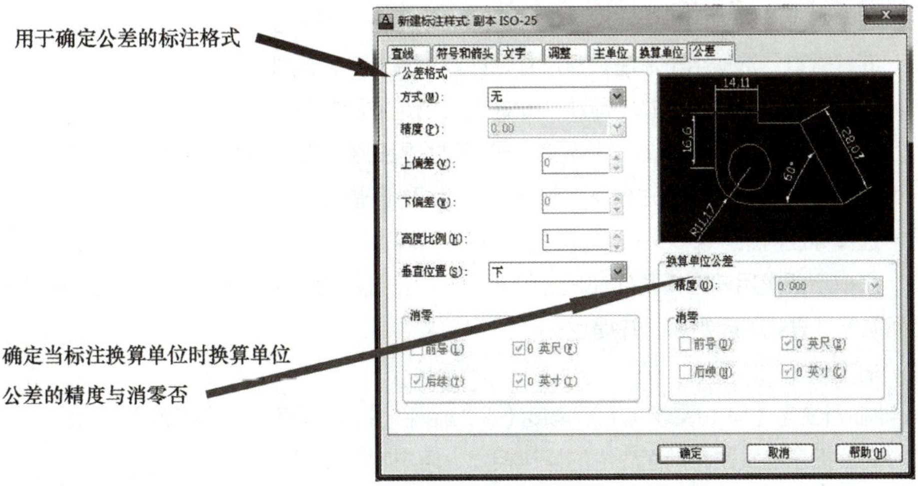

图1-2-105　“公差”选项卡

（四）尺寸标注

1. 线性标注

线性标注快捷命令："DLI"，指标注图形对象在水平方向、垂直方向或指定方向的尺寸，又分为水平标注、垂直标注和旋转标注三种类型。命令：DIMLINEAR。

水平标注用于标注对象在水平方向的尺寸，即尺寸线沿水平方向放置；垂直标注用于标注对象在垂直方向的尺寸，即尺寸线沿垂直方向放置；旋转标注则标注对象沿指定方向的尺寸。

单击"标注"工具栏上的（线性）按钮，或选择"标注" > "线性"命令，即执行DIMLINEAR命令，AutoCAD提示：

指定第一条尺寸界线原点或<选择对象>：

在此提示下用户有两种选择，即确定一点作为第一条尺寸界线的起始点或直接按Enter键选择对象。

（1）指定第一条尺寸界线原点。如果在"指定第一条尺寸界线原点或<选择对象>："提示下指定第一条尺寸界线的起始点，AutoCAD提示：

指定第二条尺寸界线原点：（确定另一条尺寸界线的起始点位置）

指定尺寸线位置或

[多行文字（M）/文字（T）/角度（A）/水平（H）/垂直（V）/旋转（R）]：

其中，"指定尺寸线位置"选项用于确定尺寸线的位置。通过拖动鼠标的方式确定尺寸线的位置后，单击拾取键，AutoCAD根据自动测量出的两尺寸界线起始点间的对应距离值标注出尺寸。

①"多行文字"选项用于根据文字编辑器输入尺寸文字。

②"文字"选项用于输入尺寸文字。

③"角度"选项用于确定尺寸文字的旋转角度。

④"水平"选项用于标注水平尺寸，即沿水平方向的尺寸。

⑤"垂直"选项用于标注垂直尺寸，即沿垂直方向的尺寸。

⑥"旋转"选项用于旋转标注，即标注沿指定方向的尺寸。

（2）选择对象。如果在"指定第一条尺寸界线原点或<选择对象>："提示下直接按Enter键，即执行"<选择对象>"选项，AutoCAD提示：

选择标注对象：

此提示要求用户选择要标注尺寸的对象。用户选择后，AutoCAD将该对象的两端点作为两条尺寸界线的起始点，并提示：

指定尺寸线位置或

[多行文字（M）/文字（T）/角度（A）/水平（H）/垂直（V）/旋转（R）]：

对此提示的操作与前面介绍的操作相同，用户响应即可。

2. 对齐标注

对齐标注指所标注尺寸的尺寸线与两条尺寸界线起始点间的连线平行。命令：DIMALIGNED。

单击“标注”工具栏上的（对齐）按钮，或选择“标注” > “对齐”命令，即执行DIMALIGNED命令，AutoCAD提示：

指定第一条尺寸界线原点或<选择对象>：

在此提示下的操作与标注线性尺寸类似，此处不再介绍。

3. 角度标注

角度标注快捷命令：“DAN”。标注角度尺寸。命令：DIMANGULAR。

单击“标注”工具栏上的（角度）按钮，或选择“标注” > “角度”命令，即执行DIMANGULAR命令，AutoCAD提示：

选择圆弧、圆、直线或<指定顶点>：

4. 直径标注

直径标注快捷命令：“DDI”。为圆或圆弧标注直径尺寸。命令：DIMDIAMETER。

单击“标注”工具栏上的（直径）按钮，或选择“标注” > “直径”命令，即执行DIMDIAMETER，AutoCAD提示：

选择圆弧或圆：（选择要标注直径的圆或圆弧）

指定尺寸线位置或［多行文字（M）/文字（T）/角度（A）］：

如果在该提示下直接确定尺寸线的位置，AutoCAD按实际测量值标注出圆或圆弧的直径。也可以通过“多行文字（M）”“文字（T）”以及“角度（A）”选项确定尺寸文字和尺寸文字的旋转角度。

5. 半径标注

半径标注快捷命令：“DBA”。为圆或圆弧标注半径尺寸。命令：DIMRADIUS。

单击“标注”工具栏上的（半径）按钮，或选择“标注” > “半径”命令，即执行DIMRADIUS命令，AutoCAD提示：

选择圆弧或圆：（选择要标注半径的圆弧或圆）

指定尺寸线位置或［多行文字（M）/文字（T）/角度（A）］：

根据需要响应即可。

6. 弧长标注

为圆弧标注长度尺寸。命令：DIMARC。

单击“标注”工具栏上的（弧长）按钮，或选择“标注” > “弧长”命令，即执行DIMARC命令，AutoCAD提示：

选择弧线段或多段线弧线段:（选择圆弧段）

指定弧长标注位置或 [多行文字（M）/文字（T）/角度（A）/部分（P）/引线（L）]:

根据需要响应即可。

7. 折弯标注

为圆或圆弧创建折弯标注。命令：DIMJOGGED。

单击“标注”工具栏上的（折弯）按钮，或选择“标注”>“折弯”命令，即执行DIMJOGGED命令，AutoCAD提示:

选择圆弧或圆:（选择要标注尺寸的圆弧或圆）

指定中心位置替代:（指定折弯半径标注的新中心点，以替代圆弧或圆的实际中心点）

指定尺寸线位置或 [多行文字（M）/文字（T）/角度（A）]:（确定尺寸线的位置，或进行其他设置）

指定折弯位置:（指定折弯位置）

8. 连续标注

连续标注快捷命令:“DCO”。连续标注指在标注出的尺寸中，相邻两条尺寸线共用同一条尺寸界线，如图1-2-106所示。命令：DIMCONTINUE。

单击“标注”工具栏上的（连续）按钮，或选择“标注”>“连续”命令，即执行DIMCONTINUE命令，AutoCAD提示:

指定第二条尺寸界线原点或 [放弃（U）/选择（S）] <选择>:

（1）指定第二条尺寸界线原点。确定下一个尺寸的第二条尺寸界线的起始点。用户响应后，AutoCAD按连续标注方式标注尺寸，即将上一个尺寸的第二条尺寸界线作为新尺寸标注的第一条尺寸界线标注尺寸，而后AutoCAD继续提示:

指定第二条尺寸界线原点或 [放弃（U）/选择（S）] <选择>:

此时，可再确定下一个尺寸的第二条尺寸界线的起点位置。当用此方式标注出全部尺寸后，在上述同样的提示下按Enter键或Space键，结束命令。

（2）选择（S）。该选项用于指定连续标注将从哪一个尺寸的尺寸界线引出。执行该选项，AutoCAD提示:

选择连续标注:

在该提示下选择尺寸界线后，AutoCAD会继续提示:

指定第二条尺寸界线原点或 [放弃（U）/选择（S）] <选择>:

在该提示下标注出的下一个尺寸会以指定的尺寸界线作为其第一条尺寸界线。执行连续尺寸标注时，有时需要先执行“选择（S）”选项来指定引出连续尺寸的尺寸界线。

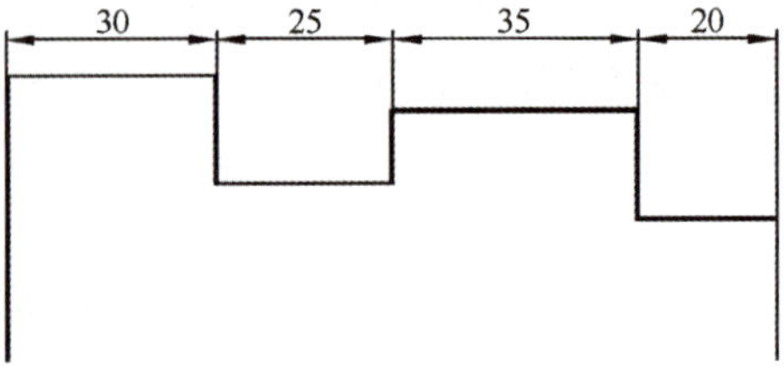

图1-2-106 连续标注

9. 基线标注

基线标注指各尺寸线从同一条尺寸界线处引出。命令：DIMBASELINE。

单击“标注”工具栏上的（基线）按钮，或选择“标注”>“基线”命令，即执行DIMBASELINE命令，AutoCAD提示：

指定第二条尺寸界线原点或［放弃（U）/选择（S）］<选择>：

（1）指定第二条尺寸界线原点。确定下一个尺寸的第二条尺寸界线的起始点。确定后，AutoCAD按基线标注方式标注出尺寸，而后继续提示：

指定第二条尺寸界线原点或［放弃（U）/选择（S）］<选择>：

此时，可再确定下一个尺寸的第二条尺寸界线起点位置。用此方式标注出全部尺寸后，在同样的提示下按Enter键或Space键，结束命令。

（2）选择（S）。该选项用于指定基线标注时作为基线的尺寸界线。执行该选项，AutoCAD提示：

选择基准标注：

在该提示下选择尺寸界线后，AutoCAD继续提示：

指定第二条尺寸界线原点或［放弃（U）/选择（S）］<选择>：

在该提示下标注的各尺寸均从指定的基线引出。执行基线尺寸标注时，有时需要先执行“选择（S）”选项来指定引出基线尺寸的尺寸界线。

随堂练习　尺寸标注的练习

- 实践目的：了解尺寸标注的基本功能与作用，掌握尺寸标注样式的设置方法。
- 实践内容：掌握如何在AutoCAD中灵活运用“D”“DLI”“DRA”等命令，掌握图形尺寸标注方法。
- 实践步骤：设置三种以上不同的尺寸标注样式，并将前文中绘制的图形一一进行标注。另外，对图1-2-107和图1-2-108所示进行尺寸标注。

图1-2-107　衣柜标注

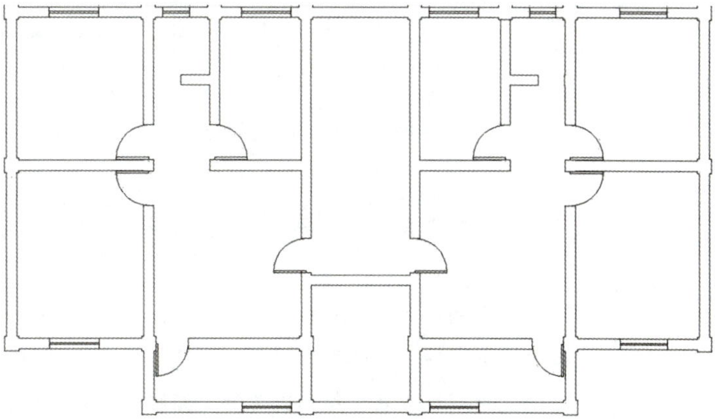

图1-2-108　建筑结构图标注

任务五
综合练习

- 实践目的：了解并掌握AutoCAD常用的平面绘图命令和平面编辑命令的基本功能与作用。
- 实践内容：综合运用AutoCAD常用的平面绘图命令和平面编辑命令进行室内装饰常用图形的绘制与编辑。
- 实践步骤：参照以下提纲进行操作。

1. 综合利用所学知识完成下面图形

（1）利用矩形、圆、椭圆、多边形、圆角等命令绘制洗手盆，如图1-2-109所示。

（2）利用矩形、镜像、偏移等命令绘制冰箱的主视图和左视图，如图1-2-110所示。

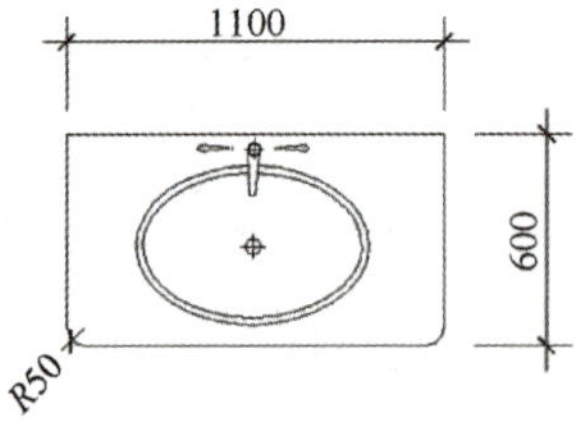

图1-2-109　洗手盆的绘制

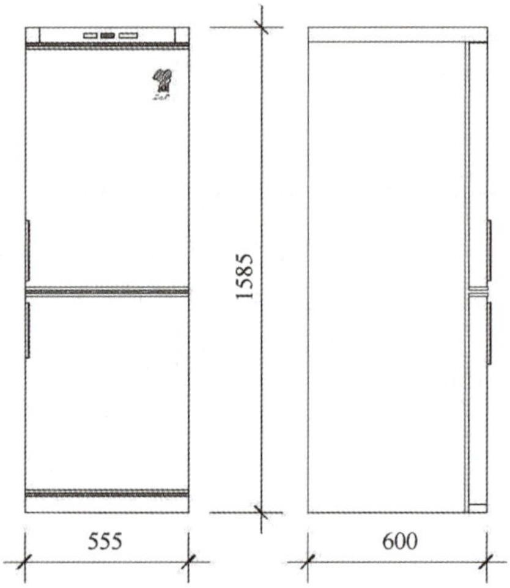

图1-2-110　冰箱的绘制

（3）利用直线、矩形、复制、偏移、标注等命令绘制客厅沙发组合平面图，如图1-2-111所示。

（4）利用直线、矩形、复制、偏移、填充、标注等命令绘制客厅折叠门立面图，如图1-2-112所示。

（5）利用直线、矩形、复制、偏移、填充、标注等命令绘制洗手间立面图，如图1-2-113所示。

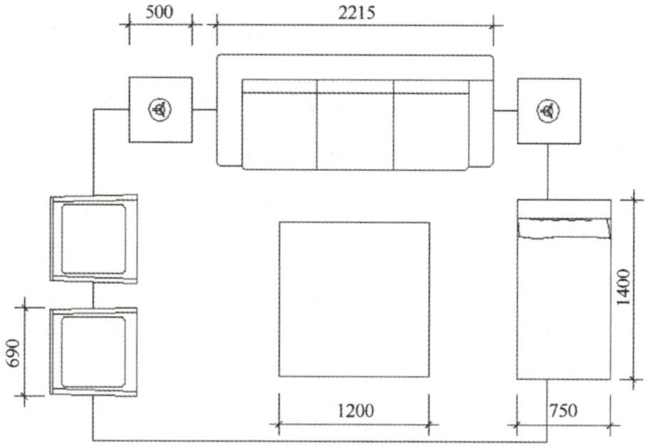

图1-2-111　客厅沙发组合平面图的绘制

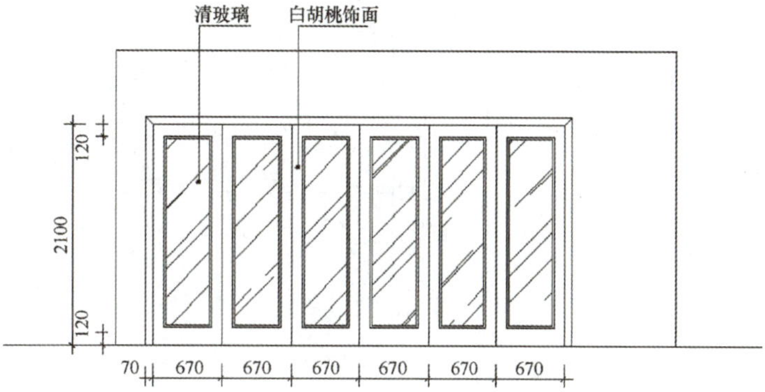

图1-2-112　客厅折叠门立面图的绘制

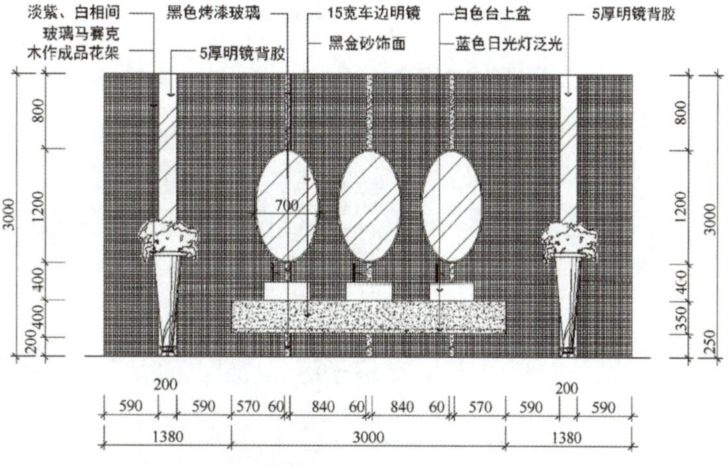

图1-2-113　洗手间立面图的绘制

2. 平面绘图命令和平面编辑命令的综合运用

综合利用所学知识完成普通居室空间的绘制，并进行尺寸标注，图形的绘制及尺寸标注如图1-2-114所示。

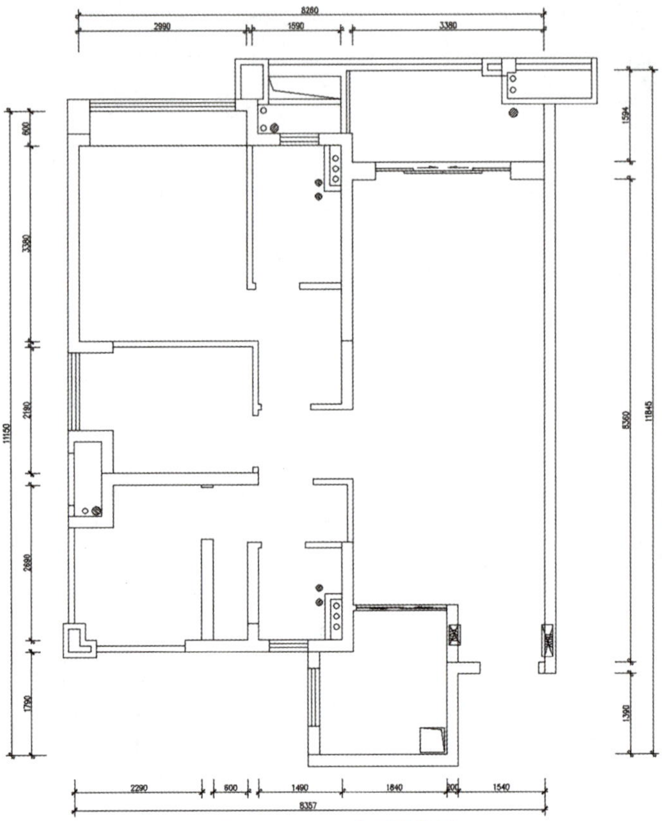

图1-2-114　户型图绘制

3. 平面绘图命令和平面编辑命令的综合运用

综合利用所学知识完成迪厅天花布置图的绘制，并进行尺寸标注，图形的绘制及尺寸标注如图1-2-115所示。

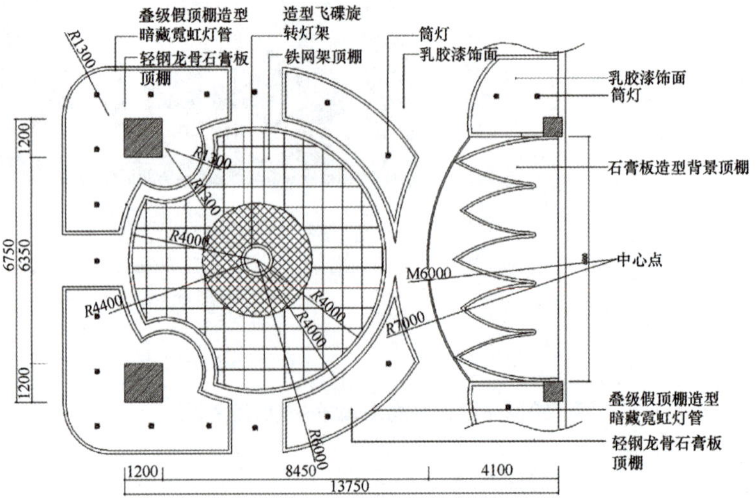

图1-2-115　迪厅天花布置图

项目三

室内设计施工图规范

教学目标

知识目标

1 掌握AutoCAD室内设计制图的相关规范。

2 具有运用标准、规范、手册、图册等有关技术的能力。

能力目标

1 能够读懂简单的室内施工图纸。

2 能够进行室内施工图纸常见图形的绘制和表达。

素质目标

1 具有较强的标准意识、规范意识，具备利用国家标准指导识图的能力。

2 培养学生具备良好的职业操守、高度的责任感和认真细致的态度，让学生明白细节决定成败的道理。

室内设计施工图规范

- 建筑室内装饰装修设计图纸幅面规格、编排顺序、图例及符号
  - 图纸幅面与图纸编排顺序
  - 图线
  - 线宽
  - 比例
- 建筑室内装饰装修设计工程中的各类符号
  - 剖切符号
  - 索引符号
  - 引出线
  - 其他符号
  - 标高
- 常用建筑装饰材料和设备图例

任务一
建筑室内装饰装修设计图纸幅面规格、编排顺序、图例及符号

一、图纸幅面与图纸编排顺序

房屋建筑室内装饰装修的图纸幅面规格应符合现行国家标准《GB/T 50001—2017 房屋建筑制图统一标准》的规定。图纸幅面都应遵守标准规定的尺寸，图纸的幅面见表1-3-1。

表 1-3-1　　图纸幅面　　单位：mm

尺寸	幅面				
	A0	A1	A2	A3	A4
$B \times L$	841×1189	594×841	420×594	297×420	210×297
c	10			5	
a	25				

二、图线

建筑室内装饰装修设计图可采用的线型包括实线、虚线、单点长划线、折断线、波浪线、点线、样条曲线、云线等，各线型应符合表1-3-2的规定。

表 1-3-2　　房屋建筑室内装饰装修图常用线型

名称		线型	线宽	一般用途
实线	粗	━━━━	b	(1) 平面图、剖面图中被剖切的房屋建筑和装饰装修构造的主要轮廓线 (2) 建筑室内装饰装修立面图的外轮廓线 (3) 建筑室内装饰装修构造详图中被剖切的轮廓线 (4) 平面图、立面图、剖面图的剖切符号
	中粗	────	0.7b	(1) 平面图、剖立面图中除被剖切的房屋建筑和室内装修构造的次要轮廓线 (2) 房屋建筑室内装修详图中的轮廓线

续表

名称		线型	线宽	一般用途
实线	中		0.5*b*	（1）房屋建筑装饰装修构造详图中的一般轮廓线 （2）小于0.7*b*的图形线、家具线、尺寸线、尺寸界线、索引符号、标高符号、引出线、地面和墙面的高差分界线等
	细		0.25*b*	图形和图例的填充线
虚线	中粗		0.7*b*	（1）表示被遮挡部分的轮廓线 （2）表示被索引图样的范围 （3）拟建、扩建房屋建筑室内装饰装修部分轮廓线
	中粗		0.5*b*	（1）表示平面中上部的投影轮廓线 （2）预想放置的房屋建筑或构件
	细		0.25*b*	表示内容与中粗虚线相同，适合小于0.5*b*的不可见轮廓线
单点长划线	中粗		0.7*b*	运动轨迹线
	细		0.25*b*	中心线、对称线、定位轴线
折断线	细		0.25*b*	不需要画全的断开界线
波浪线	细		0.25*b*	（1）不需要画全的断开界线 （2）构造层次的断开界线 （3）曲线形构建断开界限
点线	细		0.25*b*	制图需要的辅助线
样条曲线	细		0.25*b*	（1）不需要画全的断开界线 （2）制图需要的引出线
云线	中		0.5*b*	（1）圈出需要绘制详图的图样范围 （2）标注材料的范围 （3）标注需要强调、变更或改动的区域

三、线宽

房屋建筑室内装饰装修的图纸线宽宜符合现行国家标准《GB/T 50001—2017 房屋建筑制图统一标准》的规定。图纸常用线宽见表1-3-3。

图线的宽度*b*宜从下列线宽系列中选取：1.0，0.7，0.5，0.35mm。各图样可根据复杂程度与比例大小，先选定基本线宽*b*，再选用表1-3-3中相应的线宽组。

表 1-3-3　房屋建筑室内装饰装修图常用线宽　单位：mm

线宽比	线宽组			
b	1.0	0.7	0.5	0.35
0.75*b*	0.75	0.53	0.38	0.26
0.5*b*	0.5	0.35	0.25	0.18

续表

线宽比	线宽组			
0.3*b*	0.3	0.21	0.15	0.11
0.25*b*	0.25	0.18	0.13	0.09
0.2*b*	0.2	0.14	0.1	0.07

注：同一张图纸内，各个不同线宽组中的细线，可统一采用较细的线宽组的细线。

四、比例

图样的比例表示及要求应符合现行国家标准《GB/T 50001—2017 房屋建筑制图统一标准》的规定。绘图采用的比例应根据图样内容及复杂程度选取。常用及可用比例应符合表1-3-4的规定。

表 1-3-4 常用及可用的图纸比例

常用比例	1∶1，1∶2，1∶5，1∶10，1∶20，1∶25，1∶50，1∶75，1∶100，1∶150，1∶200，1∶250
可用比例	1∶3，1∶4，1∶6，1∶8，1∶15，1∶30，1∶35，1∶40，1∶60，1∶70，1∶80，1∶120，1∶300，1∶400，1∶500

比例宜注写在图名的右侧或右侧下方，字的基准线应取平。比例的字高宜比图名的字高小一号或两号，如图1-3-1所示。

图1-3-1 比例的注写

根据建筑室内装饰装修设计的不同部位、不同阶段的图纸内容和要求，绘制的比例宜从表1-3-5中选用。

表 1-3-5 各部位常用图纸比例

比例	部位	图纸内容
1∶200～1∶100	总平面、总顶面	总平面布置图、总顶棚平面布置图
1∶100～1∶50	局部平面、局部顶棚平面	局部平面布置图、局部顶棚平面布置图
1∶100～1∶50	不复杂的立面	立面图、剖面图
1∶50～1∶30	较复杂的立面	立面图、剖面图
1∶30～1∶10	复杂的立面	立面放样图、剖面图
1∶10～1∶1	平面及立面中需要详细表示的部位	详图

任务二
建筑室内装饰装修设计工程中的各类符号

一、剖切符号

建筑室内装饰装修设计工程中的剖切符号应符合现行国家标准《GB/T 50001—2017房屋建筑制图统一标准》的规定。剖切符号应该标注在需要表示装饰装修剖面内容的位置上。

二、索引符号

索引符号根据用途的不同，可以分为立面索引符号、剖切索引符号、详图索引符号、设备索引符号、部品部件索引符号。

表示室内立面在平面上的位置及立面图所在页码，应在平面图上使用立面索引符号，如图1-3-2所示。

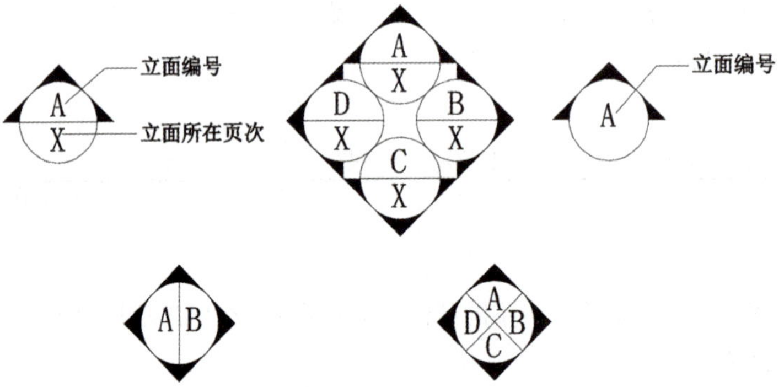

图1-3-2　立面索引符号

表示剖切面在各界面上的位置及图样所在页码，应在被索引的界面图样上使用剖切索引符号，如图1-3-3所示。

表示局部放大图样在原图上的位置及本图样所在页码，应在被索引图样上使用详图索引符号，如图1-3-4所示。

表示各类设备（含设备、设施、家具、灯具等）的品种及对应的编号，应在图样上使用设备索引符号，如图1-3-5所示。

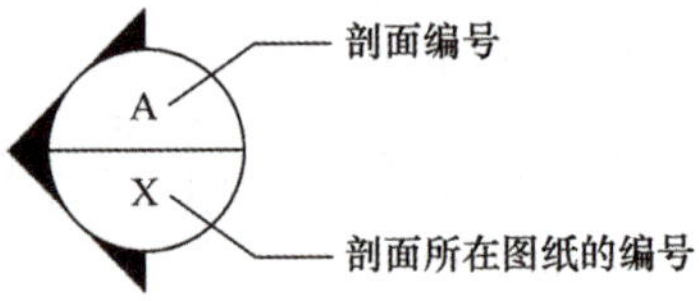

图1-3-3　剖切索引符号

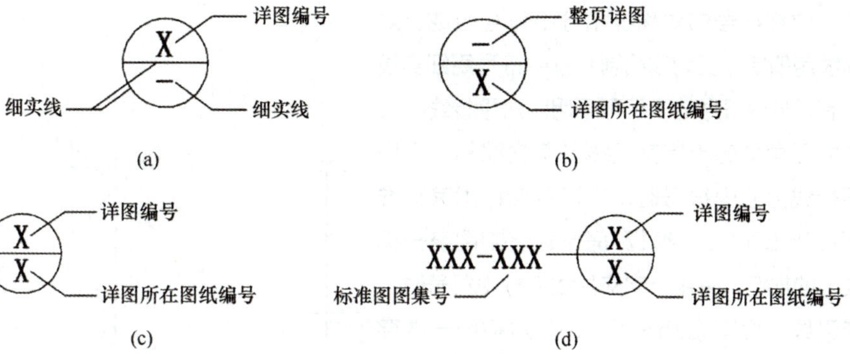

图1-3-4　详图索引符号

（a）本页索引方式　（b）整页索引方式　（c）不同页索引方式　（d）标准图索引方式

三、引出线

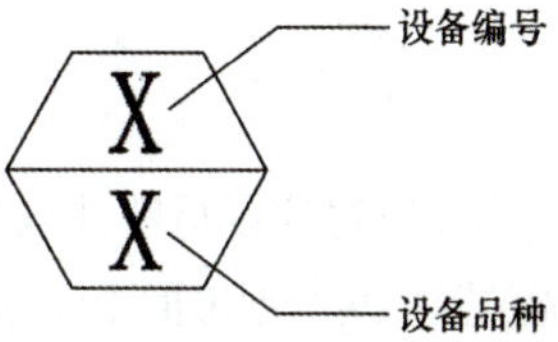

图1-3-5　设备索引符号

引出线起止符号可采用圆点绘制，也可采用箭头绘制，如图1-3-6所示。起止符号的大小应与本图样尺寸的比例一致。多层构造或多个部位共用引出线，应通过被引出的各层或各部分，并以引出线起止符号指出相应位置，如图1-3-7所示。引出线上的文字说明应符合现行国家标准《GB/T 50001—2017　房屋建筑制图统一标准》的规定。

图1-3-6　引出线起止符号

四、其他符号

1. 对称符号

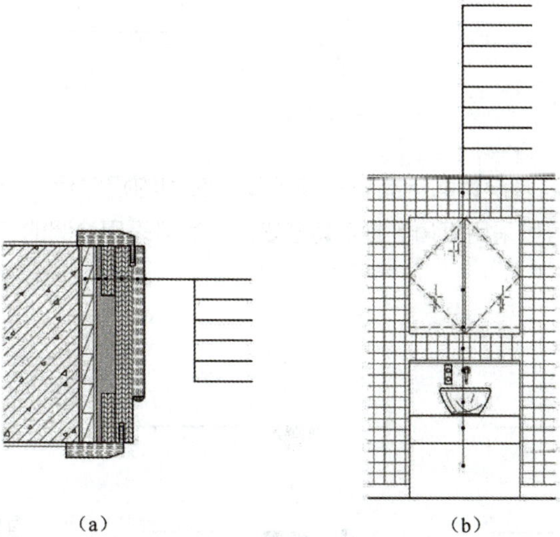

图1-3-7　共用引出线示意

（a）多层构造共用引出线　（b）多个物象共用引出线

对称符号由对称线和分中符号组成。对称线用细单点长划线绘制；分中符号用细实线绘制。分中符号的表示可采用两对平行线、上端为三角形的十字交叉线或英文缩写。采用平行线为分中符号时，应符合现行国家标准《GB/T 50001—2017 房屋建筑制图统一标准》的规定；采用十字交叉线为分中符号时，交叉线长度宜为25~35mm，对称线一端穿过交叉点，其端点与交叉线三角形上端平齐；采用英文缩写为分中符号时，大写英文CL置于对称线一端，如图1-3-8所示。

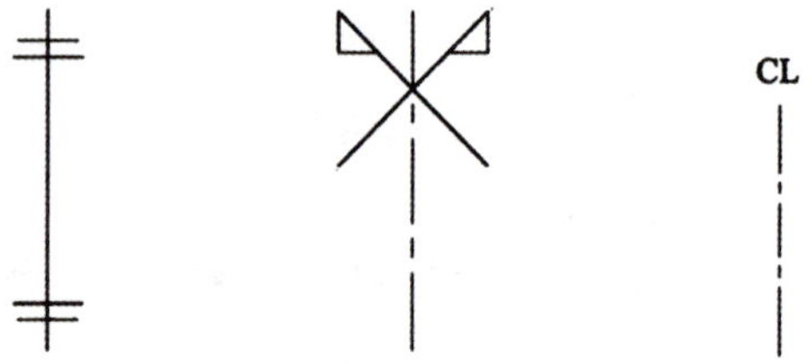

图1-3-8 三类对称符号

2. 连接符号

连接符号应以折断线或波浪线表示需连接的位置。两个部位相距过远时，连接符号两端靠图样一侧宜标注大写拉丁字母，表示连接编号。两个被连接的图样必须用相同的字母编号，如图1-3-9所示。

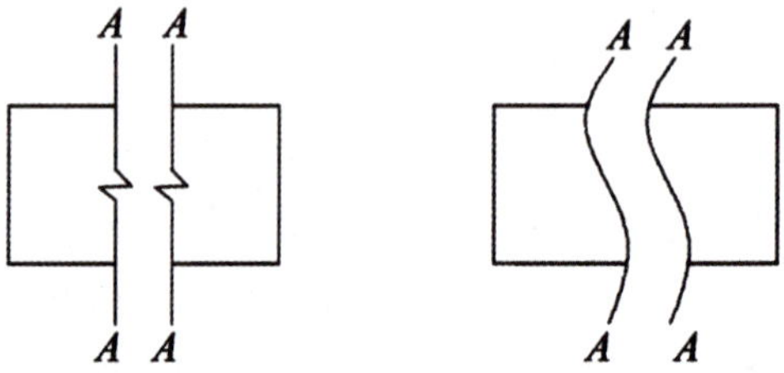

图1-3-9 连接符号

3. 转角符号

转角符号以垂直线连接两端交叉线并加注角度符号表示。转角符号用于表示立面的转折，如图1-3-10所示。

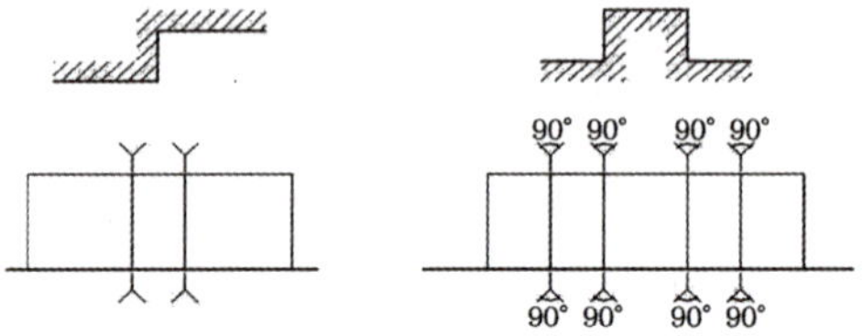

图1-3-10 转角符号

五、标高

建筑室内装饰装修设计的标高应标注该设计空间的相对标高，以楼地面装饰完成面为±0.00。标高符号可采用直角等腰三角形表示，也可采用涂黑的三角形或90°对顶角的圆，如图1-3-11所示。

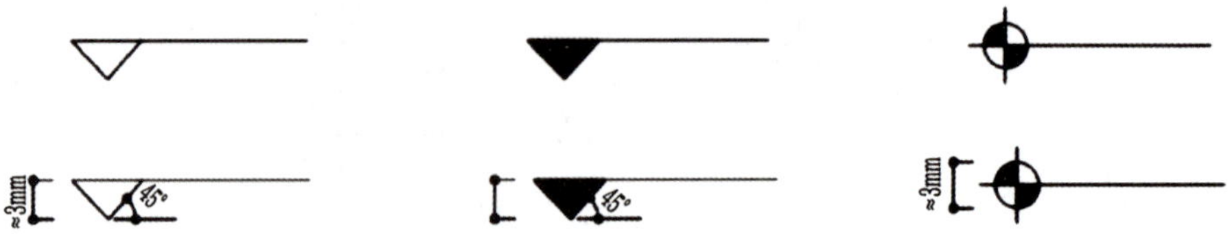

图1-3-11 各类标高符号

任务三

常用建筑装饰材料和设备图例

常用房屋建筑室内材料、装饰装修材料应按表1-3-6所示图例画法绘制。建筑构造、装饰构造、配件图见表1-3-7。给排水图例见表1-3-8。灯光照明图例见表1-3-9。消防、空调、弱电图例见表1-3-10。开关、插座图例见表1-3-11。

表 1-3-6　　　　常用建筑装饰装修材料图例

序号	名称	图例	备注
1	夯实土壤		——
2	砂砾石、碎砖三合土	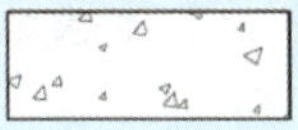	——
3	石材	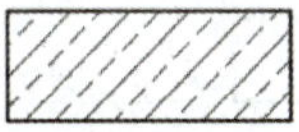	注明厚度
4	毛石		必要时注明石料块面大小及品种
5	普通砖	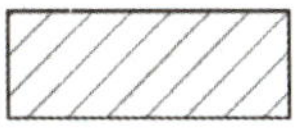	包括实心砖、多孔砖、砌块等砌体。断面较窄不易绘出图例线时，可涂黑，并在备注中加注说明，画出该材料图例
6	轻质砌块砖		指非承重砖砌体
7	轻钢龙骨板材隔墙	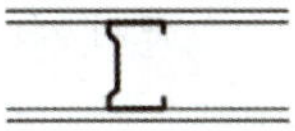	注明材料品种
8	饰面砖		包括铺地砖、马赛克、陶瓷锦砖等
9	混凝土	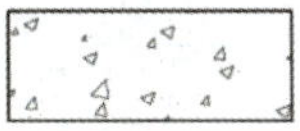	（1）指能承重的混凝土及钢筋混凝土 （2）各种强度等级、骨料、添加剂的混凝土 （3）在剖面图上画出钢筋时，不画图例线 （4）断面图形小，不易画出图例线时，可涂黑
10	钢筋混凝土	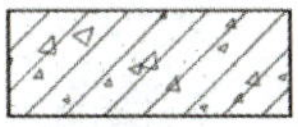	
11	多孔材料		包括水泥珍珠岩、沥青珍珠岩、泡沫混凝土、非承重加气混凝土、软木、蛭石制品等
12	纤维材料	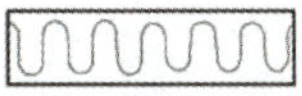	包括矿棉、岩棉、玻璃棉、麻丝、木丝板、纤维板等

续表

序号	名称	图例	备注
13	泡沫塑料材料	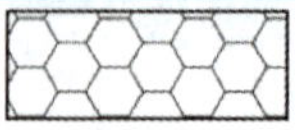	包括聚苯乙烯、聚乙烯、聚氨酯等多孔聚合物类材料
14	密度板	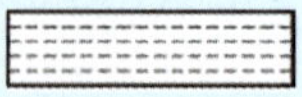	注明厚度
15	实木		垫木、木砖或木龙骨
		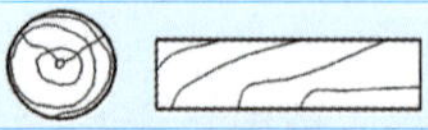	表示木材横断面
			表示木材纵断面
16	胶合板	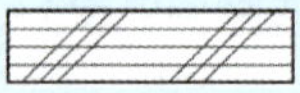	注明厚度或层数
17	多层板		注明厚度或层数
18	木工板	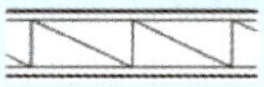	注明厚度
19	饰面板		注明厚度、材种
20	石膏板	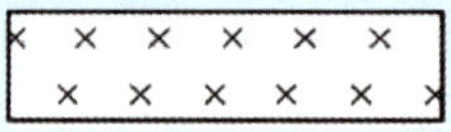	（1）注明厚度 （2）注明石膏板品种名称
21	金属	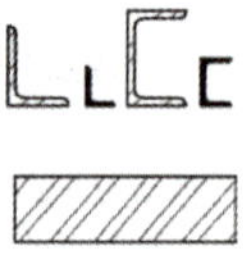	（1）包括各种金属，注明材料名称 （2）图形小时，可涂黑
22	液体	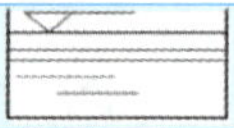	注明液体具体名称
		（平面）	
23	玻璃砖	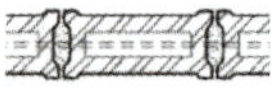	注明厚度
24	普通玻璃		注明材质、厚度
		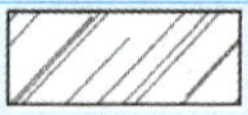（立面）	
25	磨砂玻璃	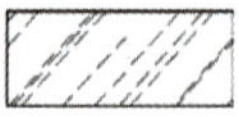（立面）	（1）注明材质、厚度 （2）本图例采用较均匀的点
26	夹层（夹绢、夹纸）玻璃	（立面）	注明材质、厚度
27	镜面	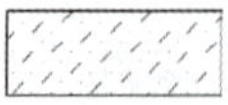（立面）	注明材质、厚度
28	橡胶		—

续表

序号	名称	图例	备注
29	塑料		包括各种软、硬塑料及有机玻璃等，应注明厚度
30	地毯		地毯剖面，应注明种类
31	防水材料	（小尺度比例） （小尺度比例）	注明材质、厚度
32	粉刷	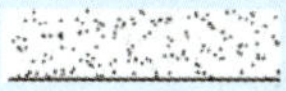	本图例采用较稀的点
33	窗帘	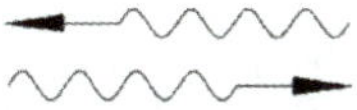	箭头所示为开启方向

表 1-3-7　建筑构造、装饰构造、配件图例

序号	名称	图例	备注
1	检查孔		左图为明装检查孔，右图为暗藏式检查孔
2	孔洞		—
3	门洞	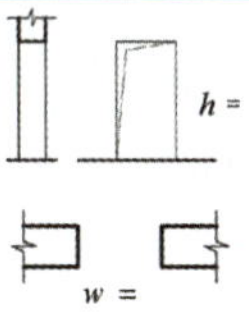	*h*为门洞高度，*w*为门洞宽度

表 1-3-8　给排水图例

序号	名称	图例	序号	名称	图例
1	生活给水管	—— J ——	9	方形地漏	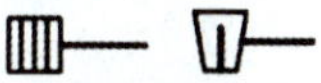
2	热水给水管	—— RJ ——	10	带洗衣机插口地漏	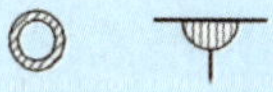
3	热水回水管	—— RH ——	11	毛发聚集器	
4	中水给水管	—— ZJ ——	12	存水湾	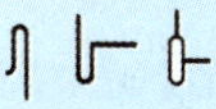
5	排水明沟	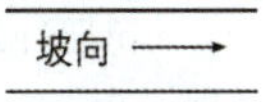	13	闸阀	
6	排水暗沟	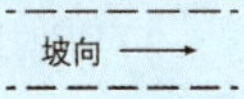	14	角阀	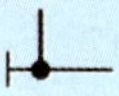
7	通气帽		15	截止闸	
8	圆形地漏		—	—	—

表 1-3-9　　灯光照明图例

序号	名称	图例	序号	名称	图例
1	艺术吊灯		8	格栅射灯	
2	吸顶灯		9	300×1200日光灯盘、日光灯管，以虚线表示	
3	射墙灯		10	600×600日 光 灯 盘、日光灯管，以虚线表示	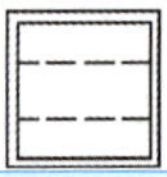
4	冷光筒灯		11	暗灯槽	
5	暖光筒灯		12	壁灯	
6	射灯		13	水下灯	
7	轨道射灯		14	踏步灯	

表 1-3-10　　消防、空调、弱电图例

序号	名称	图例	序号	名称	图例
1	条形风口	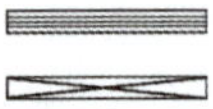	15	电视器件箱	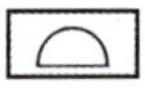
2	回风口	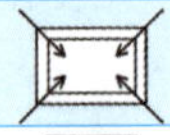	16	电视接口	TV
3	出风口		17	卫星电视出线座	SV
4	排气扇	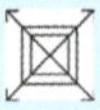	18	音响出线盒	M
5	消防出口	EXIT	19	音响系统分线盒	M
6	消火栓	HR	20	电脑分线箱	HUB
7	喷淋		21	红外双鉴探头	
8	侧喷淋		22	扬声器	
9	烟感	S	23	吸顶式扬声器	
10	温感	W	24	音量控制器	
11	监控头	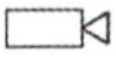	25	可视对讲室内主机	T
12	防火卷帘	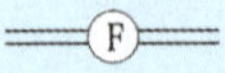	26	可视对讲室外主机	
13	电脑接口	C	27	弱电过路接线盒	R
14	电话接口	T	—	—	—

表 1-3-11　　开关、插座图例

序号	名称	图例	序号	名称	图例
1	插座面板（正立面）		15	带开关防溅二三极插座	
2	电话接口（正立面）		16	三相四极插座	
3	电视接口（正立面）		17	单联单控翘板开关	
4	单联开关（正立面）		18	双联单控翘板开关	
5	双联开关（正立面）		19	三联单控翘板开关	
6	三联开关（正立面）		20	四联单控翘板开关	
7	四联开关（正立面）		21	声控开关	
8	地插座（平面）		22	单联双控翘板开关	
9	二极扁圆插座		23	双联双控翘板开关	
10	二三极扁圆插座		24	三联双控翘板开关	
11	二三极扁圆地插座		25	四联双控翘板开关	
12	带开关二三极插座		26	配电箱	
13	普通型三极插座		27	弱电综合分线箱	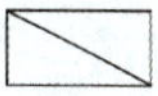
14	防溅二三极插座		28	电话分线箱	

02 实践应用篇

教学目标

知识目标

1. 能够读懂室内工程图纸内容。
2. 了解室内工程图特点。
3. 通过图纸对项目有基本了解。

能力目标

1. 能够完成各种典型室内空间原建筑结构图、平面布置图、拆墙砌墙图、地面布置图、天花布置图、开关布置图、插座布置图、水路布置图、配电系统图、立面图及剖面图、节点图的绘制。
2. 能够按照设计意图绘制符合规范的室内装饰施工图纸。

素质目标

1. 具备职业活动所需要的专业能力及价值观念，注重知识的融会贯通及确立积极的人生态度。
2. 具备发现问题、独立思考的能力，并能将所思、所想落实到行动中，不断在实践中验证、完善、总结、提炼最佳的问题解决方法，以实现自身职业发展的螺旋式上升。
3. 拥有实事求是的学风和创新精神；具有良好的协作精神；认同专注做事、精益求精、力争突破的工匠精神。

任务

绘图前设置 AutoCAD 绘图环境

学习任务描述

设置绘图环境的主要内容有以下几点：

（1）设置图形界限。按所绘平面图的实际尺寸和出图时的图纸幅面确定图形界限。建筑平面图常用绘图比例有1：20，1：50，1：100，1：200。如：用A3图纸，1：100出图，故将图形界限的左下角确定为（0，0），右上角确定为（42000，29700）或者设置得更大一些。

（2）设置绘图单位。将长度单位的类型设置为小数，精度设置为0，其他使用默认值。

（3）设置图层。为方便绘图，便于编辑、修改和输出，根据建筑平面图的实际情况，设置图层。

（4）设置文字样式。

（5）设置标注样式。设置绘图环境的执行方式，有命令、工具栏选项或菜单。如图2-0-1所示利用格式菜单设置绘图环境。

一、设置图形界限

1. 功能

通过设置图形界限，可调整模型空间绘图区域的大小。在绘制建筑施工图时，需要指定图形界限来确定图形环境的范围，并按照实际的单位绘制。

2. 执行方式

单击格式菜单中的图形界限或在命令行中输入命令：LIMITS。命令行提示信息如下：

命令：LIMITS。

重新设置模型空间界限：

指定左下角点或［开（ON）/关（OFF）］<0，0>：0,0

指定右上角点<420，297>：42000，29700。

命令：Z

指定窗口的角点，输入比例因子（*n*X或*n*XP），或者［全部（A）/中心（C）/动态（D）/范围（E）/上一个（P）/比例（S）/窗口（W）/对象（O）］<实时>：A 正在重生成模型。

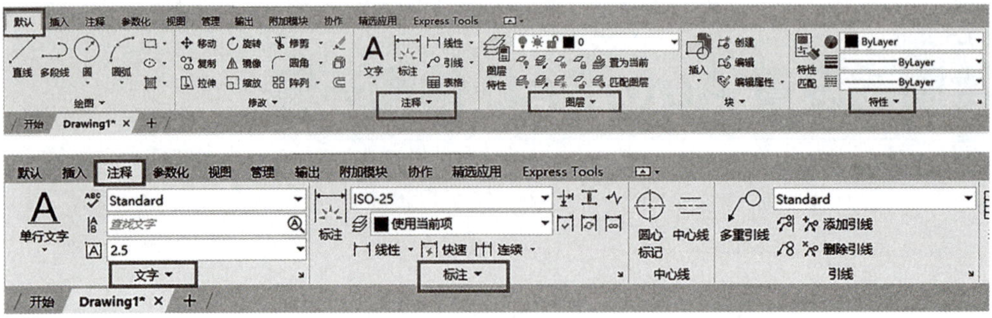

图2-0-1　绘图环境的设置方式

二、设置绘图单位

1. 功能

绘制的所有图形对象都是根据图形单位进行测量的。在绘制图形之前，必须确定一个图形单位来表示实际图形的大小，并设置坐标、单位格式、精度等。

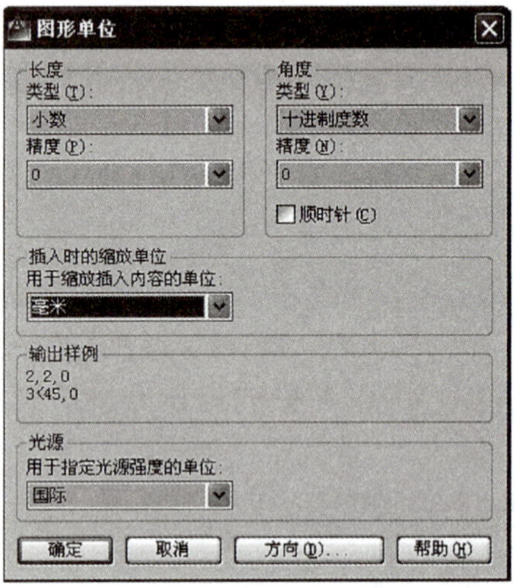

图2-0-2　图形单位的设置

2. 执行方式

在命令行输入快捷命令UN，打开“图形单位”对话框，如图2-0-2所示。

在“长度”选项区域类型中选择小数，精度为0。在“角度”选项区域类型中选择十进制度数，精度为0。在插入比例中选项区域中选择毫米。

三、设置图层

1. 功能

根据图层中组织的信息以及执行线性、颜色等标准的设置绘制图形。用户可在图层特性中编辑图形中的对象，通过创建图层，可将类型相似的图形对象指定给同一个图层并使其相关联。如可以将构造线、轴线、门、窗、文字、标注等置于不同的图层上。

2. 执行方式

在命令行中输入快捷命令：LA。分别新建尺寸标注、窗、门、墙线、文字标注、编号标注、轴线、柱子等图层，如图2-0-3所示。其中，轴线线型为CENTER，如图2-0-4和图2-0-5所示；墙线的线宽设置为0.30，如图2-0-6所示。最终设置完成的图层管理器如图2-0-7所示。

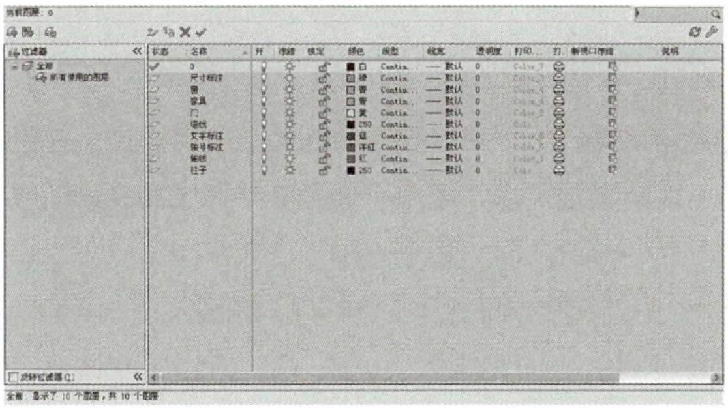

图2-0-3　在图层特性管理器中新建图层

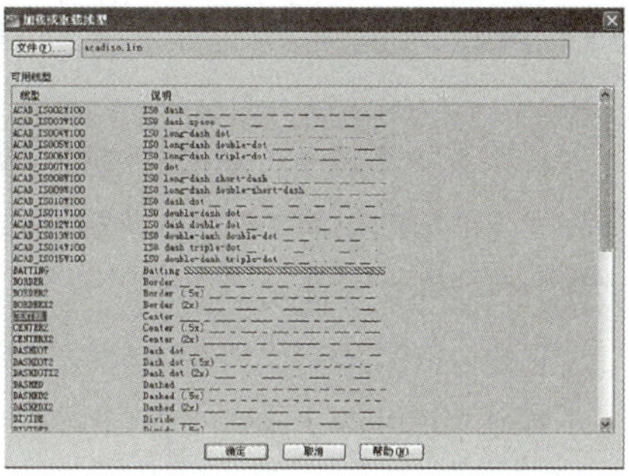

图2-0-4　加载CENTER线型

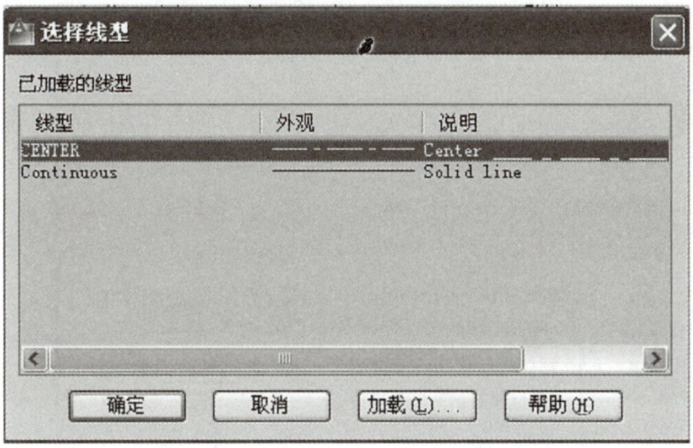

图2-0-5　选择CENTER线型为当前线型

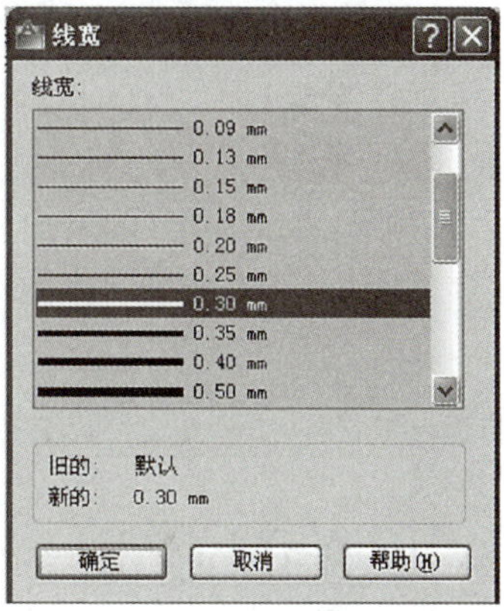

图2-0-6　设置线宽

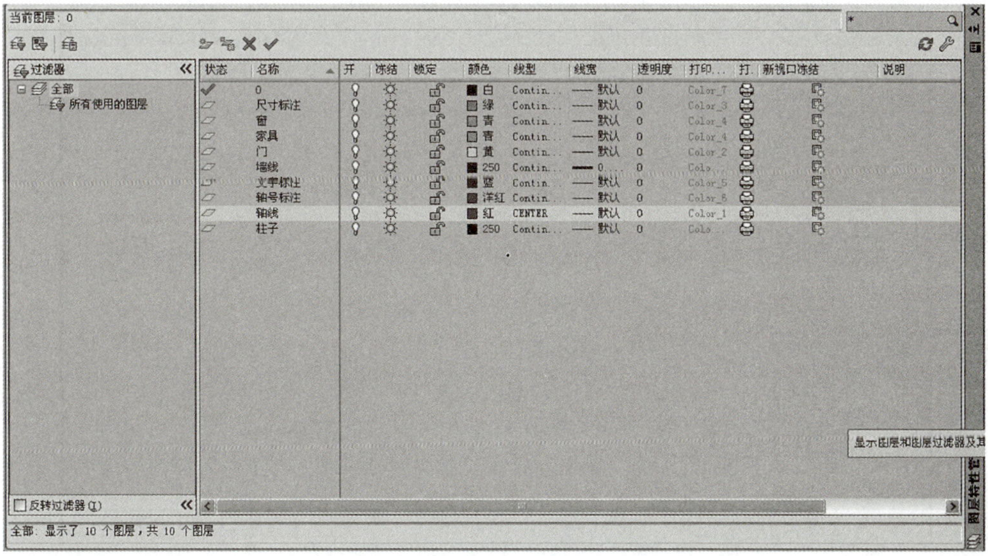

图2-0-7　设置完成的图层特性管理器

四、设置文字样式

在系统中新建一个图形文件后，系统将自动建立一个默认的Standard文字样式，并且该样式会被自动引用。但是往往标准样式不能够满足需求，用户可使用文字样式命令来创建或修改其他的文字样式。

在命令行输入ST，打开文字样式对话框，并新建文字样式为文字标注，如图2-0-8所示。

在文字样式中，建立文字标注和轴号标注样式。设置字体为仿宋_GB2312、字体高度为300，如图2-0-9所示。也可以根据实际情况调整字体高度。

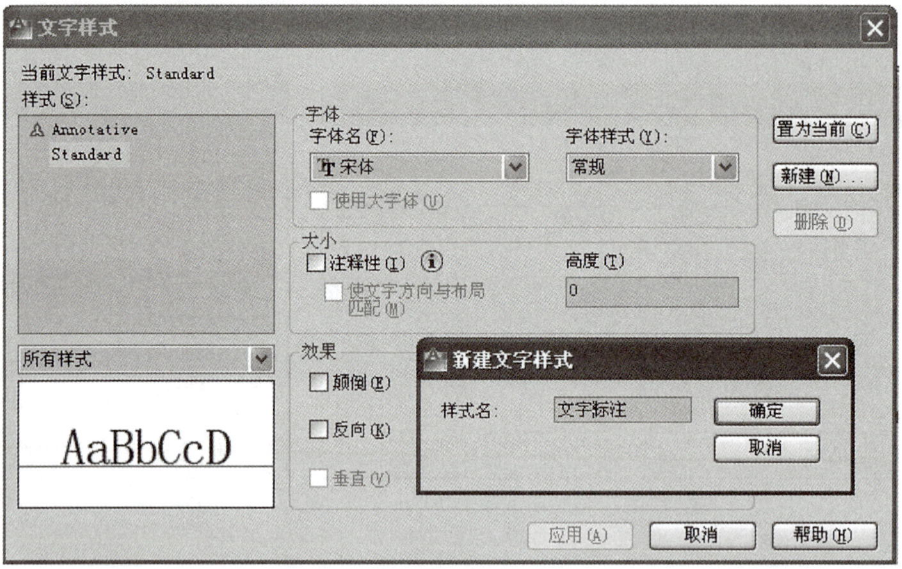

图2-0-8 “文字样式”对话框

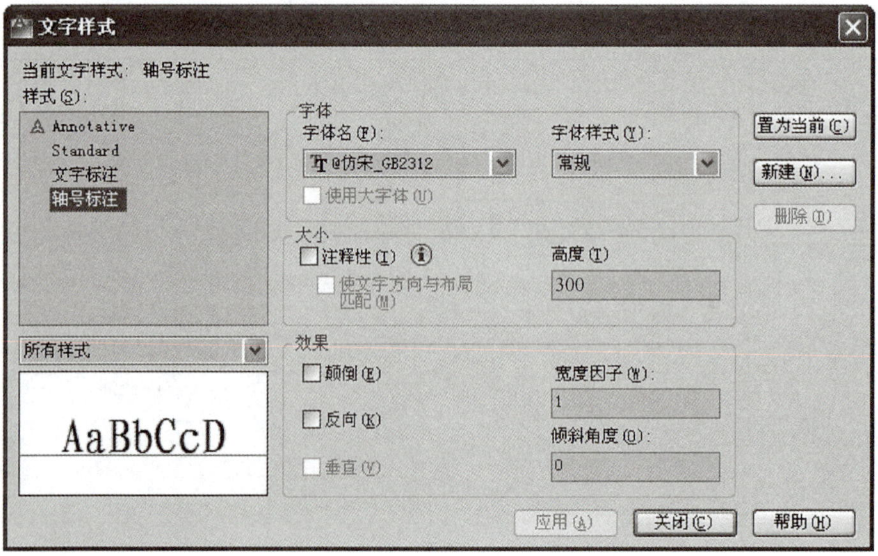

图2-0-9 文字样式的设置

五、设置尺寸标注样式

输入快捷命令D，打开标注样式管理器。新建基于ISO-25的标注样式，新样式名称为尺寸标注，如图2-0-10所示。

在“线”选项卡中，设置超出标记为150、超出尺寸线为150、起点偏移量为500，如图2-0-11所示。

在“符号和箭头”选项卡中，设置箭头的第一个和第二个都为建筑标记，箭头大小为150，如图2-0-12所示。

在“文字”选项卡中，设置文字高度为300、从尺寸线偏移为100，如图2-0-13所示。

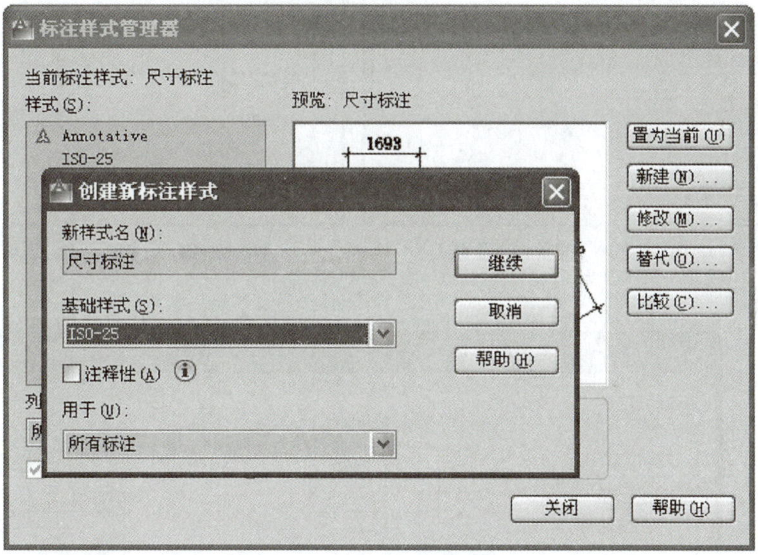

图2-0-10 新建标注样式

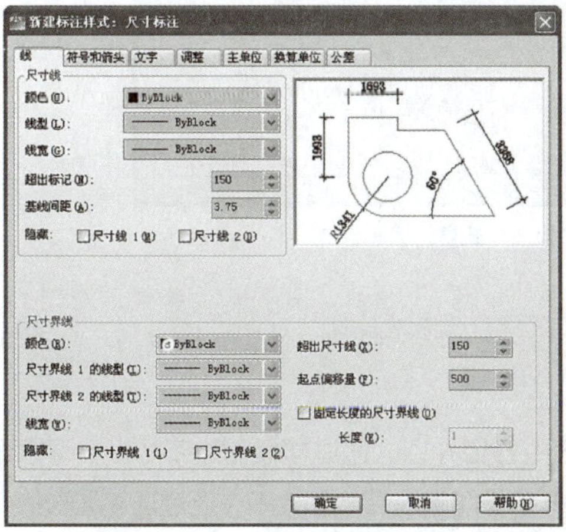

图2-0-11 “线”选项卡的设置

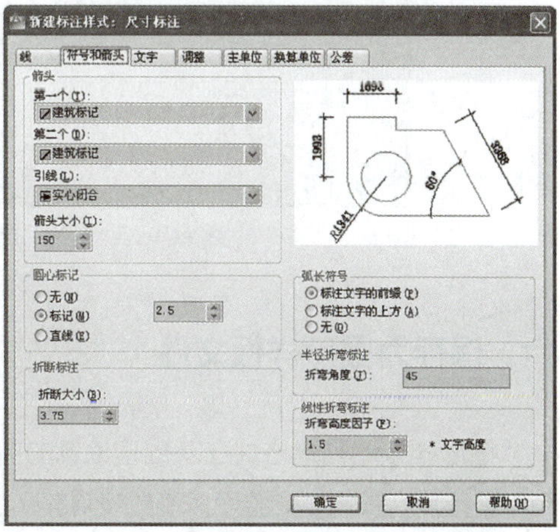

图2-0-12 “符号和箭头”选项卡的设置

在“主单位”选项卡中，设置线性标注的单位格式为小数、精度为0，设置角度标注的单位格式为十进制度数、精度为0，如图2-0-14所示。

完成设置后，将此标注样式、尺寸标注设置为当前，并预览显示结果，如图2-0-15所示。同时，根据实际情况，可适当调整文字、箭头及尺寸线的大小。

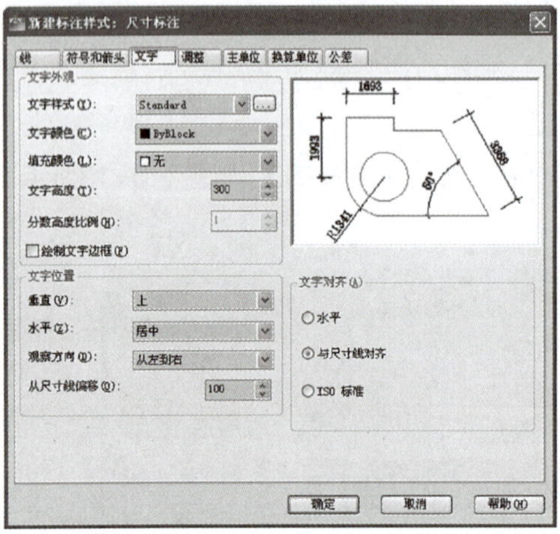

图2-0-13　“文字”选项卡的设置

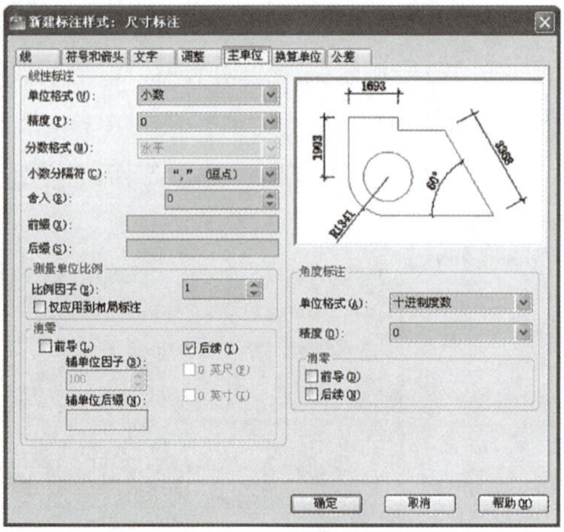

图2-0-14　“主单位”选项卡的设置

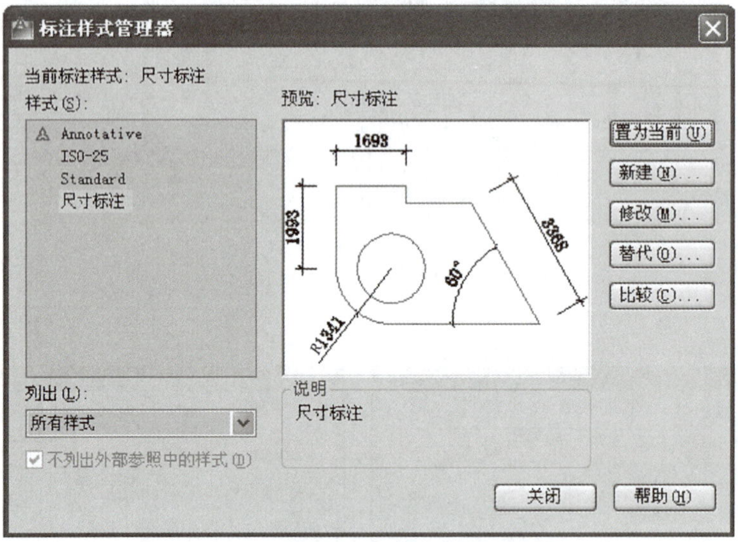

图2-0-15　新建的尺寸标注样式置为当前样式

六、保存为图形样板文件

图形样板的创建方式在基础理论篇的内容中已经介绍。通过样板创建新图形，可以避免一些重复性操作，如绘图环境的设置等。这样不仅能够提高绘图效率，还保证了图形的一致性。

当用户基于某一样板文件绘制新图形并以.dwg格式（AutoCAD图形文件格式）保存后，所绘图形对原样板文件没有影响。

在命令行直接输入“Ctrl+Shift+S”组合命令，运行命令后弹出如图2-0-16所示对话框，选择文件类型为AutoCAD图形样板（.dwt），输入文件名称即可保存。

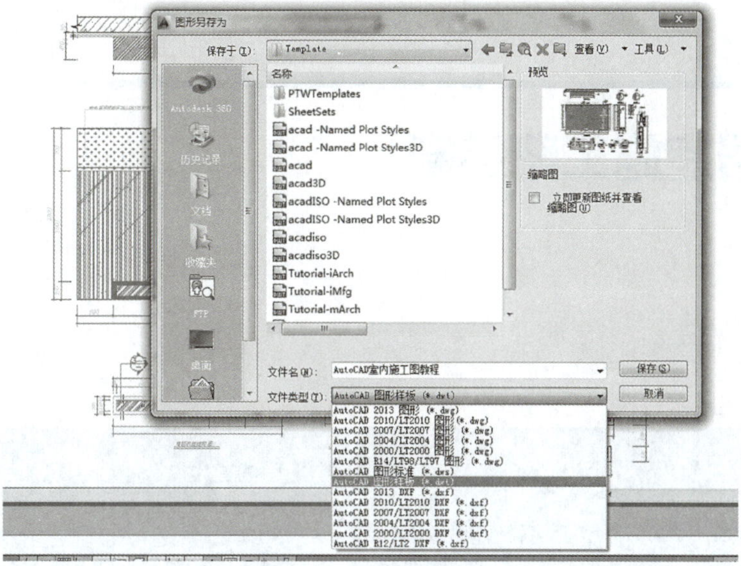

图2-0-16　图形样板的保存

随堂练习　图形样板的设置练习

- 实践目的：了解图形样板的基本功能与作用，掌握图形样板设置的基本步骤和方法。
- 实践内容：图形样板的设置。
- 实践步骤：参照制图标准规范，设置一套适合自己作图习惯的图形样板，并进行保存，以备以后绘图使用。

知识拓展

图形样板的设置需要考虑哪些因素？

项目一

普通居室施工图绘制

教学目标

知识目标

1 了解并掌握普通居室空间设计的基本原则。
2 掌握普通居室平面图的绘制方法。
3 掌握普通居室立面图的图示内容和绘制方法。
4 掌握普通居室结构详图的绘制方法。

能力目标

1 能够读懂室内工程图纸内容。
2 能够掌握普通居室装修设计图纸的绘制技巧。
3 能够综合利用室内设计理论与AutoCAD相关知识绘制普通居室空间施工图纸。

素质目标

1 具备较强的学习力、领悟力、创新力、设计力、审美力、表现力、沟通力。
2 具备发现问题、独立思考的能力，以实现自身职业发展的螺旋式上升。
3 具备科学、缜密、严谨的工作作风和专注做事、精益求精、力争突破的工匠精神。

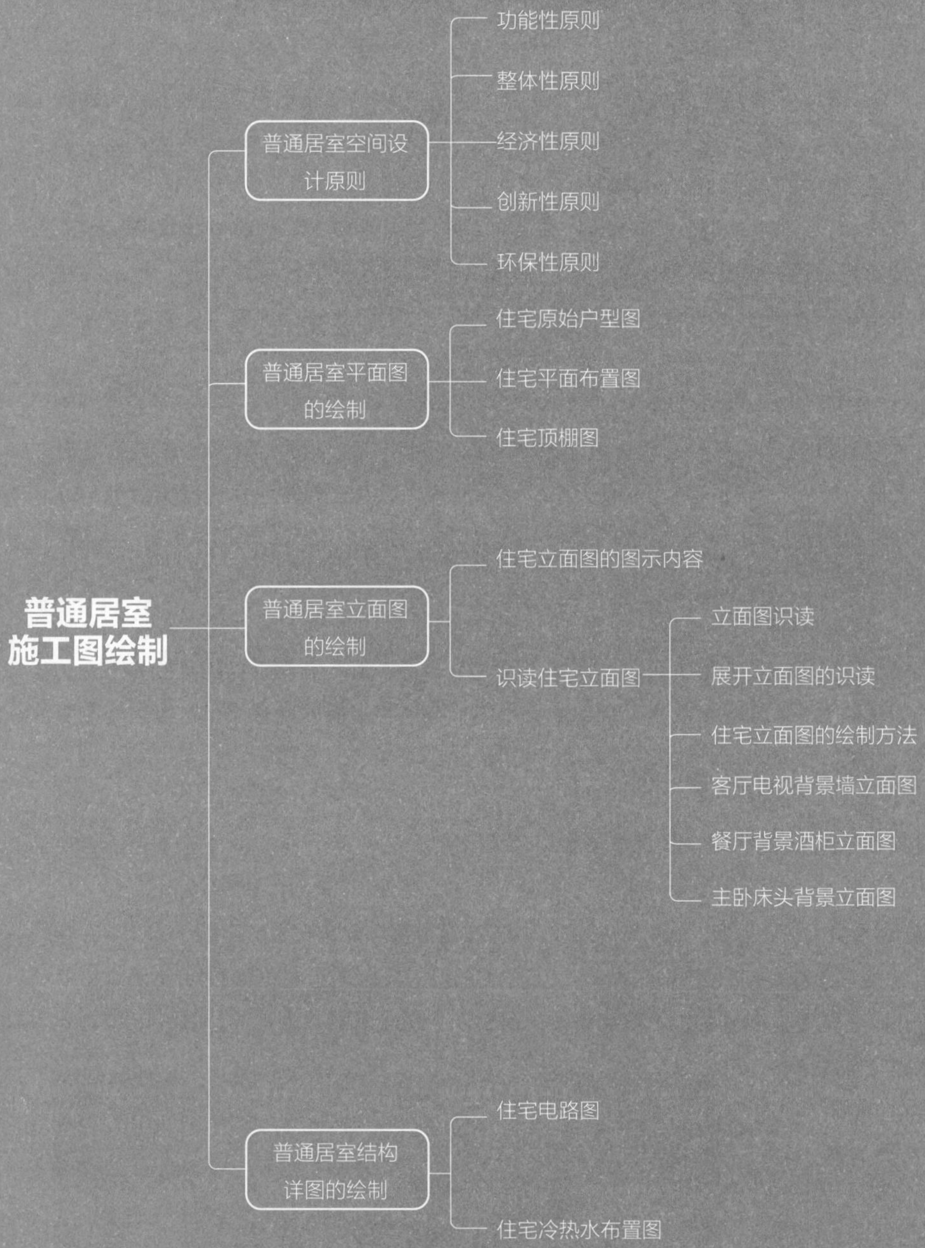
普通居室施工图绘制
普通居室空间设计原则
功能性原则
整体性原则
经济性原则
创新性原则
环保性原则
普通居室平面图的绘制
住宅原始户型图
住宅平面布置图
住宅顶棚图
普通居室立面图的绘制
住宅立面图的图示内容
识读住宅立面图
立面图识读
展开立面图的识读
住宅立面图的绘制方法
客厅电视背景墙立面图
餐厅背景酒柜立面图
主卧床头背景立面图
普通居室结构详图的绘制
住宅电路图
住宅冷热水布置图

学习任务描述

案例分析

本案例为一套四室两厅一厨三卫的家庭空间，装修面积约140m^2。该普通居室的设计委托方为某民营企业家，其喜欢中式传统文化，但倾向于在设计中适当选择欧式元素。业主要求能够适合业主夫妻、父母以及孩子共同居住，还应当具有一定的办公和会客休闲区域。图2-1-1是设计师为委托方设计的欧式客厅。

室内住宅设计是根据住宅的使用性质、所处环境和相应标准，运用物质技术手段和设计原理，创造功能合理、舒适优美、满足人们物质和精神生活需要的居住环境。它是从建筑装饰设计中演变出来的，是对住宅内环境的再创造。主要针对人们居家环境做改造与设计。在设计原则上，用户注意遵循以下几点。

1. 功能性原则

对整套住宅进行设计的目的就是方便人们在这个空间中自由舒适地活动。在进行空间布局时，其使用功能应与界面装饰、陈设和环境气氛相统一，在设计中去除花哨的装饰，遵循功能至上的原则。

2. 整体性原则

住宅设计是基于建筑整体设计，对各种环境、空间要素的重整合和再创造，在这一过程中，个人意志的体现、个人风格的凸显以及个人创新的追求固然重要，但更重要的是将设计的艺术创造性和实用舒适性相结合，将创意构思的独特性和空间的完整性相结合，这是室内住宅设计最根本的要素。

3. 经济性原则

在对整套住宅进行设计时，需考虑业主经济承受能力，要善于控制造价，并且还要创造实用、安全、经济、美观的室内环境，这一点往往是一些入门设计师很难做到的。

4. 创新性原则

创新是设计的灵魂，这种创新不同于一般艺术创新，只有将业主的意图与设计师的审美追求相统一，并结合技术创新，将住宅空间的限制与空间创造的意图完美地统一起来，才是真正有价值的创新。

5. 环保性原则

尊重自然、关注环境、保护生态是生态环境原则的基本内涵，使创造的室内环境与社会经济、自然生态、环境保护统一发展，使人与自然和谐、健康地发展，是环保性原则的核心。

图2-1-1 设计师为委托方设计的欧式客厅

任务一

绘制普通居室平面图

室内平面图是施工图纸中必不可少的一项内容，它能够反映出在当前户型中各空间布局以及家具摆放是否合理，并从中了解到各空间的功能和用途。下面将以四居室平面图为例，介绍绘制室内平面图的操作步骤。

一、绘制住宅原始户型图

在室内设计中，平面图分为原始户型图、家具平面布置图、地面布置图、顶面布置图等。进入制图程序时，首先要绘制原始户型图，只有了解原始户型图中的信息参数，才能够进行下一步制图操作，原始户型图的准确与否直接影响最终的效果。

（1）启动AutoCAD软件，单击“常用”选项卡的“图层特性”按钮，打开其相应的选项板，新建“轴线”图层，并设置其图层参数，如图2-1-2所示。

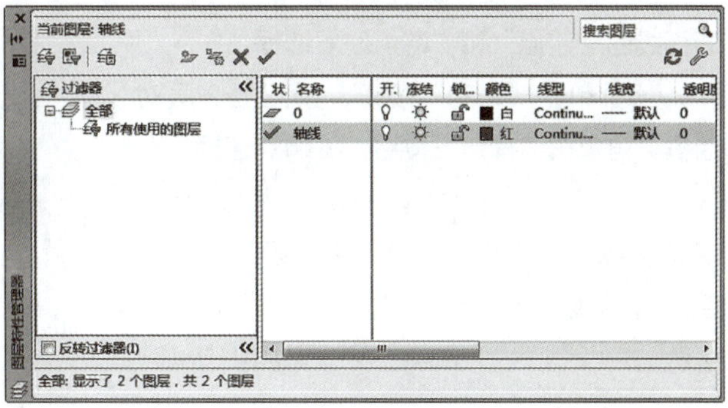

图2-1-2　轴线图层

（2）双击该图层，将其设置为当前层。执行“绘图” > “直线”命令，按照现场测量的尺寸数据绘制墙体轴线，如图2-1-3所示。

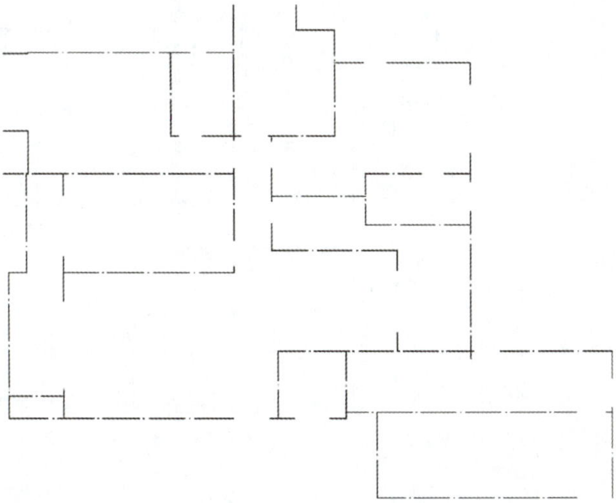

图2-1-3　墙体轴线

（3）打开“图层特性”选项板，新建“墙体”图层，并设置其图层属性，双击该图层，将其设置为当前层，如图2-1-4所示。

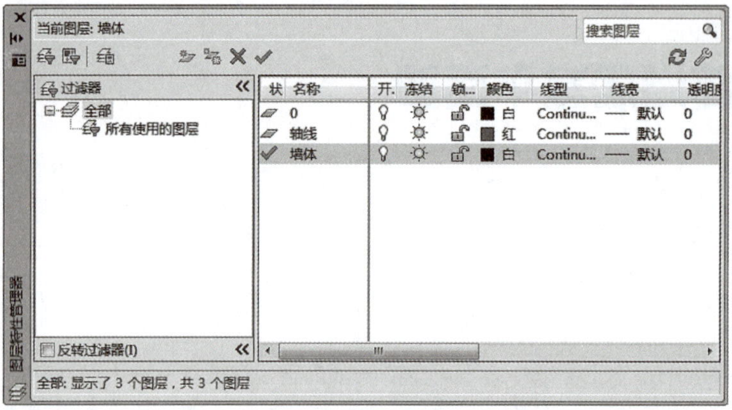

图2-1-4　墙体图层

（4）执行菜单栏中的“格式”>“多线样式”命令，打开“多线样式”对话框，单击“修改”按钮，如图2-1-5所示。

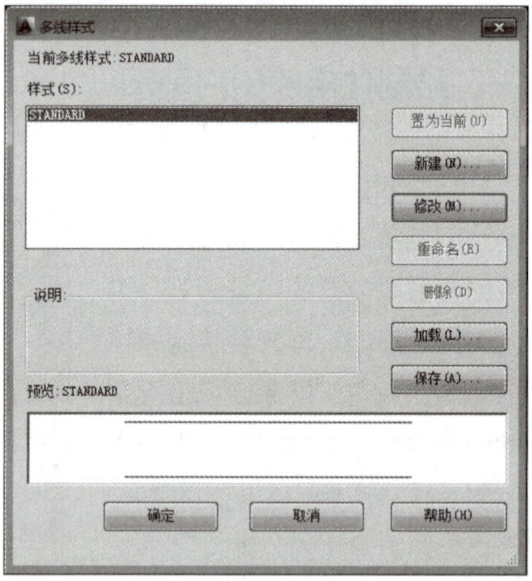

图2-1-5　多线样式

（5）在“修改多线样式”对话框中，勾选直线的“起点”和“端点”复选框。

（6）单击“确定”按钮，返回上一层对话框。再单击“确定”按钮，关闭对话框。

（7）在命令行中输入ML，并按Enter键将多线的比例设为240，对正设为无，然后沿着轴线方向绘制外墙体线，如图2-1-6所示。

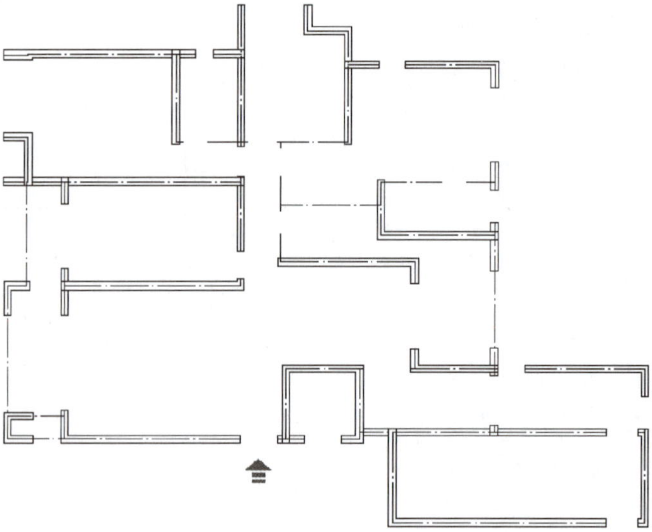

图2-1-6　外墙体线

（8）双击两条多线相交点，打开“多线编辑工具”对话框，选择适合的修剪工具，如图2-1-7所示。

（9）选择完成后，在绘图区域选中两条相交的多线，即可将多线修剪，如图2-1-8所示。

（10）使用同样的操作方法，对其余相交的多线进行修剪。

（11）再次运用ML命令，将多线比例设置为140，对正设为无，然后沿着内墙轴线绘制内墙体线。

（12）双击多线的相交点，在打开的“多线编辑工具”对话框中选择合适的修剪工具，对相交多线进行修剪，效果如图2-1-9所示。

（13）单击“图层特性”按钮，新建“门窗”图层。设置其图层属性，双击该图层，将其设置为当前层。

（14）执行“偏移”和“修剪”命令，绘制门口及窗户图形。

（15）执行“插入”>“块”命令，将地漏、下水管、排污管等图块调入图形的合适位置，如图2-1-10所示。

（16）单击“图层特性”按钮，新建标注图层，并设置其图层属性。双击该图层，将其设置为当前层。

图2-1-7　多线编辑工具

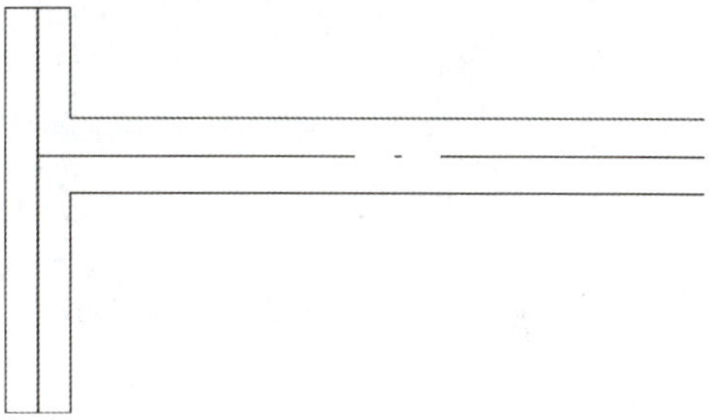

图2-1-8　修剪多线

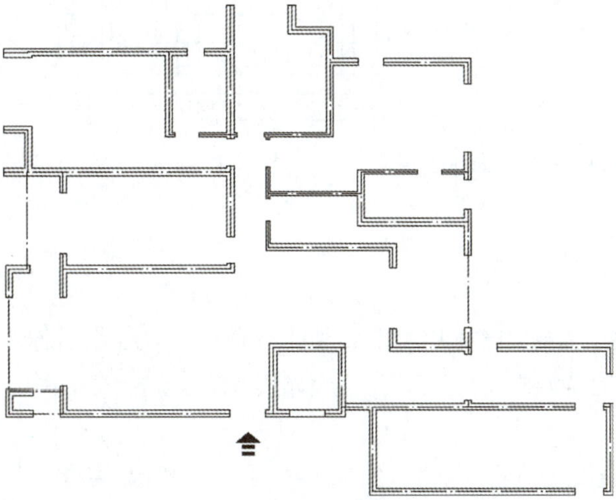

图2-1-9　修剪多余线条

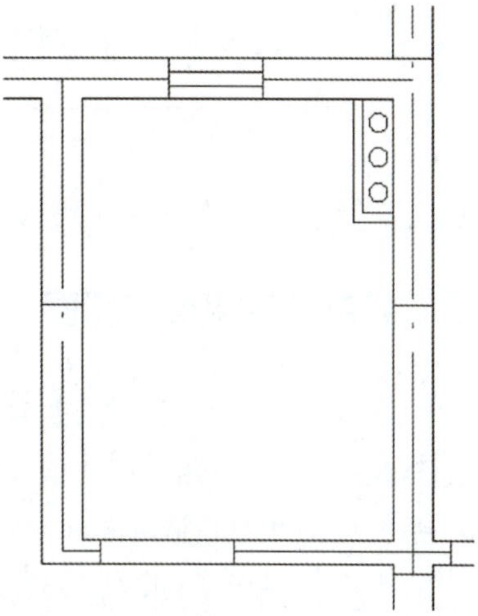

图2-1-10　调入图块

（17）执行“标注”>“标注样式”命令，打开“标注样式管理器”对话框，单击“修改”按钮，根据需要对当前标注样式进行修改，如图2-1-11所示。修改完成后，单击“确定”按钮，返回上一层对话框。单击“置为当前”按钮，关闭对话框，完成标注样式的设置。

（18）执行“标注”>“线性”菜单命令，以墙体轴线为标注基点，对当前户型图进行尺寸标注。至此，四居室原始户型图全部绘制完毕，如图2-1-12所示。

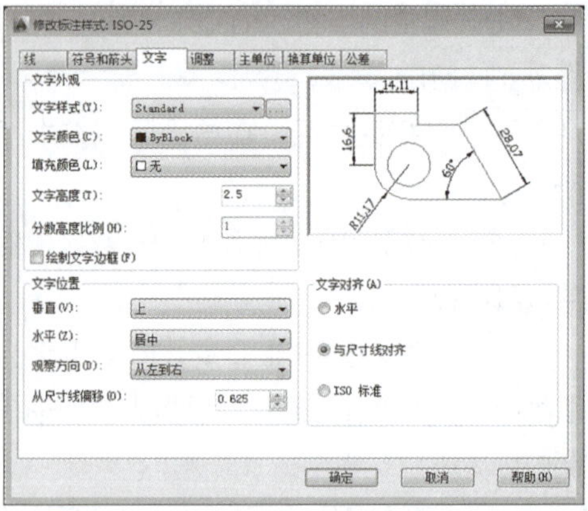

图2-1-11　修改样注样式

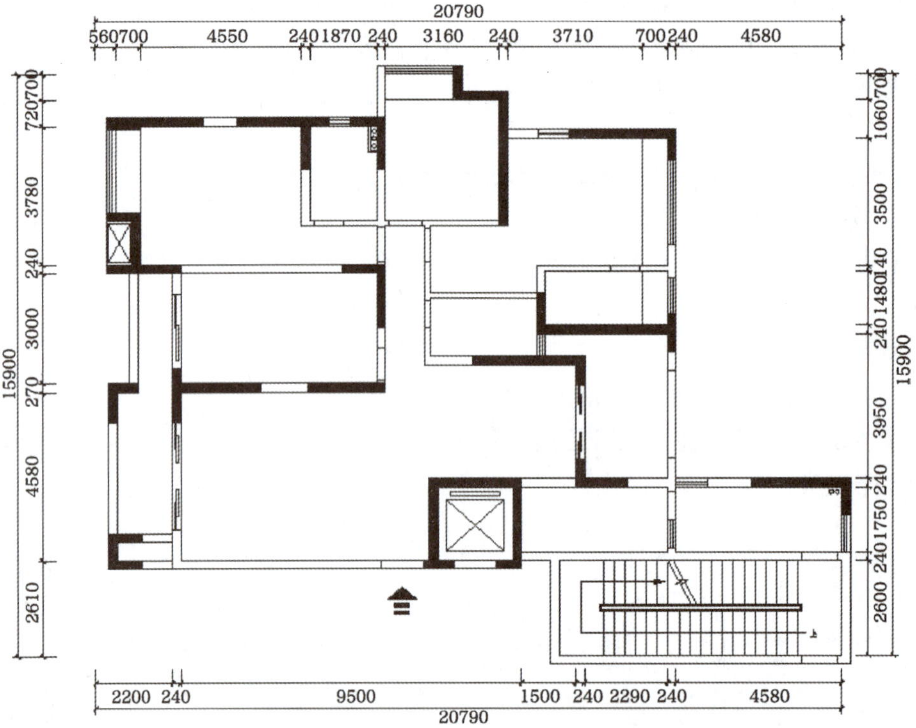

图2-1-12　原始户型图

二、绘制住宅平面布置图

住宅的建筑平面图一般比较详细，通常采用较大的比例（如1：100，1：50），并标注实际详细尺寸。在绘制该图纸时，可在原始户型图上运用一些基本操作命令绘制家具图块，并合理放置于图纸合适位置。

（1）启动AutoCAD软件，打开原始户型图，新建“文字注释”图层，执行“绘图”>“文字”>“多行文字”菜单命令，对要拆除的墙体进行文字标注，如图2-1-13所示。

（2）双击该图层，将门窗设置为当前层，绘制出新建后的门窗口位置，如图2-1-14所示。

（3）执行“矩形”命令，绘制800×40的矩形，并放置于卧室门洞合适位置，如图2-1-15所示。

（4）执行“圆弧”命令，将卧室门图形进行旋转，绘制开门弧线，如图2-1-16所示。

（5）执行“偏移”命令，将鞋柜轮廓向内偏移20。执行“直线”命令，绘制鞋柜上的斜线。执行“插入”>“块”命令，将沙发、电视机图块放置于客厅合适位置，如图2-1-17所示。将桌椅、空调块调入观景阳台合适位置。

（6）执行“矩形”和“偏移”命令，绘制如图2-1-18和图2-1-19所示书柜图形，并将其放置于合适位置。将书桌、电脑、椅子图块调入茶室合适位置。将餐桌图块调入餐厅合适位置，并执行“矩形”命令，绘制餐厅柜子。

（7）执行“直线”和“偏移”命令，绘制厨房橱柜图形，将洗菜池、燃气灶、冰箱等图块调入厨房合适位置，如图2-1-20所示。

（8）将双人床图块调入卧室合适位置，如图2-1-21所示。

（9）将衣柜图块调入衣帽间合适位置，如图2-1-22所示。

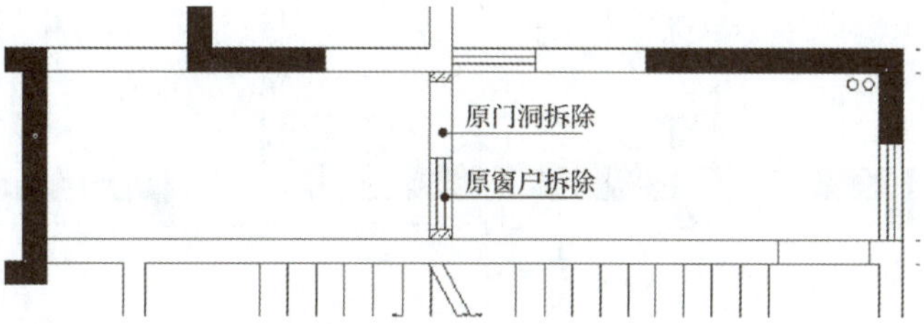

图2-1-13　墙体文字标注

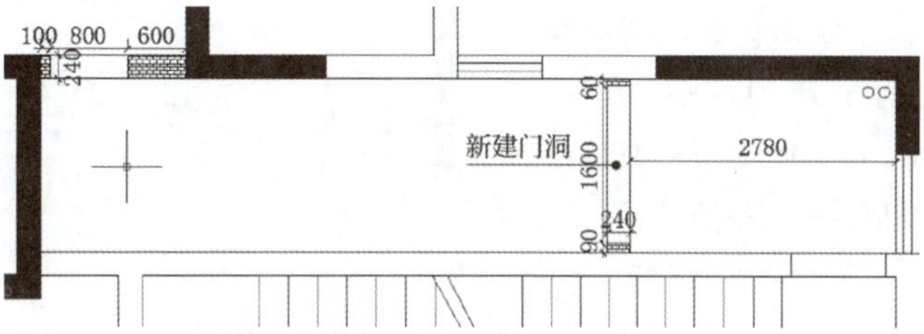

图2-1-14　新建门窗

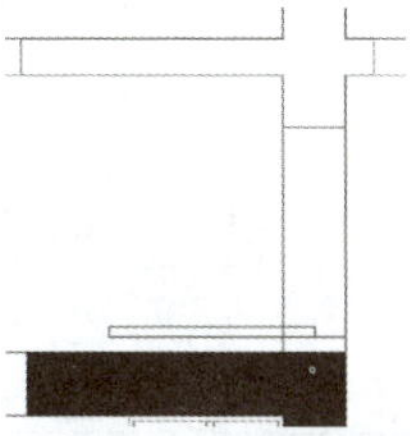

图2-1-15　指定矩形位置

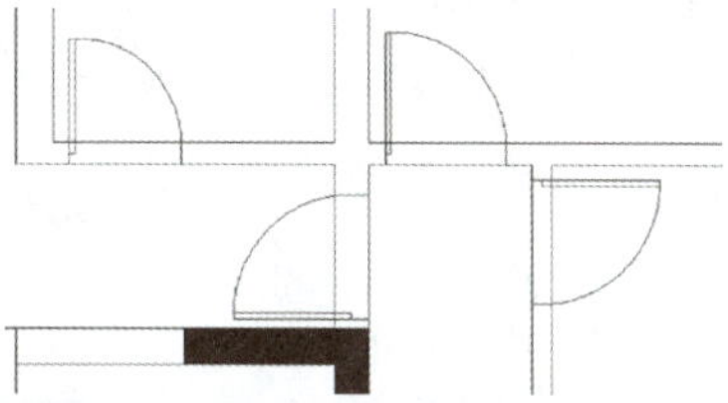

图2-1-16　绘制房间门

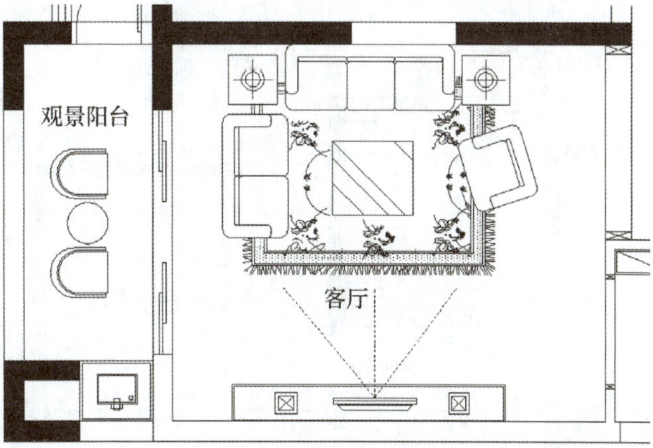

图2-1-17　插入块

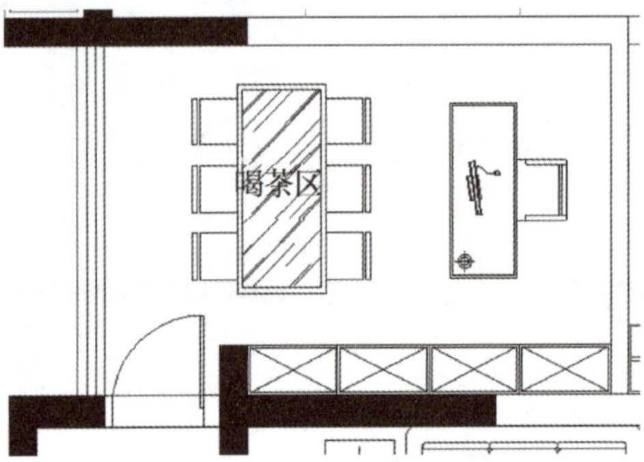

图2-1-18　茶室

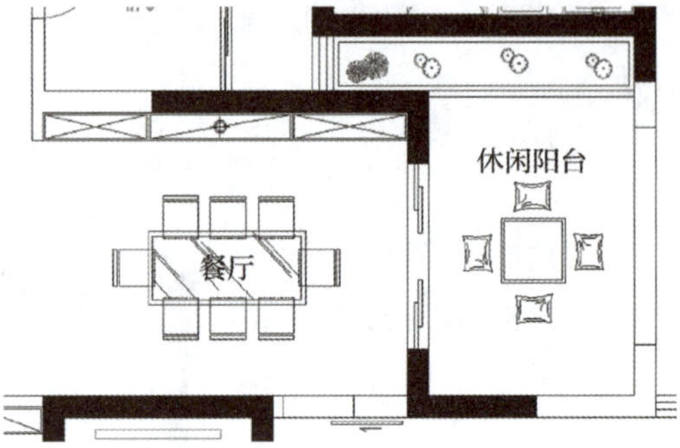

图2-1-19　餐厅

（10）将双人床、写字台、座椅、衣柜图块调入客房与长辈房中合适位置；将电视机调入长辈房中，如图2-1-23所示。

（11）将马桶、洗手盆、淋浴柜、洗衣机等图块调入洗手间合适位置，如图2-1-24所示。至此，四居室平面布置图全部绘制完毕，如图2-1-25所示。

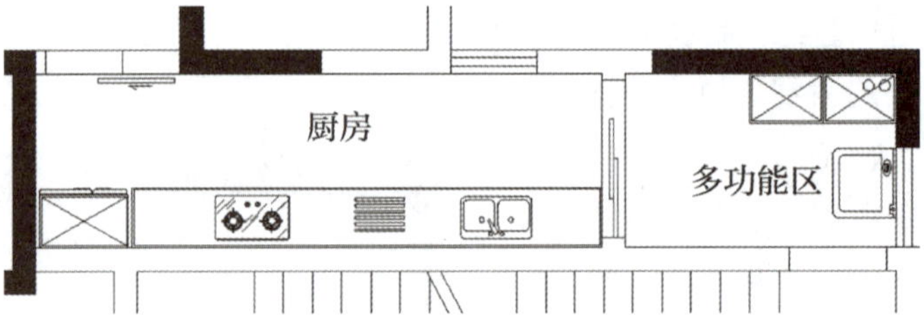

图2-1-20　厨房

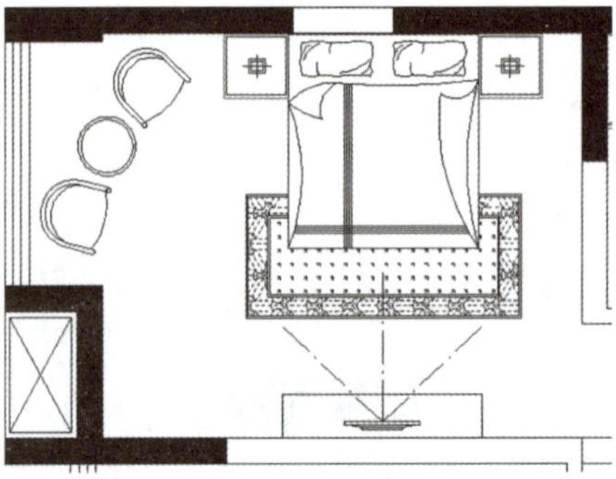

图2-1-21　卧室

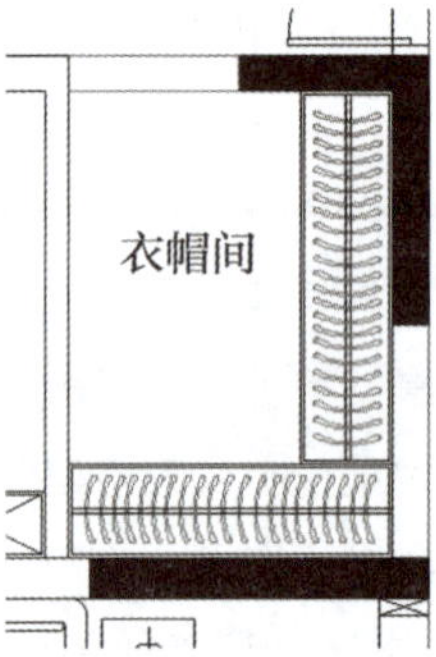

图2-1-22　衣帽间

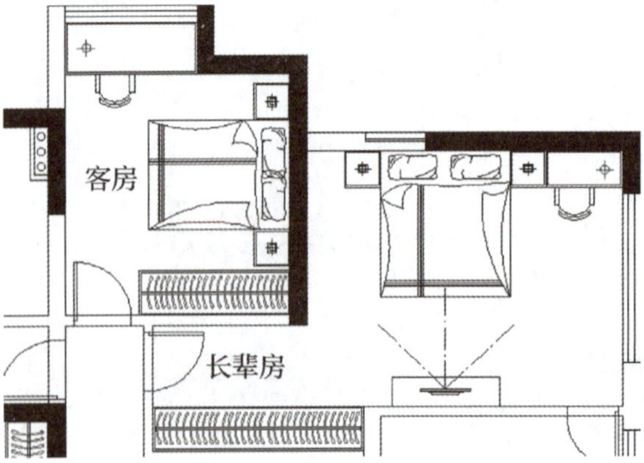

图2-1-23　客房和长辈房

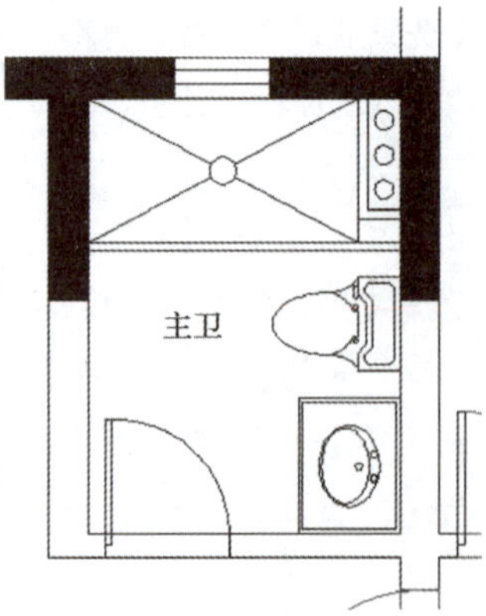

图2-1-24　洗手间

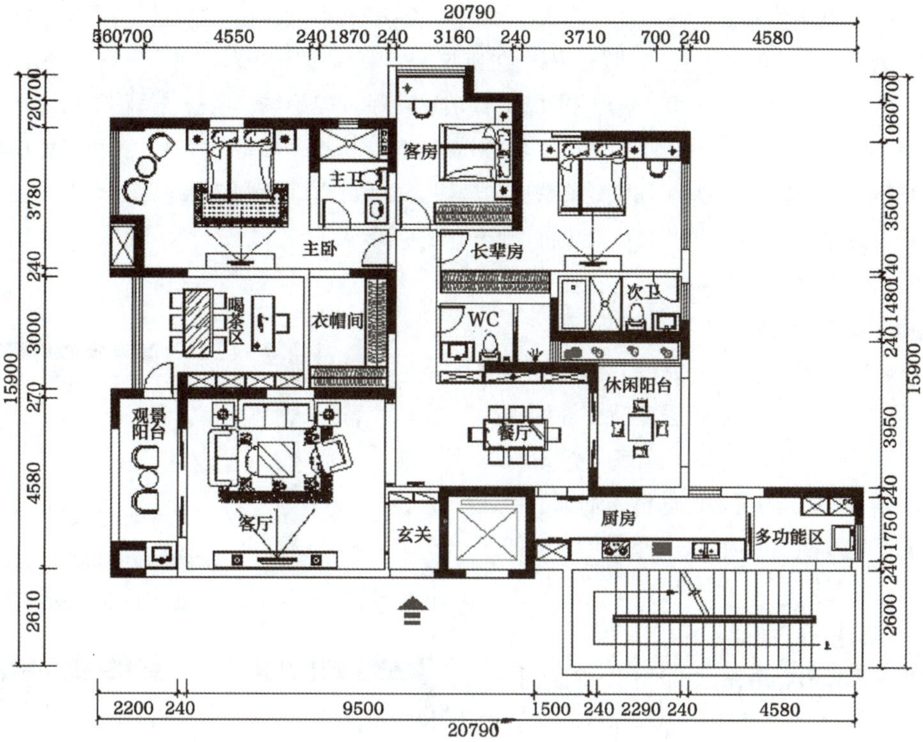

图2-1-25　四居室平面布置图

三、绘制住宅顶棚图

顶棚图也是施工图纸中的重要图纸之一，它能够反映住宅顶面的造型效果。顶棚图通常由顶棚造型线、灯具图块、顶棚标高、吊顶材料注释及灯具列表等几种元素组成。

（1）对四居室平面图进行复制，并删除多余的家具图块。执行“绘图”>“直线”菜单命令，对门洞进行封闭，如图2-1-26所示。

（2）执行“绘图”>“椭圆”菜单命令，在玄关顶棚绘制长轴1200mm、短轴800mm的椭圆。执行“偏移”命令，将偏移后的线段再向外偏移50，绘制灯带线，如图2-1-27所示。

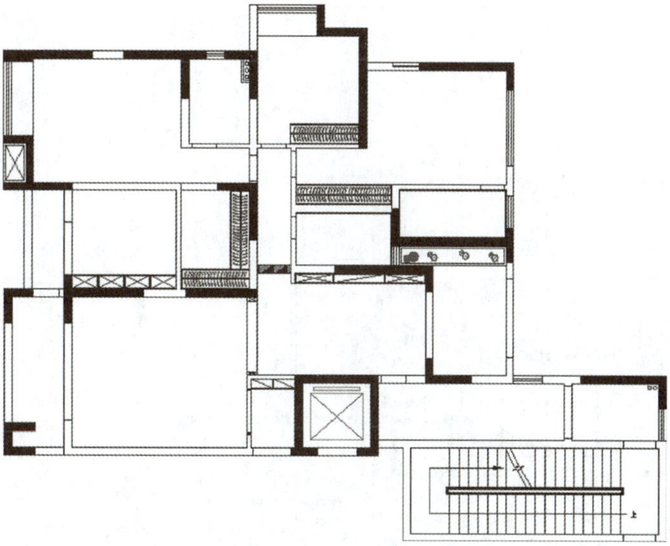

图2-1-26　平面图

（3）选中灯带线，在命令行输入CH命令，并按Enter键。在“特性”选项板中将其线型设为虚线，颜色为红色。按照玄关顶棚绘制方法，绘制餐厅顶棚，如图2-1-28所示。

（4）执行“直线”和“修剪”命令，绘制客厅吊顶轮廓线。执行“偏移”命令，将客厅吊顶线向内偏移180mm，60mm，400mm，40。执行“修剪”命令，对其进行修剪。同样执行“偏移”命令，将吊顶轮廓线向内偏移130，完成灯带线的绘制。执行“特性匹配”命令，更改客厅灯带线的线型，效果如图2-1-29所示。

（5）按照客厅顶棚绘制方法，绘制其他房间顶棚，效果如图2-1-30所示。

（6）执行“偏移”命令，绘制卫生间吊顶线。至此，完成四居室顶棚造型的绘制。执行“插入”＞“块”和“修改”＞“复制”命令，将灯具图块调入图形的合适位置。完成四居室顶面灯具图的绘制，如图2-1-31所示。

（7）执行“绘图”＞“图案填充”命令，对厨房吊顶进行填充，如图2-1-32所示。

（8）执行“图案填充”命令，对卫生间吊顶进行填充，如图2-1-33所示。

（9）执行“标注”＞“多重引线”命令，在图纸中指定标注的位置，并指定引线方向。在光标位置输入吊顶材料名称，单击空白处，即可完成引线注释操作。至此，住宅顶棚图的绘制全部完成，如图2-1-34所示。

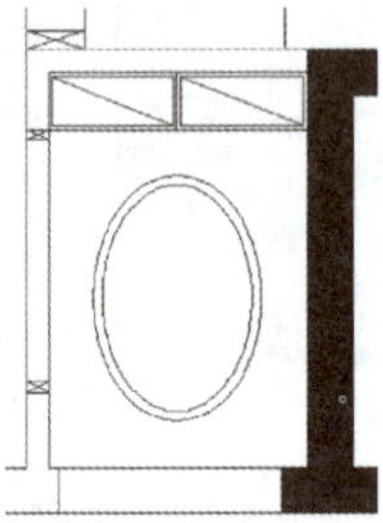
图2-1-27　灯带

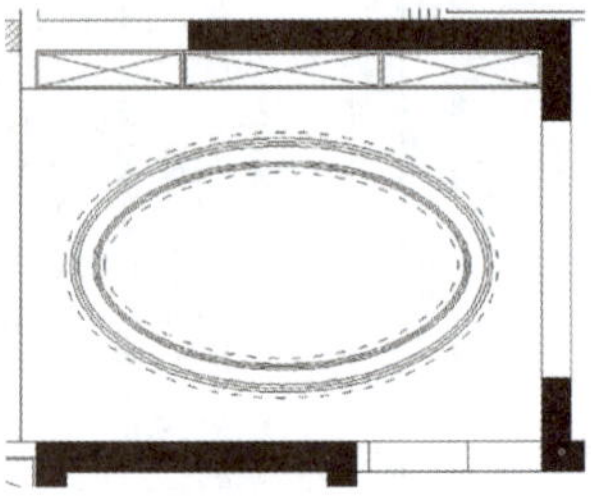
图2-1-28　餐厅顶棚

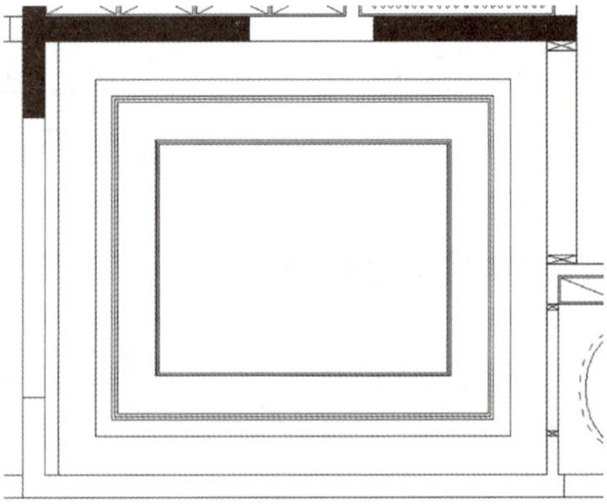
图2-1-29　客厅吊顶

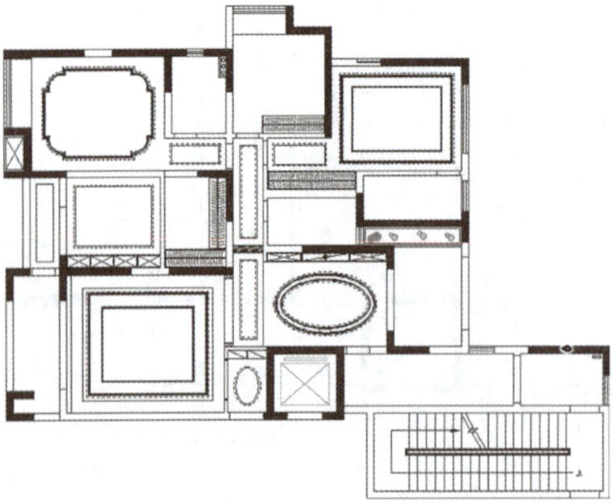
图2-1-30　四居室顶棚

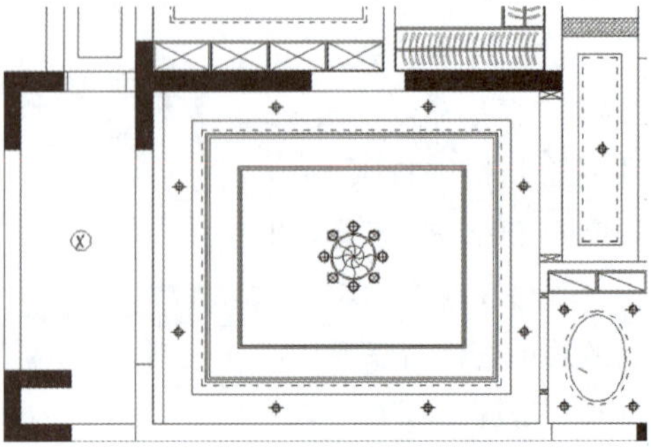
图2-1-31　顶棚灯具图

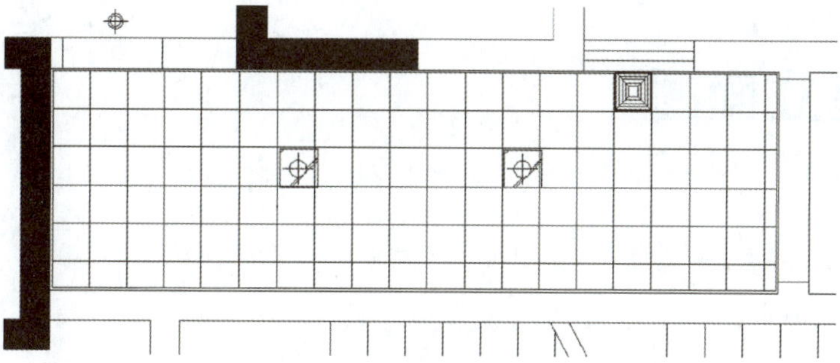

图2-1-32　厨房吊顶填充

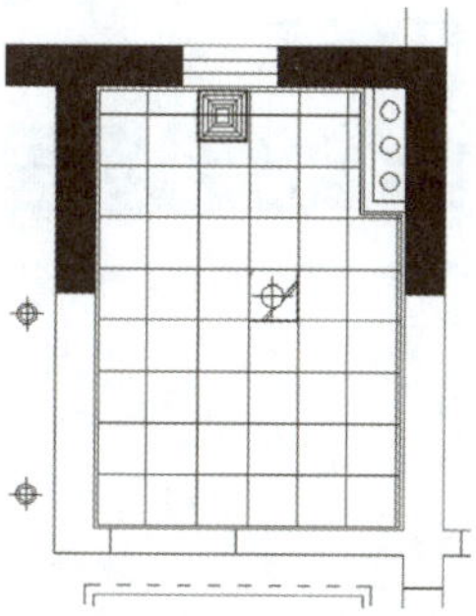

图2-1-33　卫生间吊顶填充

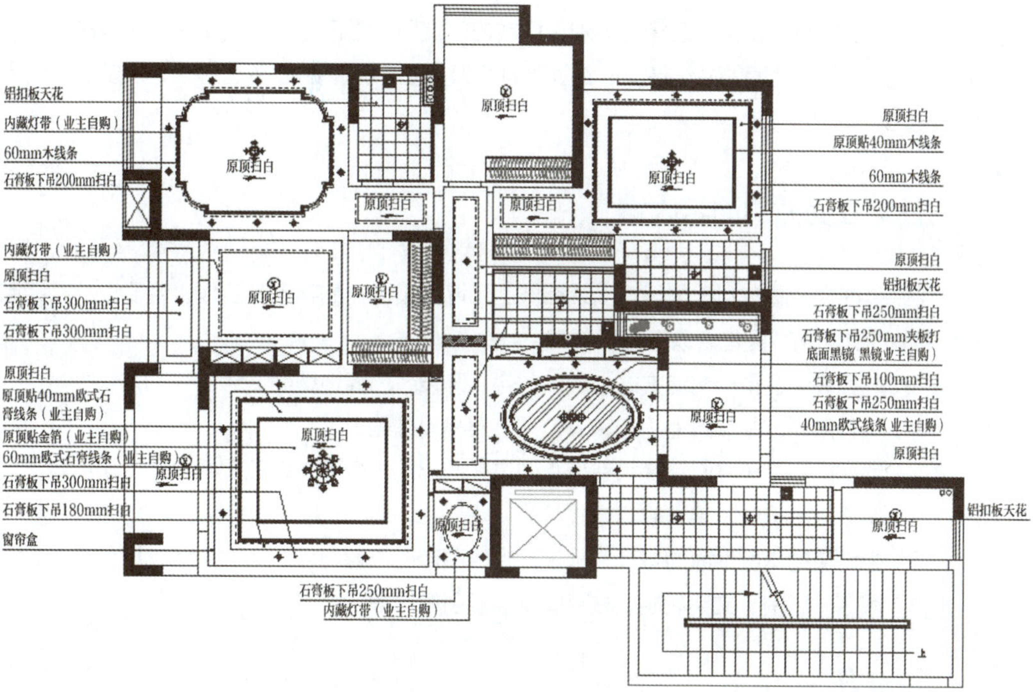

图2-1-34　顶棚图

随堂练习　**普通居室空间平面图的绘制**

- 实践目的：了解并掌握普通居室平面图的绘制方法和步骤，掌握相关命令。
- 实践内容：平面布置图、天花布置图等图纸的绘制。
- 实践步骤：根据上述方法和步骤，绘制本教材中的原建筑结构图。

知识拓展

实地测量一个普通居室空间，绘制草图，并利用AutoCAD软件绘制原建筑结构图。

任务二
绘制普通居室立面图

立面图是一种与垂直界面平行的正投影图，它能够反映室内垂直界面的形状，装修做法及其上的陈设，是一种很重要的图样。

装饰立面图是将建筑物装饰的外观墙面或内部墙面向垂直的投影面所做的正投影图。装饰立面图主要反映墙面的装饰造型、饰面处理以及剖切吊顶顶棚的断面形状、投影到的灯具等内容。

一、住宅立面图的图示内容

绘制装饰立面图有利于进行墙面装饰施工和墙面装饰物的布置等工作。若要设计和绘制完整的装饰立面图，要包含以下图示内容：

（1）墙面装饰造型的构造方式、装饰材料、陈设、门窗造型等。

（2）墙面所用设备和附墙固定家具位置、规格尺寸等。

（3）顶棚的高度尺寸及其叠级造型（凹进或凸出）的构造关系和尺寸。

（4）墙面与吊顶的衔接、收口方式等。

（5）相对应的本层地面的标高，标注地台、踏步的位置尺寸。

（6）图名、比例、文字说明、材料图例、索引符号等。

二、识读住宅立面图

要辨别不同的装饰立面图，应用与之相配的平面布置图进行对照，根据室内立面索引符号找出相对应的立面图。

1. 立面图识读

（1）识读图名、比例，和平面布置图进行对照，找到相对应的立面图。

（2）和平面布置图进行配合，了解室内家具、陈设等立面造型。

（3）根据图中尺寸、文字说明，了解室内家具、陈设等规格尺寸、装饰材料。

（4）熟悉内墙面的装饰造型式样、饰面材料、施工工艺、色彩等。

（5）了解顶棚的断面形式和高度尺寸。

（6）注意详图索引符号，通过索引符号及剖切符号对应的详图，进一步了解细部构造做法。

2. 展开立面图的识读

（1）可以利用内墙展开立面图识读一个房间的所有墙面的装饰内容。

（2）用粗实线绘制连续墙面的外轮廓、面与面转折的阴角线以及内墙面、顶棚等的轮廓。

（3）用细实线绘制家具、陈设等的立面造型。

（4）若要区别墙面位置，可在图的两端和阴角处标注与平面图一致的轴线编号。

（5）标注尺寸、标高以及文字说明。

3. 住宅立面图的绘制方法

在绘制住宅立面图时，要按照以下方法进行绘制，避免遗漏。

（1）结合平面图，选取比例，确定图纸幅面。

（2）绘制建筑结构、轮廓线等。

（3）绘制上方顶棚的剖面线及可见轮廓。

（4）绘制室内家具、设备等。

（5）文字标注墙面的装饰面材料、色彩等。

（6）标注尺寸以及相关的详图索引符号、剖切符号等。

（7）书写图名、比例等。

三、绘制客厅电视背景墙立面图

（1）启动AutoCAD软件，选择“格式”>“单位”命令，弹出“图形单位”对话框，将长度单位类型设置为“小数”，“精度”设置为“0.0000”，如图2-1-35所示。

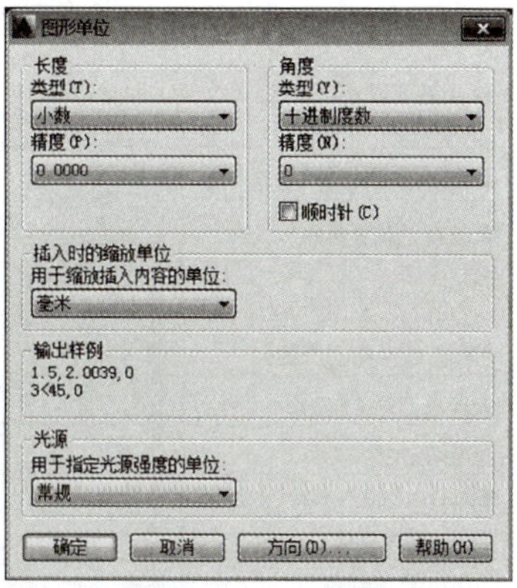

图2-1-35　设置单位

（2）单击“常用”选项卡的“图层特性”按钮，打开其相应的选项板，新建“轮廓线”“文本”“标注”“背景”“细节”等图层，并设置图层参数。

（3）选择“格式”>“文字样式”命令，弹出“文字样式”对话框，单击“新建”按钮，弹出“新建文字样式”对话框，设置样式名、字体、高度后，单击“应用”按钮。

（4）选择“格式”>“标注样式”命令，弹出“标注样式管理器”对话框，单击“新建”按钮，弹出“创建新标注样式”对话框，设置各选项卡中相关参数。

（5）将“轮廓线”图层置为当前图层，执行“绘图”>“直线”命令，绘制背景墙轮廓线，使用“偏移”和“修剪”命令绘制出踢脚线和天花层，并将偏移的图线转换为“背景”图层。将“背景”图层置为当前层，使用“矩形”和“偏移”命令，绘制出背景墙图框，如图2-1-36所示。

（6）使用“图案填充”命令，对背景墙指定的封闭区域进行图案的填充。将“细节”图层置为当前层，使用“插入块”命令，插入电视、立面电视柜、壁灯等图块到合适位置，如图2-1-37所示。

（7）将“文本”图层置为当前图层，使用“格式”>“多重引线”命令，对图形进行多重引线文本的标注。将“标注”图层置为当前图层，使用“线性标注”和“连续标注”对其立面进行标注。至此，客厅电视背景墙立面图绘制完成，如图2-1-38所示。

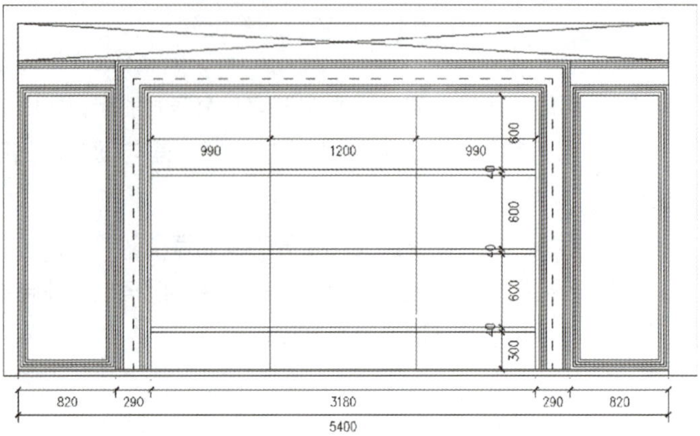

图2-1-36　背景墙

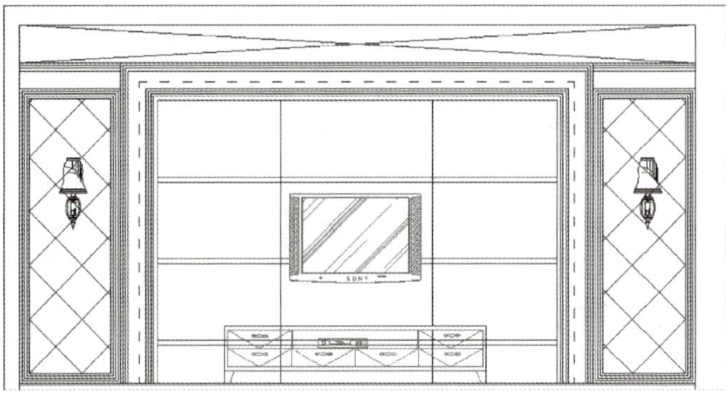

图2-1-37　插入图块

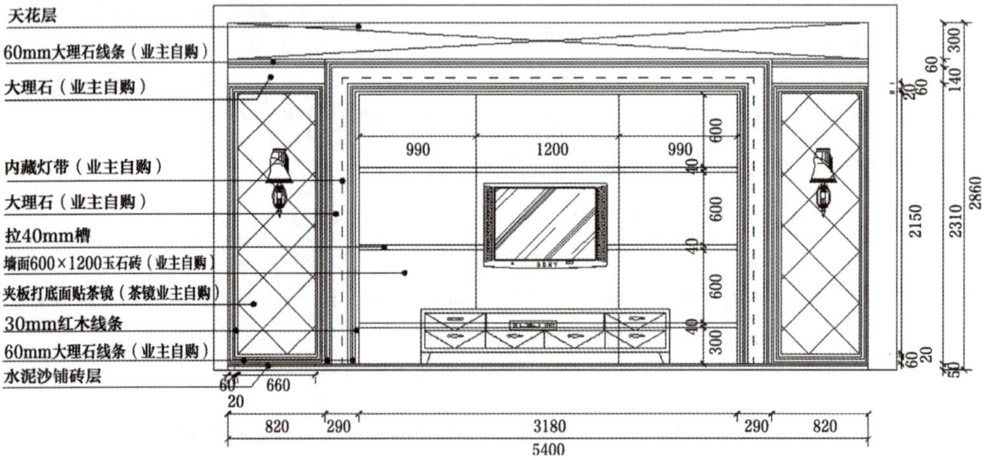

图2-1-38　客厅电视背景墙立面图

四、绘制餐厅背景酒柜立面图

（1）启动AutoCAD软件，对绘图环境、图层、文字样式、标注样式等进行设置。

（2）将“轮廓线”图层置为当前图层，执行“绘图”>“直线”命令，绘制背景墙轮廓线，使用“偏移”和“修剪”命令绘制出踢脚线和天花层，并将偏移的图线转换为“背景”图层。将“背景”图层置为当前层，使用“矩形”和“偏移”命令绘制出左侧柜子和茶镜图案。使用“镜像”命令，完成右侧柜子和茶镜图案，如图2-1-39所示。

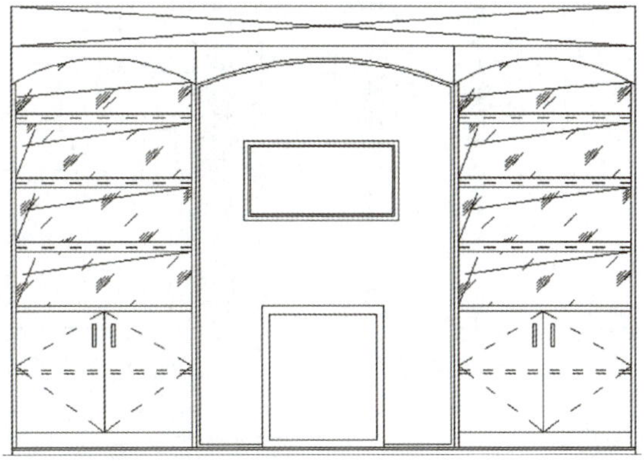

图2-1-39　背景墙

（3）使用“图案填充”命令，对指定的封闭区域进行图案的填充。将“细节”图层置为当前层，使用“插入块”命令，插入风景画、吊灯、花盆等图块到合适位置。对图形进行文字标注和引线标注。至此，餐厅背景酒柜立面图绘制完成，如图2-1-40所示。

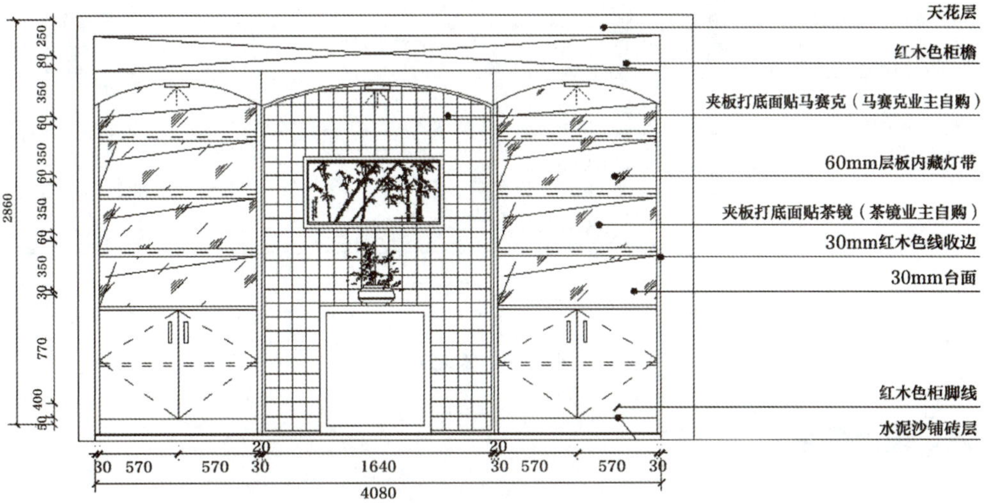

图2-1-40　餐厅背景酒柜立面图

五、绘制主卧床头背景立面图

（1）启动AutoCAD软件，对绘图环境、图层、文字样式、标注样式等进行设置。

（2）将“轮廓线”图层置为当前图层，执行“绘图”>“直线”命令，绘制背景墙轮廓线，使用“偏移”和“修剪”命令绘制出踢脚线和天花层，并将偏移的图线转换为“背景”图层。将“背景”图层置为当前层，使用“矩形”和“偏移”与“镜像”命令，绘制出背景图案。使用“图案填充”命令对指定的封闭区域进行图案的填充，如图2-1-41所示。

（3）将“细节”图层置为当前层，使用“插入块”命令，插入壁灯图块到合适位置。对图形进行文字标注和引线标注。至此，主卧床头背景立面图绘制完成，如图2-1-42所示。

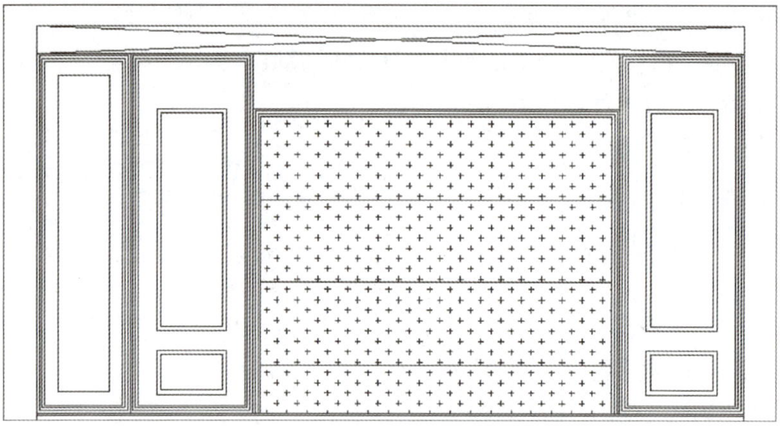

图2-1-41　背景立面填充图案

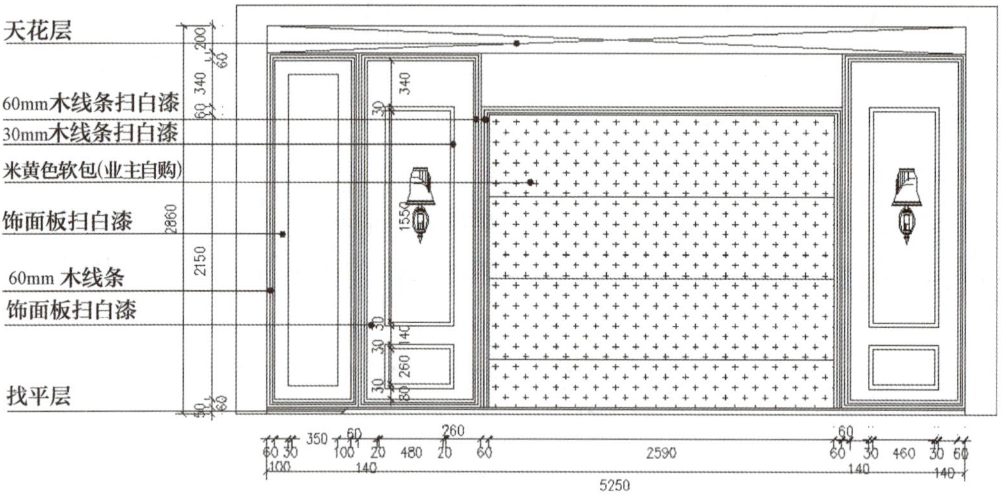

图2-1-42　主卧床头背景立面图

六、设计练习

设计一个电视墙的立面图和一个卧室立面图。

任务三
绘制普通居室结构详图

一、绘制住宅电路图

室内电路图由开关符号、线路走向以及开关图例表组成。在进行绘制时，用户可在原有平面图的基础上进行绘制。下面介绍绘制住宅电路图的操作方法。

（1）打开“四居室灯具布置图 .dwg”原始文件，如图2-1-43所示。

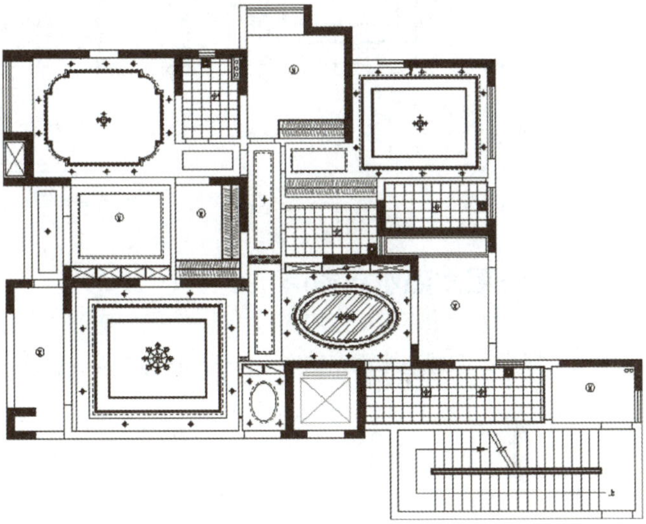

图2-1-43 灯具布置图

（2）执行“插入块”菜单命令，将开关图块放置于门厅的合适位置，如图2-1-44所示。

（3）执行“修改”>“复制”命令，将开关图块放置于其他合适位置，如图2-1-45所示。

（4）执行“圆弧”命令，绘制连线，如图2-1-46所示。

（5）在图形中有连线相交的位置，使用“圆弧”和“修剪”命令，对相应的位置进行修剪。至此，住宅电路图绘制完毕，如图2 1 47所示。

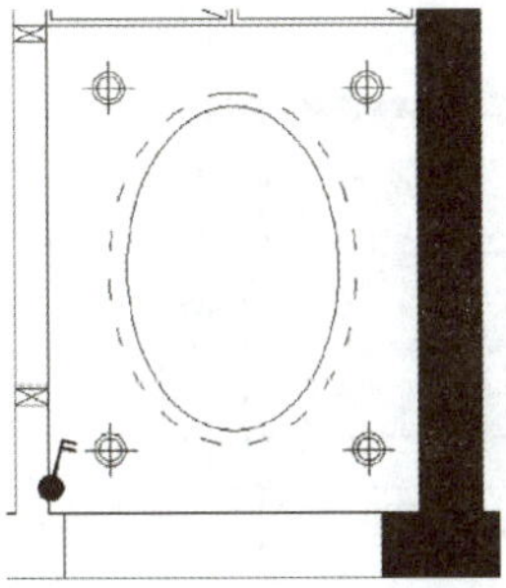

图2-1-44 插入开关图块

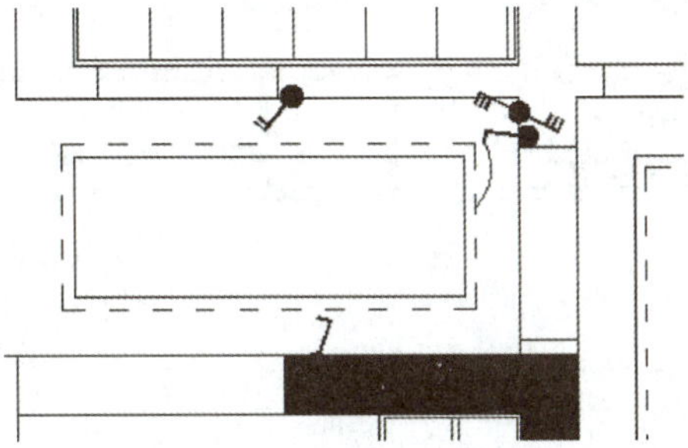

图2-1-45 复制开关图块

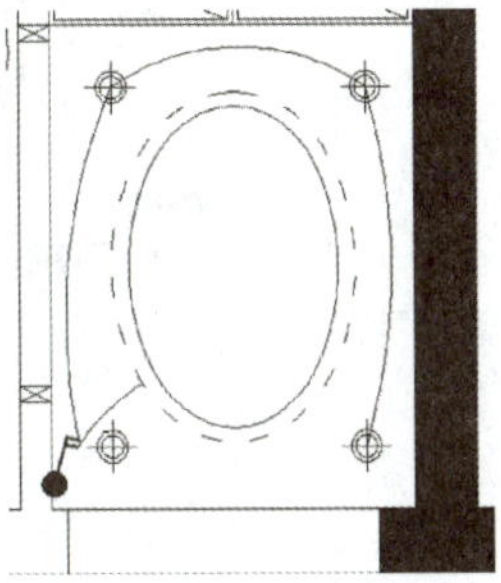

图2-1-46 绘制圆弧

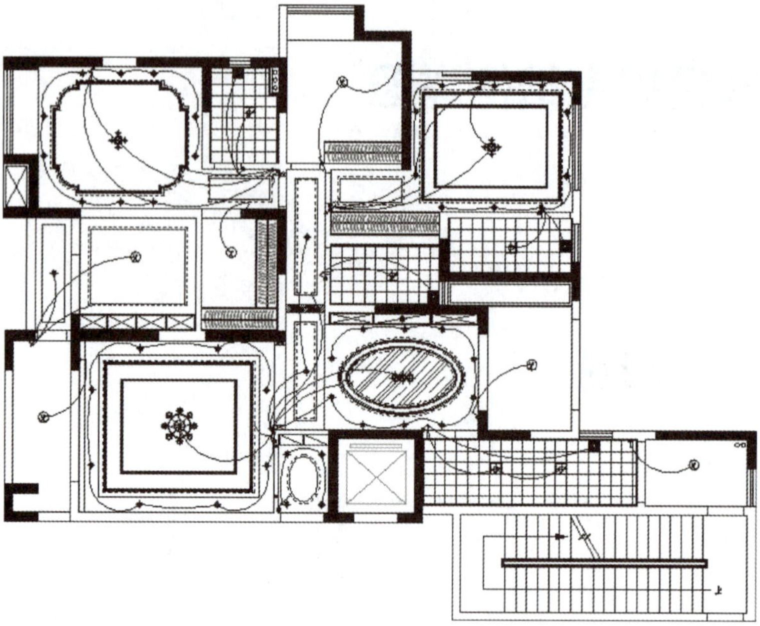

图2-1-47　住宅电路图

二、绘制住宅冷热水布置图

（1）打开“四居室平面布置图 .dwg”原始文件，如图2-1-48所示。

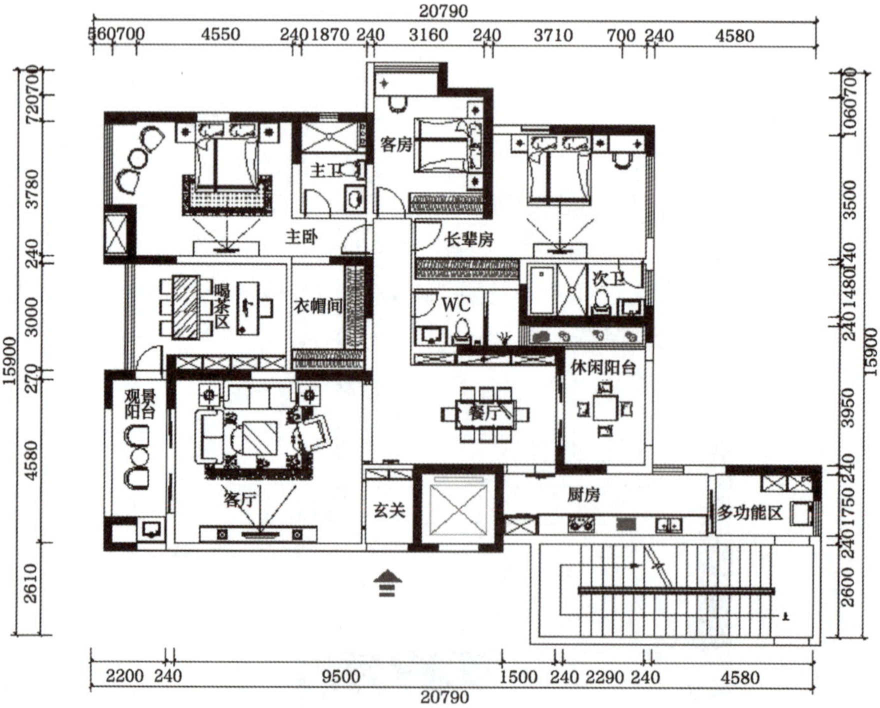

图2-1-48　平面布置图

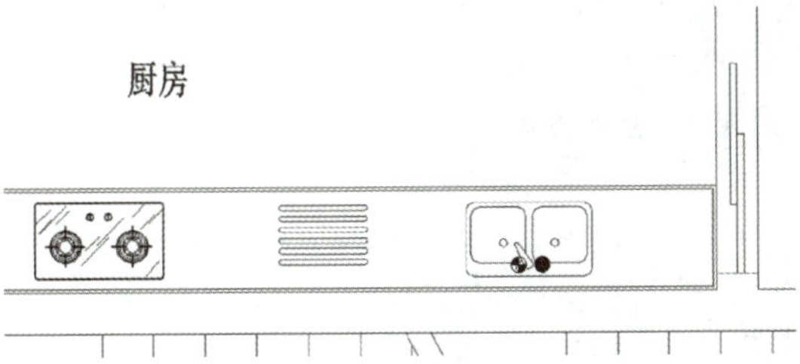

图2-1-49　插入厨房冷热水口图块

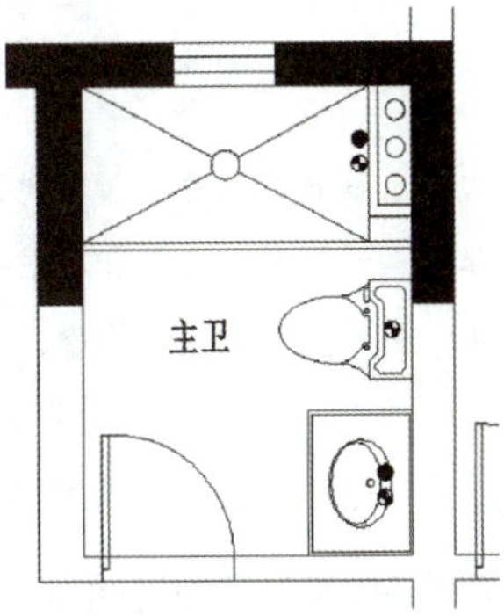

图2-1-50　插入卫生间冷热水口图块

（2）执行“插入块”菜单命令，将冷热水口图块放置于厨房合适位置，如图2-1-49所示。

（3）执行“修改”>“复制”命令，将冷热水口图块放置于卫生间合适位置，如图2-1-50所示。

（4）执行“直线”命令，绘制连线。选中热水管线，在命令行中输入“CH”，并按Enter键。在“特性”选项卡中将其线型设为虚线，颜色为紫色（此处黑色显示），如图2-1-51所示。

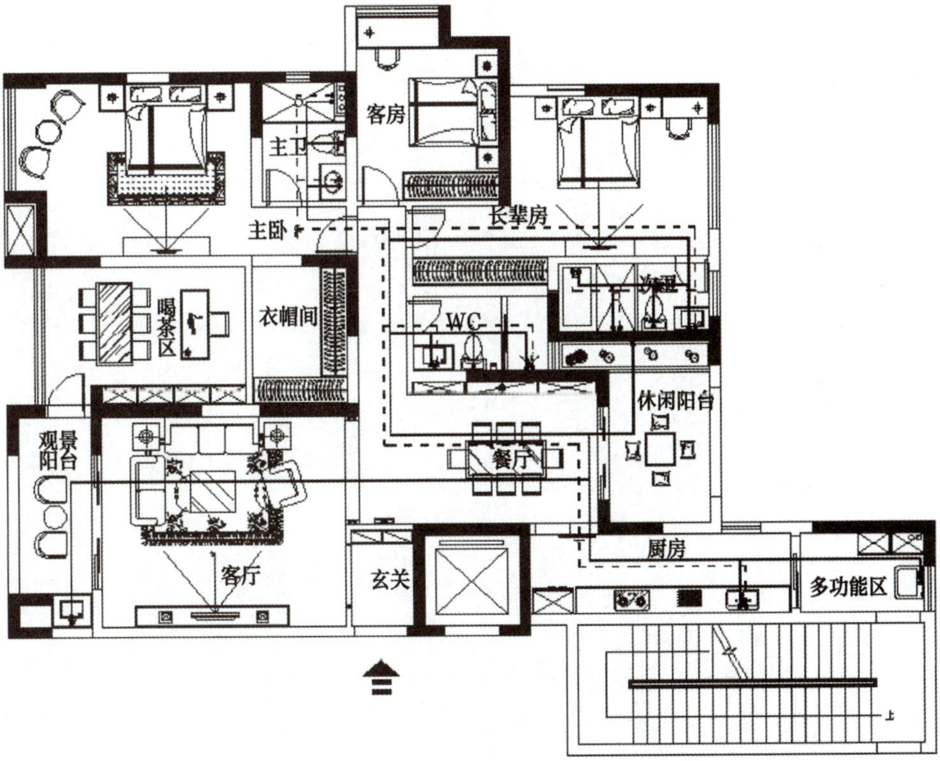

图2-1-51　冷热水布置图

随堂练习　**普通居室电路图和冷热水布置图的绘制**

- 实践目的：了解并掌握普通居室电路图和冷热水布置图绘制方法和步骤，掌握相关命令。
- 实践内容：普通居室电路图和冷热水布置图的绘制。
- 实践步骤：根据上述方法和步骤，绘制本案例中的所有图纸。

知识拓展

尝试使用AutoCAD的其他命令绘制图纸。

课后练习｜画出本教材电子资源内的其他普通居室空间的施工图纸。画图时，可以参考提供的普通居室空间施工图纸的范例和效果图进行绘制。也可以根据原建筑结构图自行设计，进行施工图的绘制。

要求：图形的绘制和标注要精确、严谨，图形表示要完整详尽，图纸符号应符合相关规范。

项目二

别墅空间施工图绘制

教学目标

知识目标

1 掌握别墅的特性，以及其与普通居室空间的区别。
2 别墅设计要点及设计的主要流程。
3 掌握别墅空间平面图的绘制方法。
4 掌握别墅空间立面图、节点图的绘制方法。

能力目标

1 能够阅读、分析各类平面图。
2 能够熟练应用常用的绘图和编辑命令，并熟记快捷键。
3 能综合利用别墅设计理论设计出比较合理的布置方案，并且能够利用AutoCAD相关知识绘制别墅空间的整套施工图纸。

素质目标

1 具备较强的学习力、领悟力、创新力、设计力、审美力、表现力、沟通力。
2 具备发现问题、独立思考的能力，以实现自身职业发展的螺旋式上升。
3 具备科学、缜密、严谨的工作作风和专注做事、精益求精、力争突破的工匠精神。

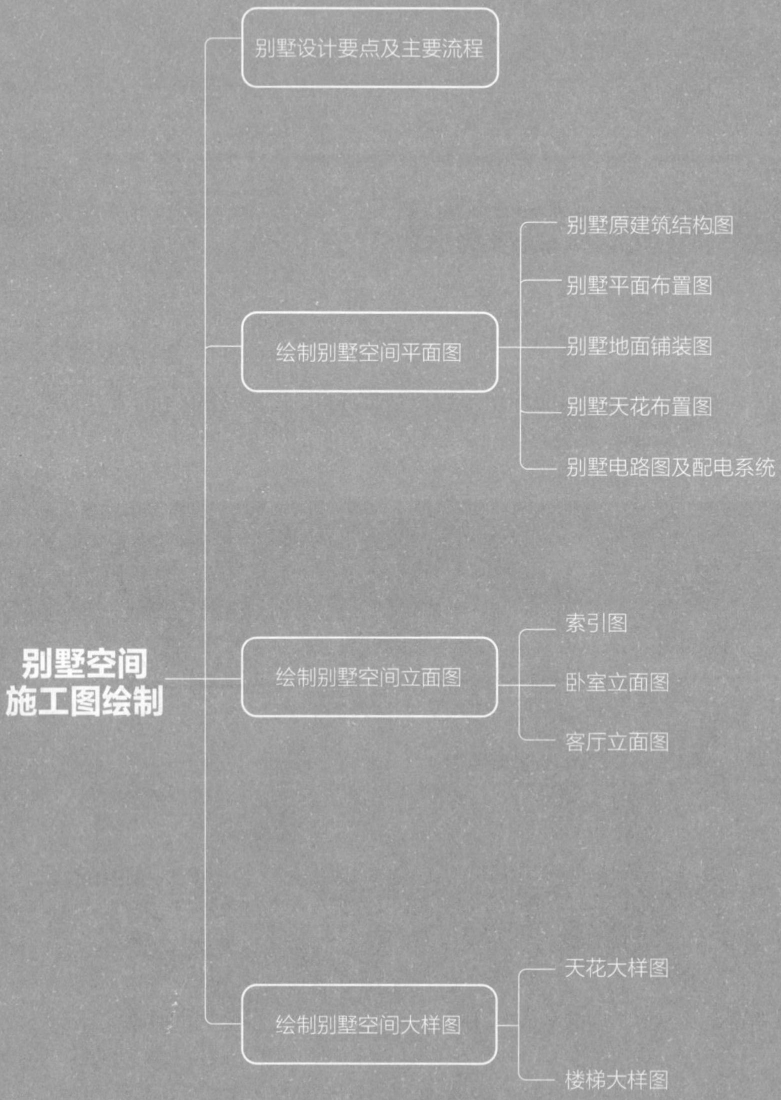
别墅空间
施工图绘制
别墅设计要点及主要流程
绘制别墅空间平面图
别墅原建筑结构图
别墅平面布置图
别墅地面铺装图
别墅天花布置图
别墅电路图及配电系统
绘制别墅空间立面图
索引图
卧室立面图
客厅立面图
绘制别墅空间大样图
天花大样图
楼梯大样图

学习任务描述

案例分析

本案例是一套独栋别墅，共三层，顶层有阳光露台。该别墅的设计委托方要求适合夫妻、父母以及孩子共同居住，还应当具有一定的办公和会客休闲区域，如图2-2-1和图2-2-2所示。

经过沟通，最终确定在一层设置主入口、客厅、长辈房、厨房、餐厅、茶室；在二层设置主卧、次卧、书房、衣帽间；在屋顶设置洗衣房、健身区、屋顶花园等。

1．别墅设计概述

别墅多具有较大的空间，与其他类型的室内设计体现出较明显的区别，通常需要兼具居住、餐饮、休闲等多种使用功能。

别墅具有居住建筑的所有属性，但同时又不同于其他居住建筑。别墅是居住建筑中较为特殊的一种类型，别墅的特殊性主要表现在：①别墅是一种独立式的居住建筑；②别墅是私人建造或个别设计建造的；③别墅设计应该是具有个性化的。以别墅空间为例，讲解AutoCAD室内装饰设计施工图的绘制，可以帮助读者了解室内装饰设计施工图绘制的一般方法，也可以在进行其他类型的室内装饰设计时起到借鉴和启发的作用。

图2-2-1　主卧

为了能够从宏观上把握别墅设计，首先从别墅设计的基本要求、主要流程两个方面介绍别墅设计的要点。之后再以一套别墅的内部空间设计作为案例，详细讲解别墅空间施工图绘制的方法。

2．别墅设计的要点

别墅作为一种独立式的居住建筑，一般不受空间的限制，在设计上有足够的空间。与小空间设计时强调合理利用有限空间

图2-2-2　客厅

相比，在别墅设计时更应当强调功能区的划分与合理规划。既需要分别考虑各分区的设计，又需要从全局出发考虑各分区之间的联系。别墅设计中的要点是：分区明确、联系紧密的空间设计。此外，别墅设计的要点还体现在以下几个方面：

①具有特点和趣味的庭院设计；②区分主次且适用的入口设计；③明亮、开阔、显气势的挑空设计；④上下贯通有生气的楼梯设计；⑤亲近自然多阳光的露台设计；⑥造型灵活有个性的天窗设计；⑦室内环境室外化的景观设计；⑧功能有别各不相同的卫浴设计；⑨方便料理流程的厨房设计。

由于别墅的“空间设计”特别值得强调，在本案例中主要围绕别墅的“空间设计”进行施工图绘制的讲解。

3. 别墅设计的主要流程

别墅设计分为建筑设计和装修设计两大部分。别墅建筑设计的工作一般包括：可行性分析、初步设计、技术设计和建筑施工图绘制等。这些工作通常由建筑设计和建筑施工单位完成。

别墅装修设计的工作一般包括：概念设计、方案设计、初步设计和施工图设计四个阶段。

（1）概念设计阶段的工作主要包括：设计构思的确定、功能分区及总平面图的绘制、空间布局与交通流线的分析、经济技术指标的确定。

（2）方案设计阶段的工作主要包括：别墅总体设计方案说明、平面布置方案设计、地面铺装方案设计、主要空间立面方案设计、天花吊顶方案设计、主要空间的方案草图及效果图呈现、材料运用建议、经费预算。

（3）初步设计阶段的工作主要包括：平面设计图绘制与深化、立面设计图绘制与深化、剖面设计图绘制与深化、天花吊顶图绘制与深化等。

（4）施工图设计阶段的工作主要包括：平面布置图绘制、平面拆改墙体图绘制、天花布置图绘制、天花尺寸图绘制、天花剖面图绘制、立面索引图绘制、各区域立面图（含特殊节点和特殊工艺）绘制、重要的背景墙施工图绘制、壁柜及嵌入式家具图绘制、开关布置图绘制、插座布置图绘制、水路布置图绘制、暖通方案图绘制、网络及试听设备布置图绘制、图例设备材料表编制等。

在客户提供的建筑平面图基础上，结合设计师对该别墅室内空间的现场勘测，便可以按别墅设计的流程进行有关图纸的绘制。别墅设计是室内装修工程中较复杂的设计工作，需要循序渐进、不断深化，在概念设计、方案设计、初步设计之后进入施工图绘制阶段。

别墅施工图绘制是别墅设计的最后一个阶段，其建立在前期工作的基础上，是对前期工作的完善和细化，也是最直观和能直接指导施工的设计文件。为了使读者能够更直观地感受别墅施工图绘制的全过程、掌握别墅施工图绘制的方法，本书将由浅及深地逐步介绍施工图的绘制步骤。

任务一
绘制别墅空间平面图

别墅空间平面图包括原建筑结构图、拆墙图、砌墙图、平面布置图、天花布置图、地面布置图、开关布置图、插座布置图等。

一、绘制别墅原建筑结构图

别墅的原建筑结构图是施工图中最基础也是最重要的一份图纸。这份图纸通常可由别墅的建设方提供，但在建筑修建的过程中往往会因为各种不可预料的情况，使实际修建的建筑与建设方提供的图纸不完全一致。因此，即使获得了建设方提供的图纸，也建议设计师根据建筑实际情况进行测量，并重新绘制原建筑结构图。由于这份图纸在施工图中具有基础性地位，其中的关键数据需要仔细测量和认真核对。

（1）启动AutoCAD软件，单击左上角“新建”，打开“选择样板”对话框，在对话框的“名称”列表框中选择acad.dwt样板文档，然后单击“打开（O）”按钮，即获得文件名为drawing1的图形文件，单击“保存”，修改文件名为“一层原结构图”，单击“保存（S）”按钮，完成空白图形文件的新建，如图2-2-3所示。

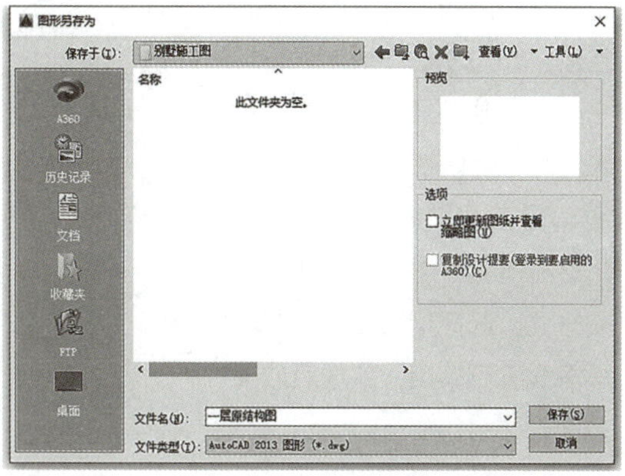

图2-2-3　新建空白图形文件

（2）单击“默认”选项卡“图层”面板中的“图层特性”按钮，打开“图层特性管理器”对话框，单击对话框中的“新建图层”，创建“轴线”图层，并设置图层的颜色、线型等参数，如图2-2-4所示。

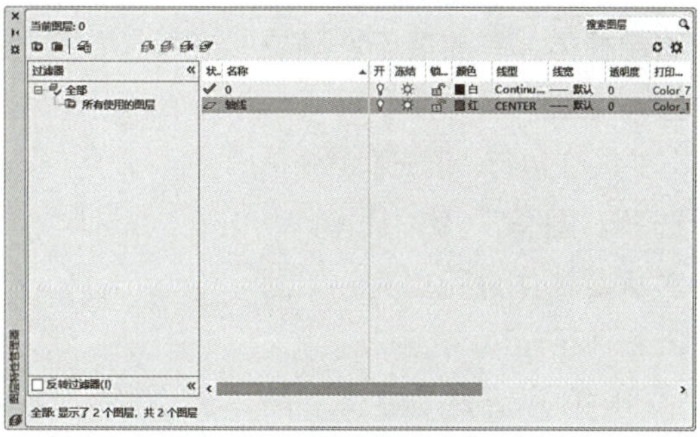

图2-2-4　创建图层并设置图层参数

（3）将“轴线”图层置为当前图层，执行直线命令，按照现场测量尺寸，绘制建筑结构中墙体的轴线，如图2-2-5所示。

（4）执行“直线”“偏移”“修剪”命令，依次绘制门洞窗口，所有门窗洞完成，如图2-2-6所示。

（5）执行“格式”>“多线样式”命令，打开“多线样式”，单击“修改”按钮，在“修改多线样式”对话框“封口”复选框中，勾选直线的“起点”和“端点”，如图2-2-7所示。

（6）新建“墙体”图层，并置为当前图层，并在命令提示栏中输入多线命令，设置多线的比例为200（即内墙的厚度），对正设置为无，沿轴线方向绘制多线。继续执行多线命令，绘制不同比例、不同对正位置的多线，完成墙体线的绘制，如图2-2-8所示。

（7）执行“修改”>“对象”>“多线”命令，打开“多线编辑工具”对话框，如图2-2-9所示。根据不同的相交方式，选择相应按钮，对墙体多线进行编辑，完成后效果如图2-2-10所示。

（8）执行“矩形”或“构造线”命令，根据测量尺寸绘制柱体，并放置于准确位置，如图2-2-11所示。

（9）执行“填充”命令，选择“图案”及“比例”，对承重柱体进行填充，如图2-2-12所示。

（10）新建“墙体”图层，并置为当前图层，执行

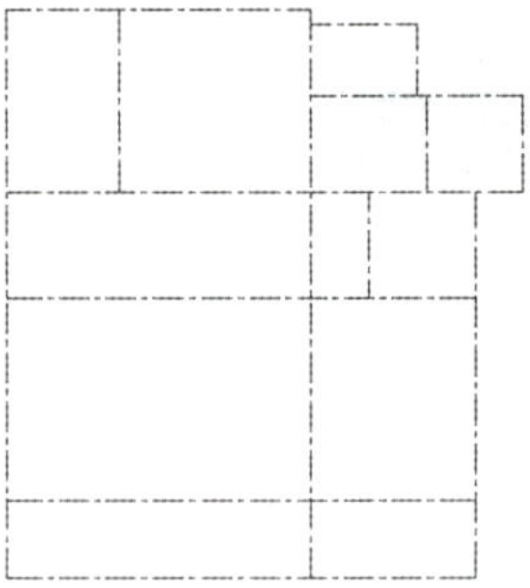

图2-2-5 绘制轴线

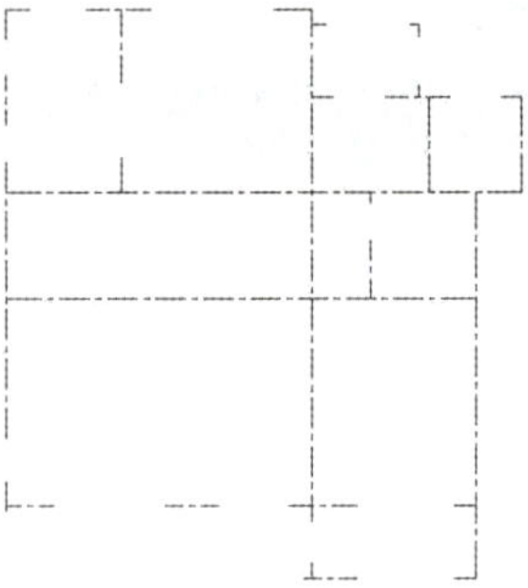

图2-2-6 绘制门窗洞

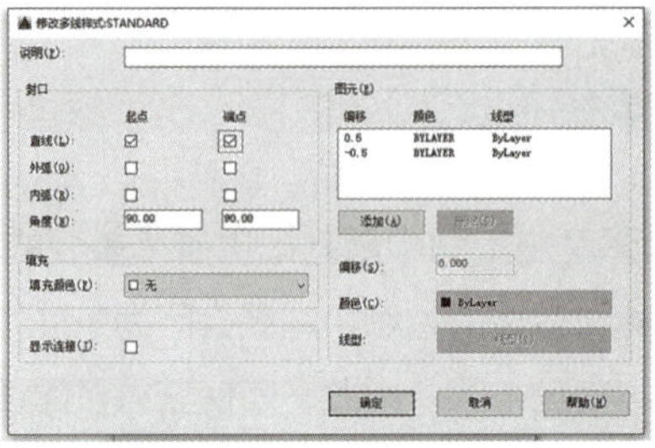

图2-2-7 多线样式设置

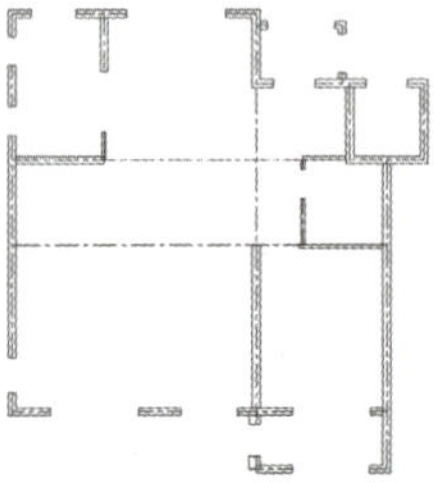

图2-2-8 绘制墙体

图2-2-9 多线编辑工具

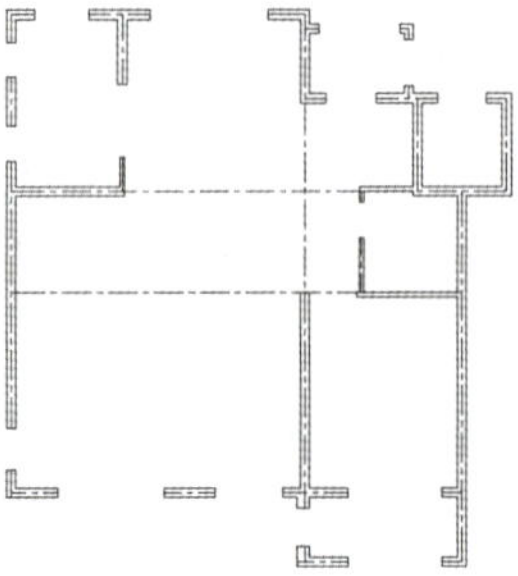

图2-2-10 编辑多线后墙体绘制

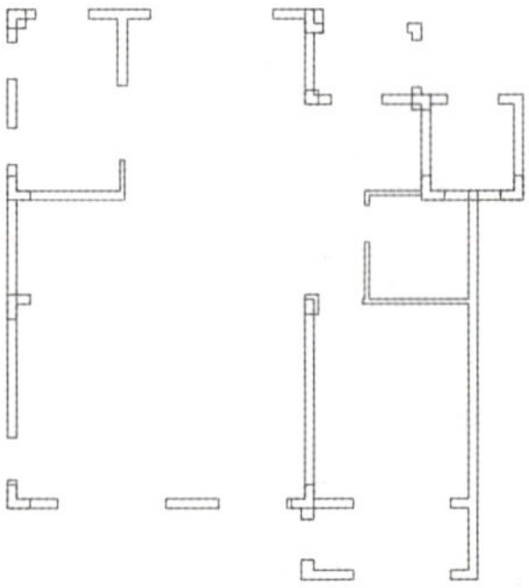

图2-2-11 绘制柱体

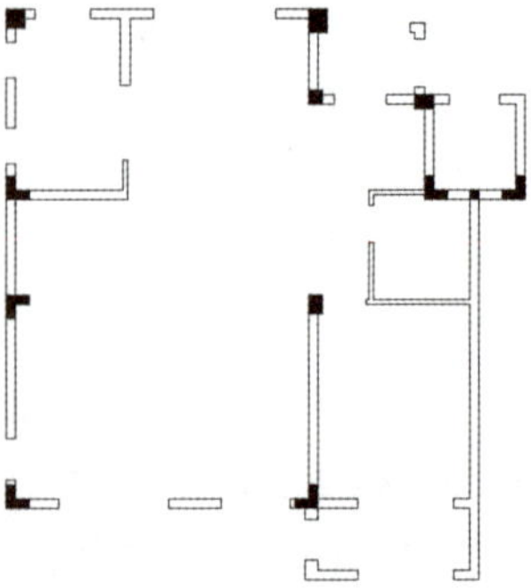

图2-2-12 完成柱体的填充

“PLINE”“OFFSET”命令，完成阳台绘制，如图2-2-13所示。

（11）新建“门窗”图层，并置为当前图层，执行“MLINE”命令，完成窗的绘制，如图2-2-14所示。

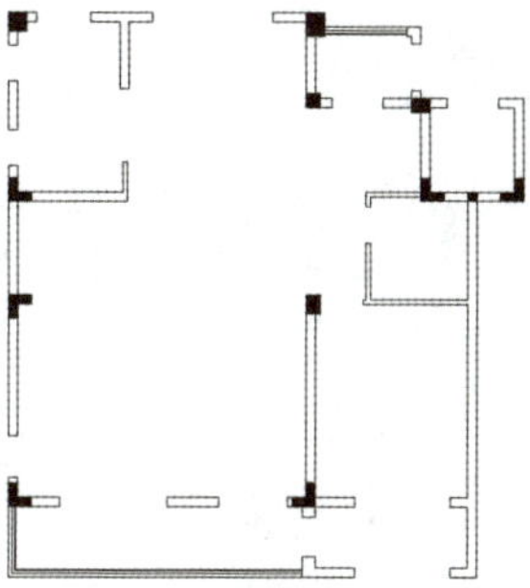

图2-2-13　绘制阳台

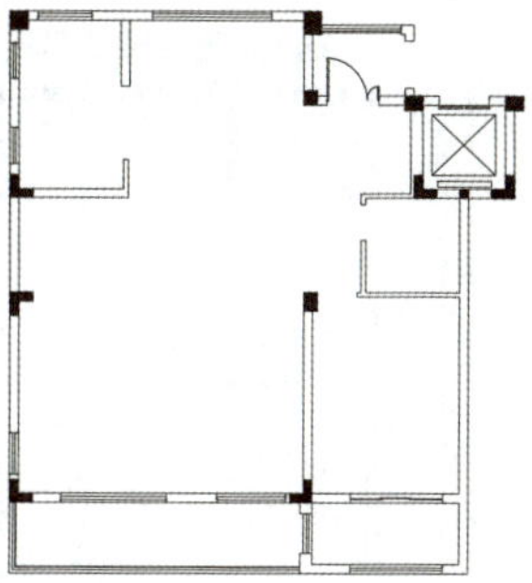

图2-2-14　绘制窗

（12）新建“标注”图层，并置为当前图层，执行“标注”＞“标注样式”命令，打开“标注样式管理”对话框，单击“修改”按钮，根据需要对当前标注样式进行修改，完成标注样式的设置，如图2-2-15所示。

（13）执行“DIMLINEAR”“DIMCONTINUE”命令，对图形尺寸进行标注，完成结构图的绘制，如图2-2-16所示。

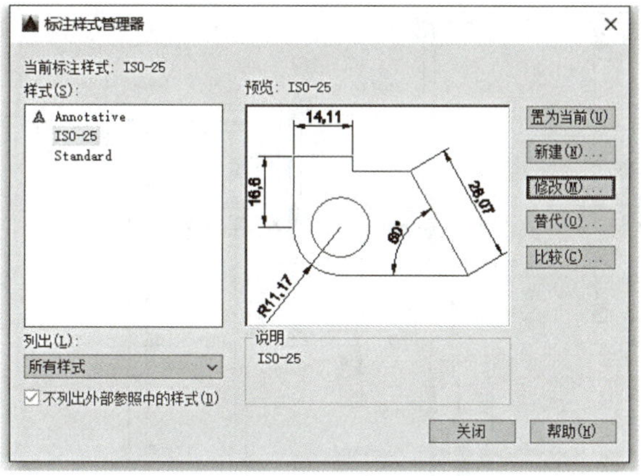

图2-2-15　标注样式管理器

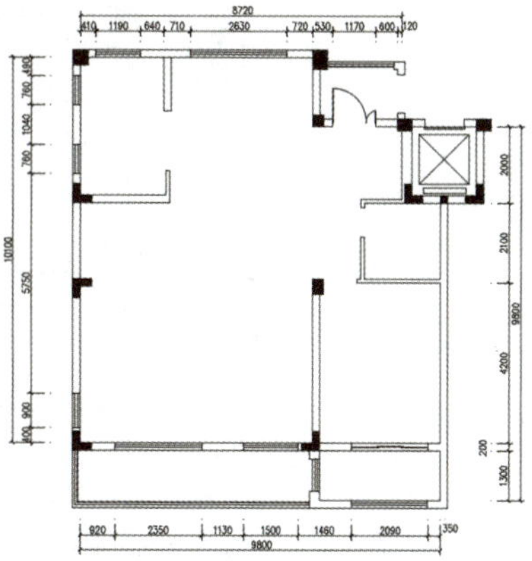

图2-2-16　一层结构图

二、绘制别墅平面布置图

以一层为例详细讲解别墅平面布置图的绘制过程，其他楼层的绘制方法与之类似。

（1）复制绘制的一层结构图，执行“HATCH”命令，对计划拆除的墙体进行图案填充，如图2-2-17示。

（2）执行“DIMLINEAR”“DIMCONTINUE”命令，对拆除墙体尺寸进行标注，如图2-2-18所示。

（3）根据以上方法及步骤绘制完成砌墙图，如图2-2-19所示。

（4）复制已绘制完成的砌墙图，删除多余标注线。新建“柜体”图层，并置为当前图层，根据设计意图，执行直线、矩形等命令，分别完成橱柜、衣橱、洗手台等图形的绘制，如图2-2-20所示。

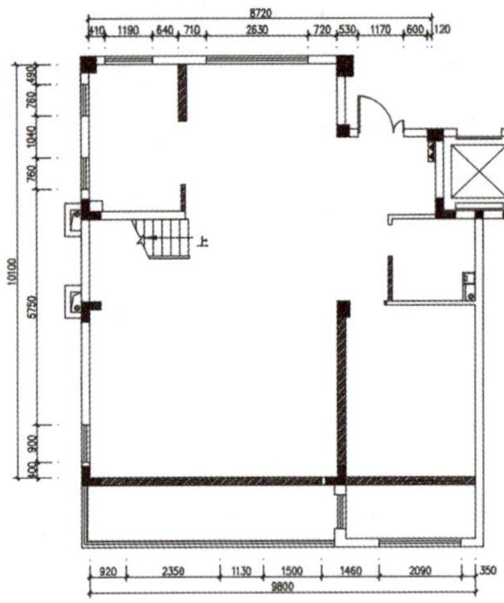

图2-2-17　对拆除墙体进行填充

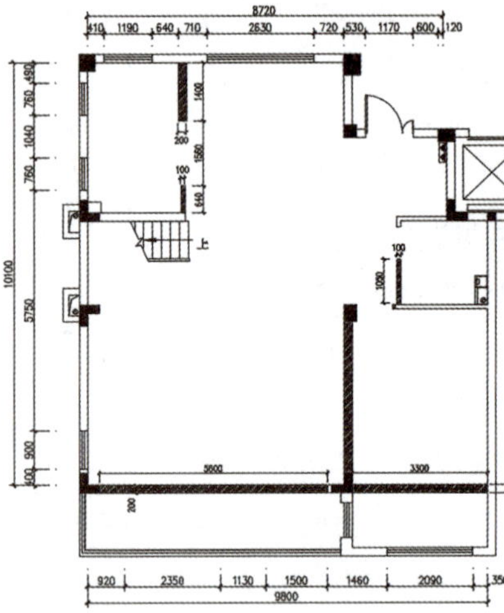

图2-2-18　对拆除墙体进行标注

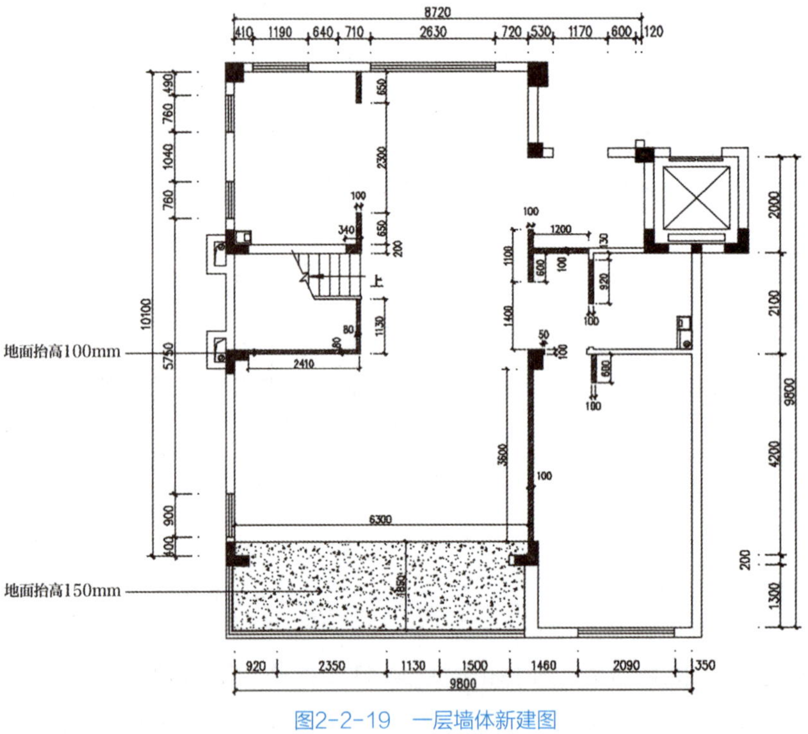

图2-2-19　一层墙体新建图

（5）执行“插入块”和“复制”命令，将门图块插入图形中合适的位置，并将其复制到其他位置，执行“直线”命令，完成门的绘制，如图2-2-21所示。

（6）执行“插入块”命令，根据设计需要，插入相应家具图块，将茶几、电视机等图块插入至恰当位置，如图2-2-22所示。

（7）新建“标注”图层，对各功能空间进行说明，对主要尺寸进行标注，完成平面布置图的绘制，如图2-2-23所示。

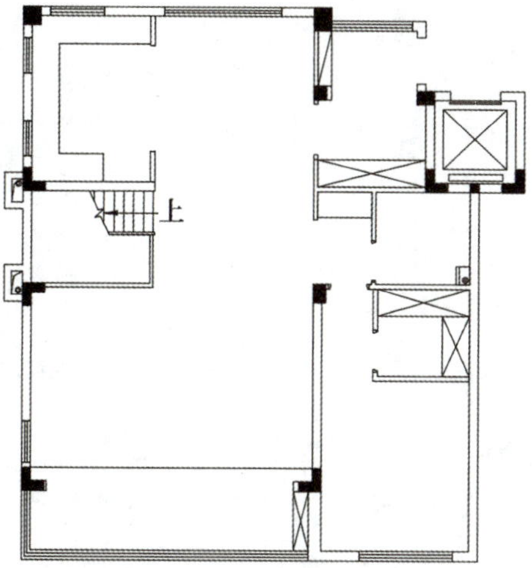

图2-2-20　固定家具绘制

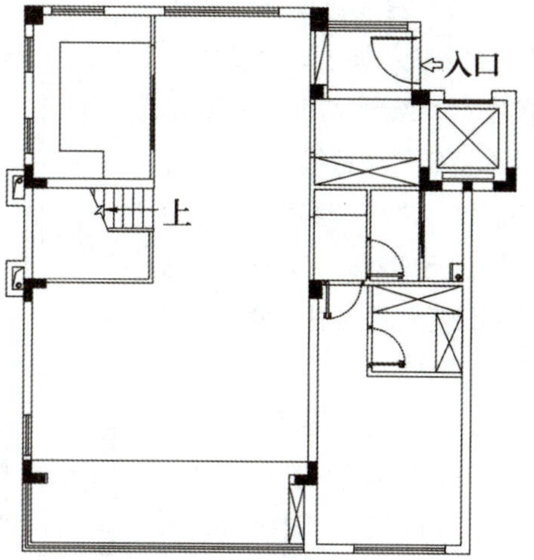

图2-2-21　开门及移门的绘制

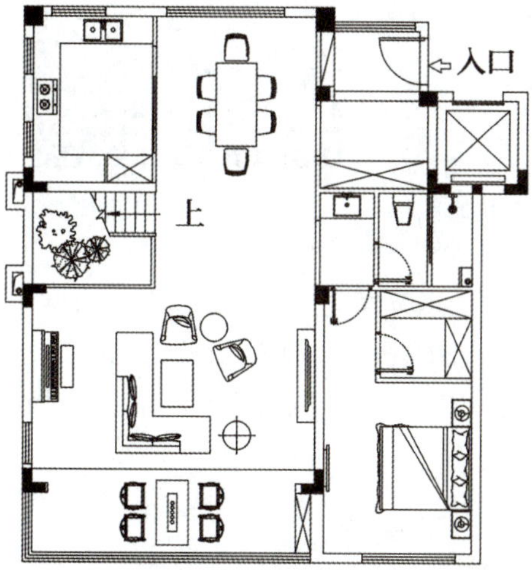

图2-2-22　家具的绘制

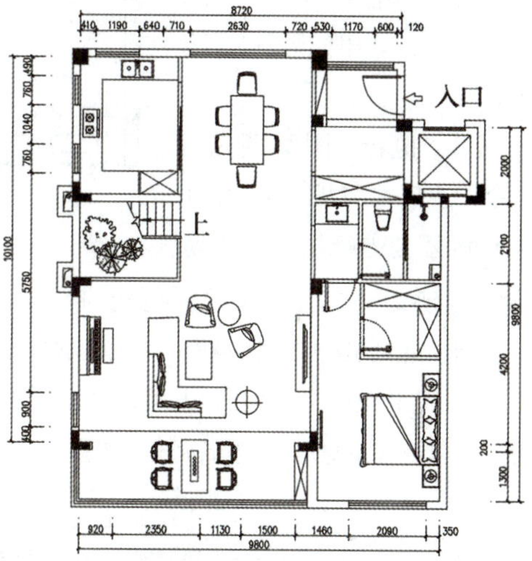

图2-2-23　平面布置图

通常来说，别墅设计的工作量比较大，一些标准化的桌椅、茶几、灯具、植物等“图块”可为设计工作带来很大的便利。设计师在平时的工作中注意收集和绘制一些常用的图块，并对图块进行归类，以便在进行别墅设计时调取。当然，收集的图块可能不能完全符合现场工况、客户需求等实际情况，应当在使用时对图块所代表物品的尺寸规格、风格特点、适用场合予以综合考虑，进行合理运用。

三、绘制别墅地面铺装图

下面将在已绘制完成的平面布置图基础上，以别墅一层为例进一步介绍别墅的地面铺装图绘制过程。按照设计师与业主的沟通，确认这套别墅的一层设置有客厅、餐厅、厨房、茶室、卧室、衣帽间、卫生间等功能区域。地面铺装图将基于这些功能分区的性质区别进行绘制。

（1）复制砌墙图，新建“图案填充”图层，并置为当前图层，绘制宽度为140mm地面瓷砖“波打线”，封闭填充区域，执行“图案填充”命令，选择“AR－CONC”图案对波打线区域进行填充，如图2-2-24所示。

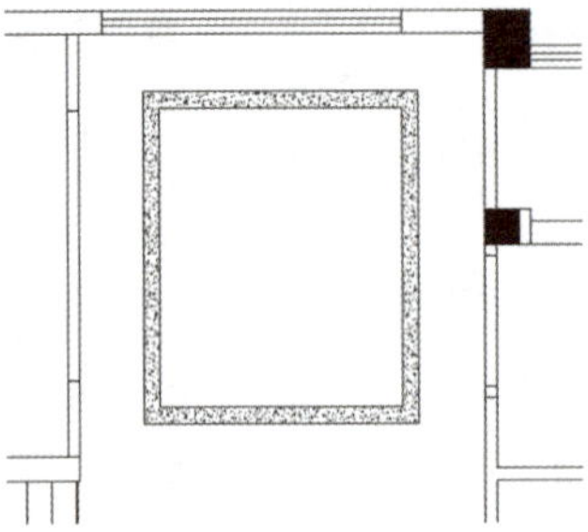

图2-2-24　餐厅地面铺装范围

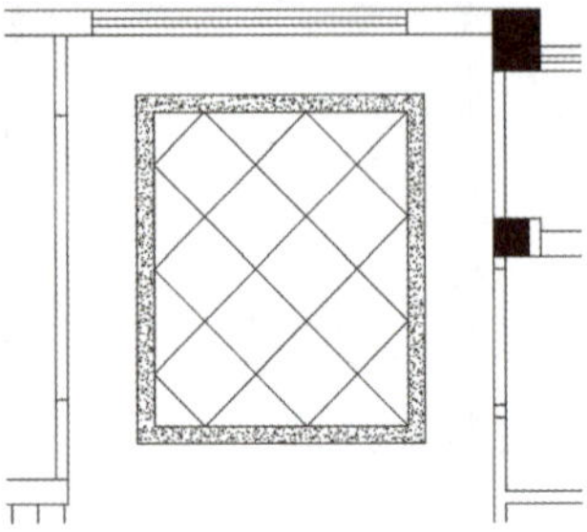

图2-2-25　餐厅地面铺装

（2）执行“图案填充”命令，在餐厅波打线内部区域，选择“ANSI37”图案对地面区域进行填充，类型“用户自定义”，角度“45°”，间距“600”，效果如图2-2-25所示。

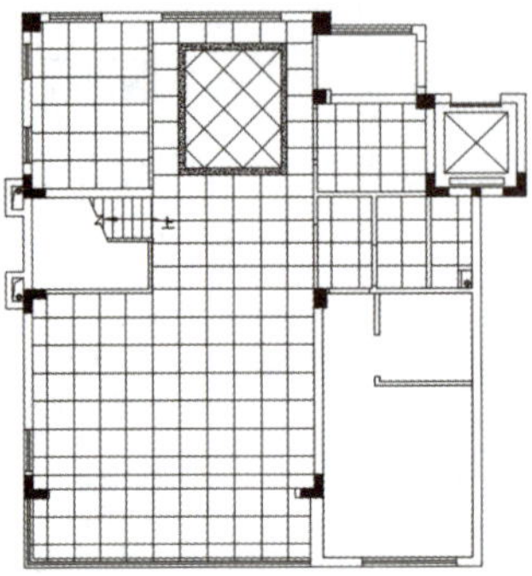

图2-2-26　客厅、厨房地面铺装

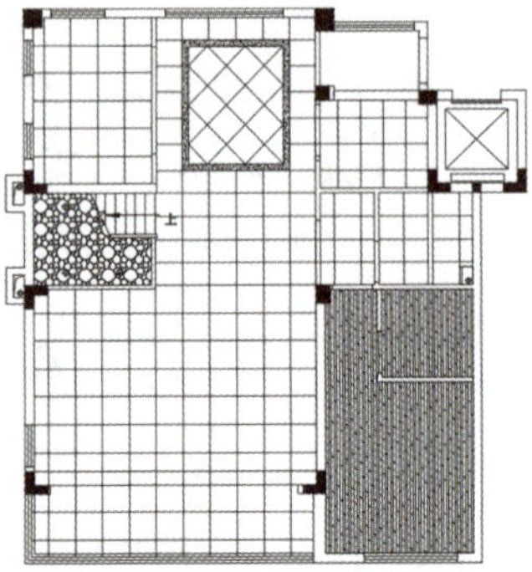

图2-2-27　地面铺装

（3）执行“图案填充”命令，选择“ANSI37”图案对地面区域进行填充，类型“用户自定义”，角度“0°”，间距“600”，如图2-2-26所示。

（4）继续执行“图案填充”命令，对其他区域进行图案填充，如图2-2-27所示。

（5）置标注图层为当前图层，执行“线性标注”“文字”和“多重引线”命令，对地面铺装尺寸、铺装材质等进行标注，如图2-2-28所示。

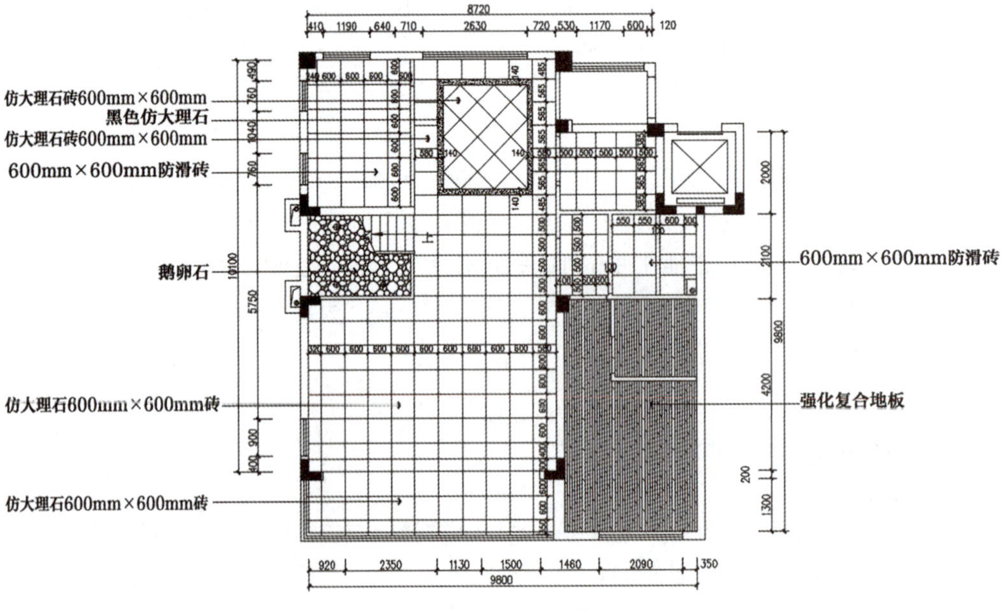

图2-2-28　整体地面铺装图

四、绘制别墅天花布置图

天花布置图主要绘制的是室内天花板的造型及灯具摆放的位置，主要步骤如下：

（1）执行“复制”命令，将平面布置图进行复制，然后删除所有平面图块，保留平面墙体和标注线，如图2-2-29所示。

（2）执行“偏移”命令，对卧室顶部边线进行偏移，偏移距离分别为350mm和200mm，如图2-2-30所示。

（3）执行“偏移”命令，对厨房顶部边线进行偏移，偏移距离分别为600和80，如图2-2-31所示。

（4）执行“偏移”命令，对客厅、餐厅等区域顶部边线进行偏移，偏移距离分别为4800，120，200，120mm。设置标注图层为当前图层，对吊顶造型尺寸进行标注，最终效果如图2-2-32所示。

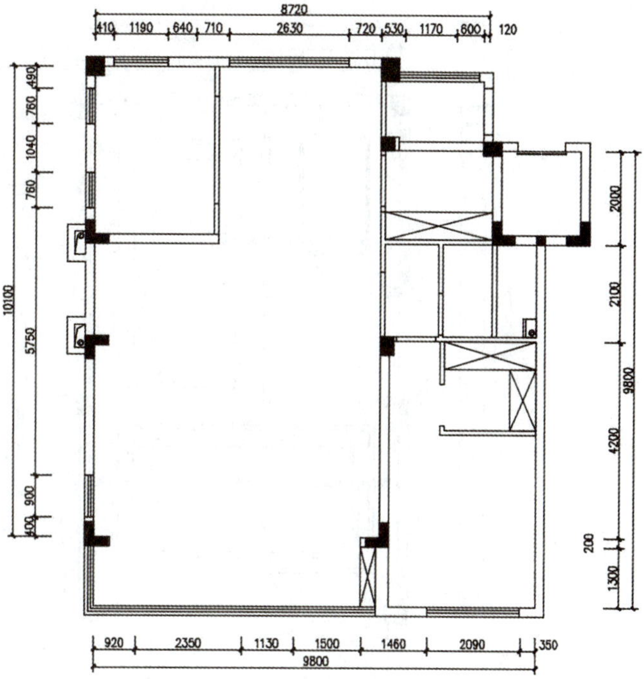

图2-2-29　顶棚线

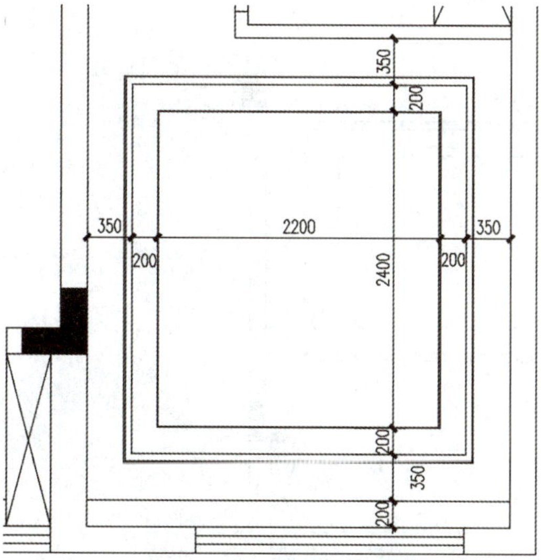

图2-2-30　卧室偏移顶部边线

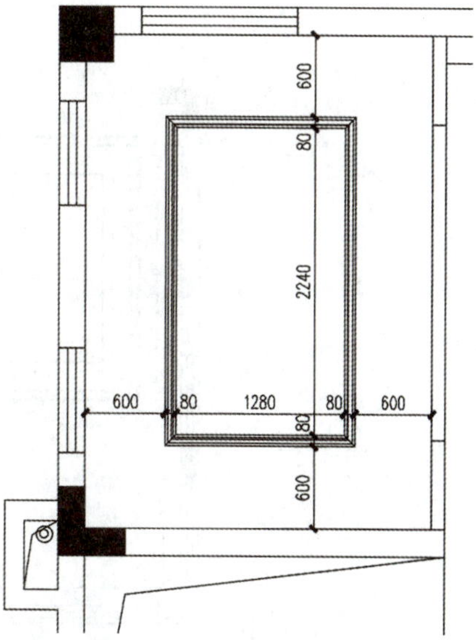

图2-2-31　厨房偏移顶部边线

（5）复制吊顶图层，去除标注线。执行“插入块”命令，插入灯具图块，并将同款灯具复制到其他位置，如图2-2-33所示。

（6）执行“直线”命令，绘制发光灯带，完成整个户型顶面的灯具布局，如图2-2-34所示。

（7）设置标注图层为当前图层，对灯具位置进行标注，最终效果如图2-2-35所示。

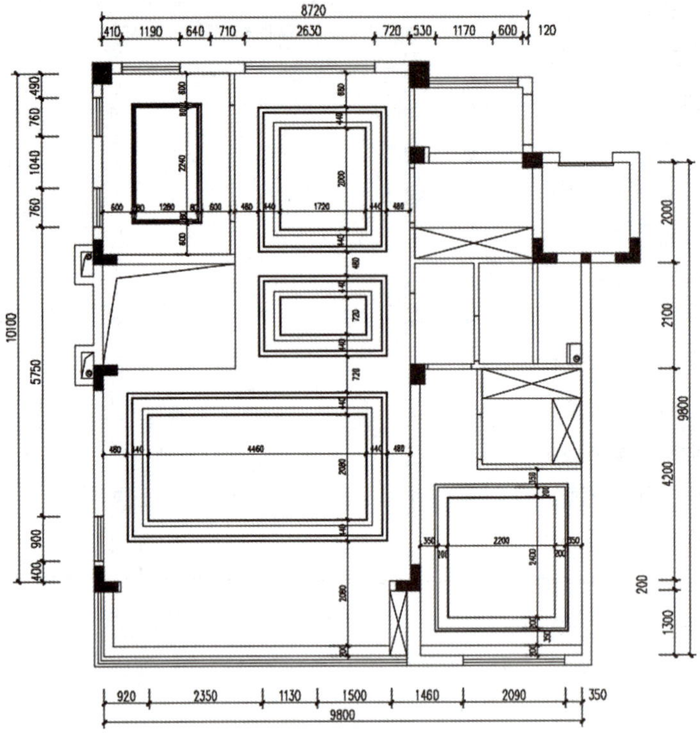

图2-2-32　吊顶整体效果

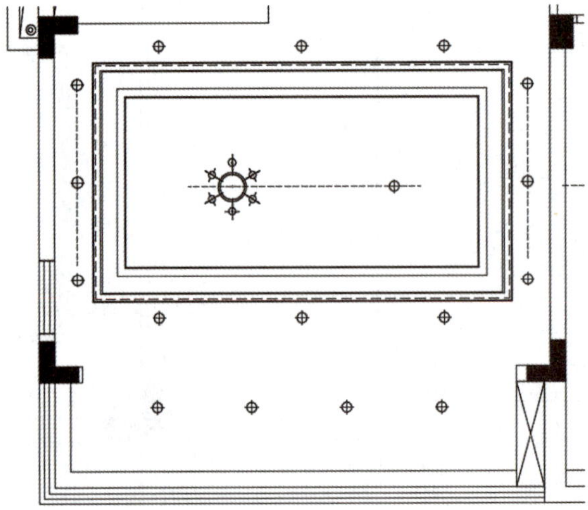

图2-2-33　插入灯具

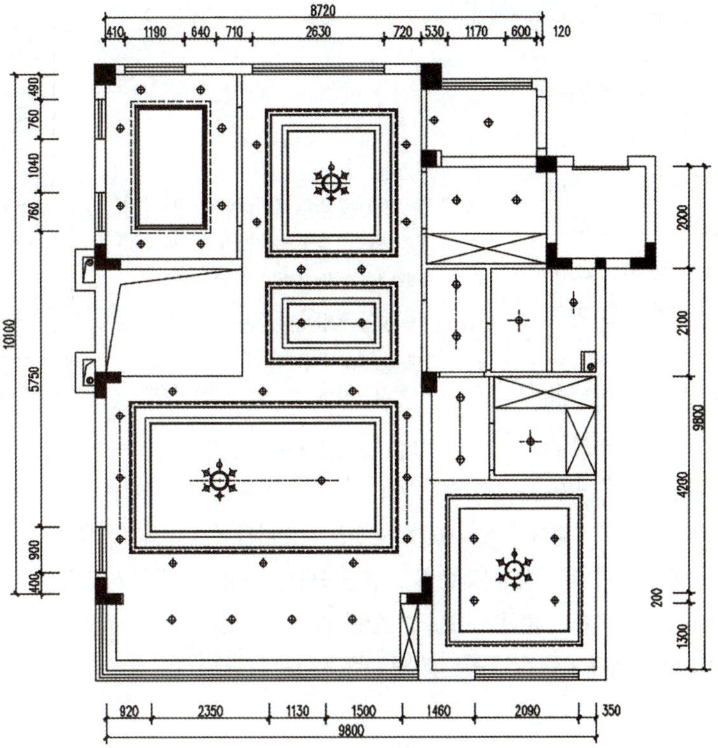

图2-2-34　灯具布置图

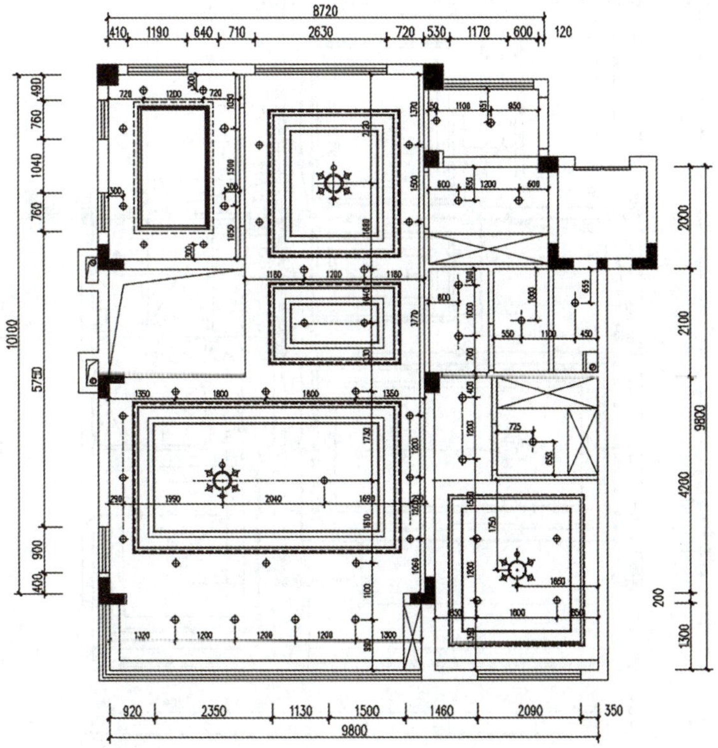

图2-2-35　灯具整体效果

五、绘制别墅电路图及配电系统

别墅电路图汇集各项灯具、开关、插座等强电系统部件及网络、视频等弱电系统部件。合理的电路布局不仅能够有效节省电线、管材，还能够在实际应用中提供较大的便利。

（1）执行“直线”“圆”“图案填充”命令，绘制开关图例，并使用“创建块”命令将开关图例创建成块。执行“直线”和“偏移”命令，绘制开关类型图，如图2-2-36所示。

	户内配电箱
	双联双控暗装单相翘板开关 10A 250V
	三联三控暗装单相翘板开关 10A 250V
	单联暗装单相翘板开关 10A 250V
	双联暗装单相翘板开关 10A 250V
	四联暗装单相翘板开关 10A 250V
	声光组合开关 10A 250V

图2-2-36 开关类型图

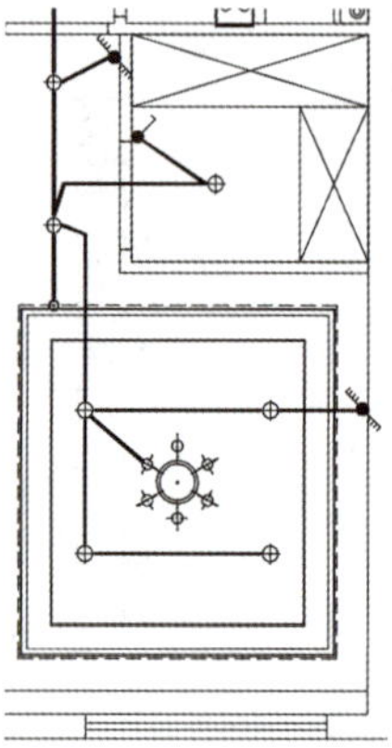

图2-2-37 开关控制图

（2）执行“插入块”和“复制”命令，将各开关控制器放置于对应位置，并根据位置划分各开关控制灯具，执行“直线”命令，绘制连线，如图2-2-37所示。

（3）添加其余控制开关位置，最终效果如图2-2-38所示。

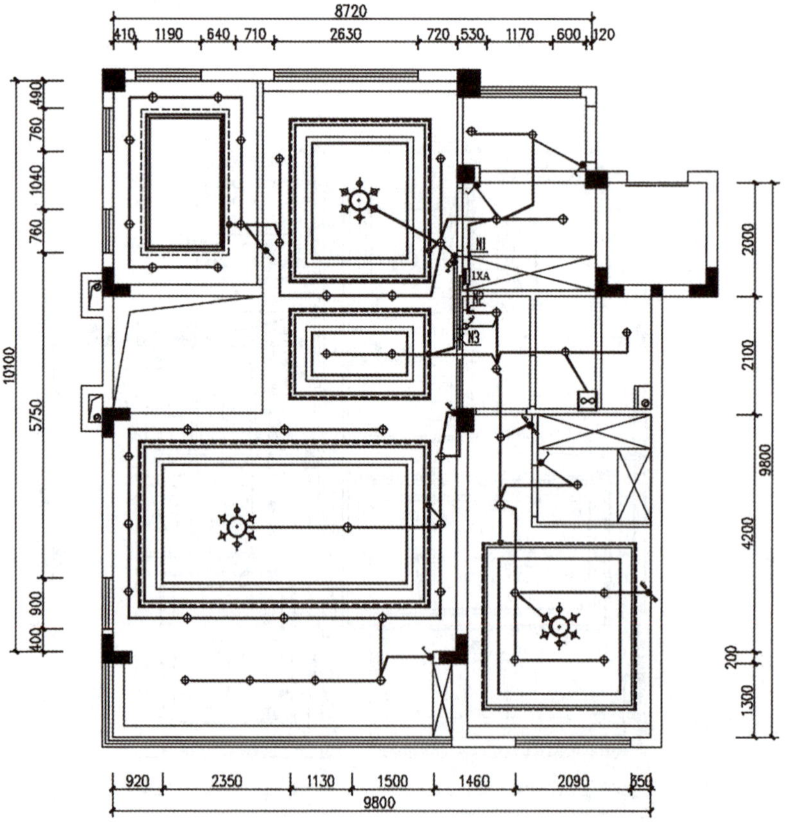

图2-2-38 一层开关布置图

（4）执行“直线”“圆弧”“图案填充”命令，绘制插座图例，并使用“创建块”命令将开关图例创建成块。执行“直线”和“偏移”命令，绘制插座类型图，对各用途类型插座做出图示，如图2-2-39所示。

（5）执行“插入块”和“复制”命令，根据房屋功能需求，合理布置各类型插座，执行“直线”命令，绘制连线，如图2-2-40所示。

（6）添加其余插座，最终效果如图2-2-41所示。

（7）执行“直线”“多段线”“文字”“图案填充”命令，绘制弱电图例，并使用“创建块”命令将图例创建成块。执行“直线”和“偏移”命令，绘制弱电图例及设备表，对各用途类型做出图示，如图2-2-42所示。

（8）执行“插入块”命令，根据房屋功能需求，合理布置各类型设备位置，执行“直线”命令，绘制连线，最终效果如图2-2-43所示。

	安全型双联二三孔暗插座
	安全型防水双联低位二三孔暗插座
	安全型防水双联高位二三孔暗插座
	空调专用高位三孔暗插座
	安全型洗衣机专用防水三孔暗插座
	安全型三孔冰箱插座
	油烟机专用防水二三孔暗插座

图2-2-39　插座类型

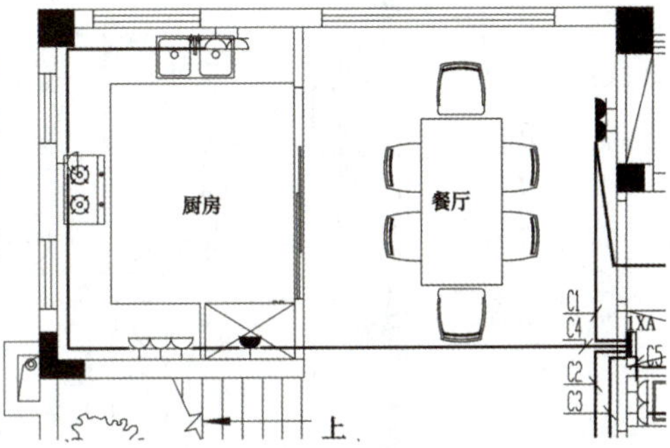

图2-2-40　插座分布图

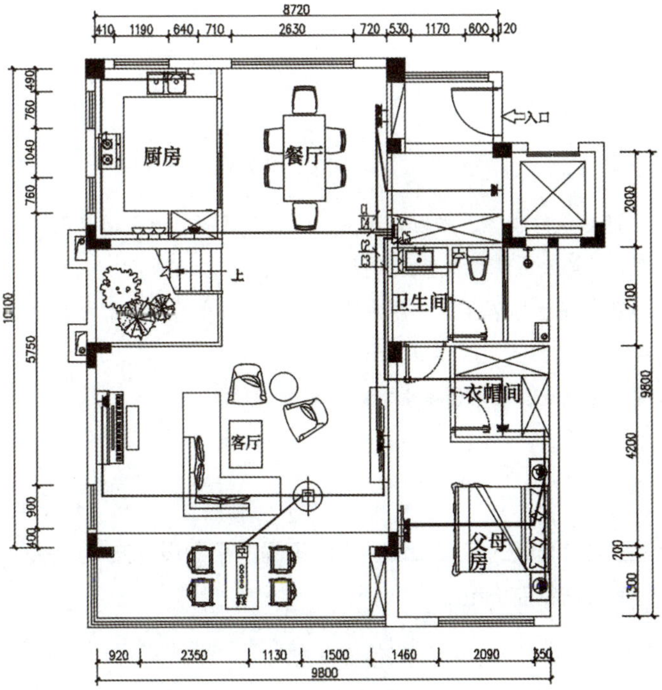

图2-2-41　一层插座布置图

序号	符号	名称
1	FD	层配线架箱
2	VP	有线电视前端分箱
3		电话分线箱
4		有线电视出线插座
5		电话出线插座
6		信息数据出线插座
7	—H—	电话分支线
8	—nH—	电话分支线
9	—V—	有线电视分支缆线
10	—nV—	有线电视分支缆线
11	—J—	超五类数据线
12	—nJ—	超五类数据线

图2-2-42　弱电图例及设备

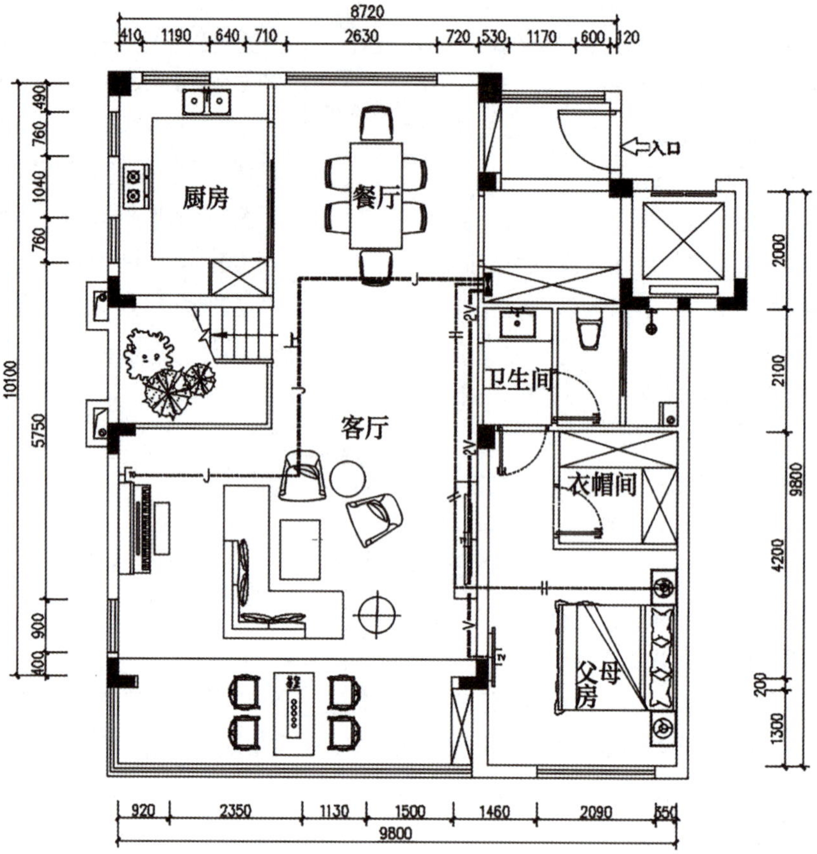

图2-2-43 一层弱电点位图

随堂练习　别墅空间平面图的绘制

- 实践目的：了解并掌握别墅空间原建筑结构图、平面布置图、天花布置图、地面铺装图、电路布置图等平面图纸的绘制方法和步骤，掌握相关命令。
- 实践内容：别墅空间原建筑结构图、平面布置图、天花布置图、地面铺装图、电路布置图等平面图纸的绘制。
- 实践步骤：根据上述方法和步骤，绘制本案例中的所有平面图纸。

知识拓展

依照原建筑结构图，并结合室内设计的专业知识，给出不同的平面设计方案，并尝试使用AutoCAD的更多命令或方法绘制图纸。

任务二

绘制别墅空间立面图

别墅空间立面图不同于平面图所起到的功效，其主要体现的是各空间立面的具体造型。空间立面的设计规划对于空间效果的呈现起到极为重要的作用。

一、索引图的绘制

（1）绘制详图符号，执行“直线”命令，按键盘F8进入正交模式，绘制600mm直线。捕捉直线一个端点，输入“@600<45”，绘制45°斜线并进行中心点镜像复制，删除多余交叉线段。执行“圆”命令，捕捉水平线终点，绘制与斜线相切的圆。执行“图案填充”命令，对相应位置进行填充，执行“水平文字”命令，输入文字，字号“50”。并使用“创建块”命令将详图创建成属性块。最终效果如图2-2-44所示。

图2-2-44　单个详图符号

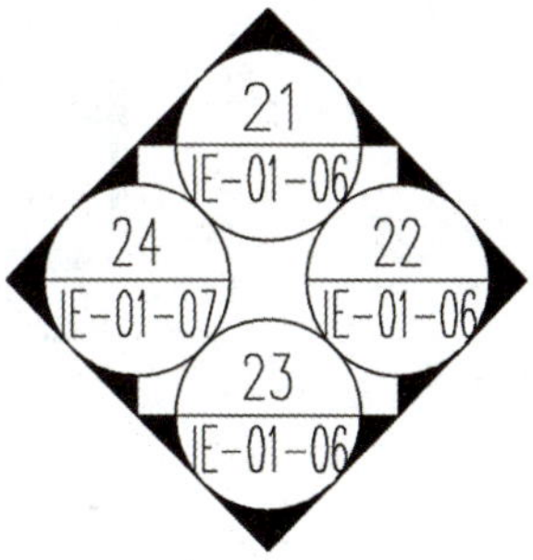

图2-2-45　立面详图符号

（2）复制单个详图符号，执行“旋转”和“镜像”命令，绘制立面详图符号，如图2-2-45所示。

（3）执行“复制”命令，复制详图符号至卧室空间对应区域，如图2-2-46所示。

（4）执行“复制”命令，复制详图符号至室内空间对应区域，制定需要绘制立面详图的区域，并完成各空间详图的编号，如图2-2-47所示。

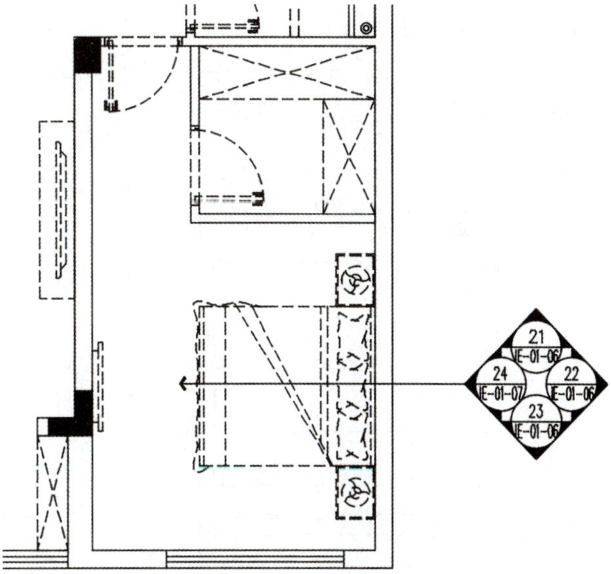

图2-2-46　卧室索引图

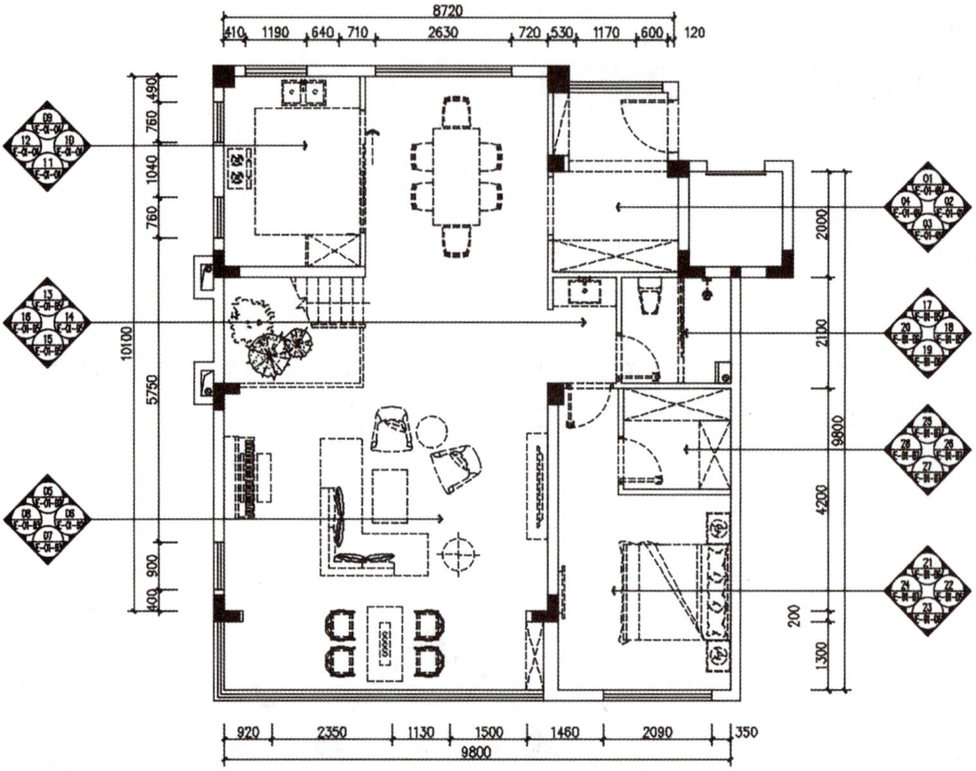

图2-2-47　一层平面索引图

二、绘制卧室立面图

（1）执行“复制”命令，复制卧室IE-01-06-21墙体平面图，执行“矩形”命令，划分立面的绘制区城，如图2-2-48所示。

（2）执行“直线”命令，于该平面图上方3000mm处绘制直线。沿平面区域各具体尺寸作纵向延长线，如图2-2-49所示。

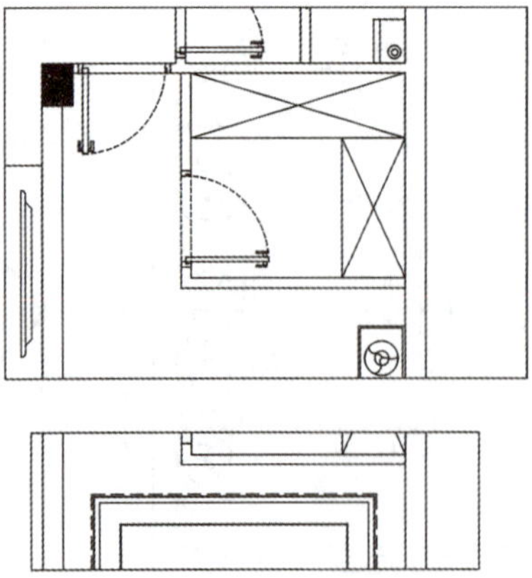

图2-2-48　卧室墙体及天花布置平面图

图2-2-49　纵向延长线

（3）执行“直线”和“偏移”命令，根据房高（2700mm）偏移获得墙体立面图。执行“直线”命令，绘制墙体踢脚线。执行“插入块”命令，插入门和装饰画图块，如图2-2-50所示。

（4）执行“图案填充”命令，选择“AR-B816”图案，比例“0.5”，填充立面墙体。选择“SACNCR”图案，比例“12”，填充门，如图2-2-51所示。

（5）置标注图层为当前图层，执行“线性标注”和“引线标注”命令，对各具体部位进行标注，完成该立面尺寸与材料的标注，说明结构图的绘制。最终效果如图2-2-52所示。

（6）执行“复制”命令，复制卧室IE-01-06-22墙体平面图，执行“矩形”命令，划分立面绘制区城。执行“直线”命令，绘制立面图结构线。执行“插入块”命令，插入门图块。执行“图案填充”命令，对墙体材质进行填充。执行“线性标注”和“引线标注”命令，完成立面图的标注。完成后效果如图2-2-53所示。

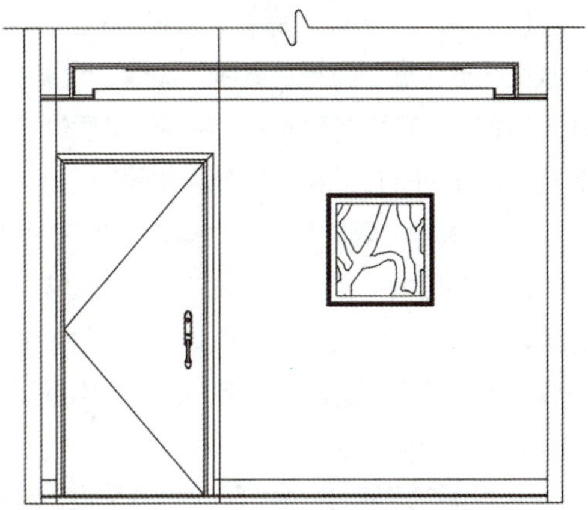

图2-2-50　门及天花立面

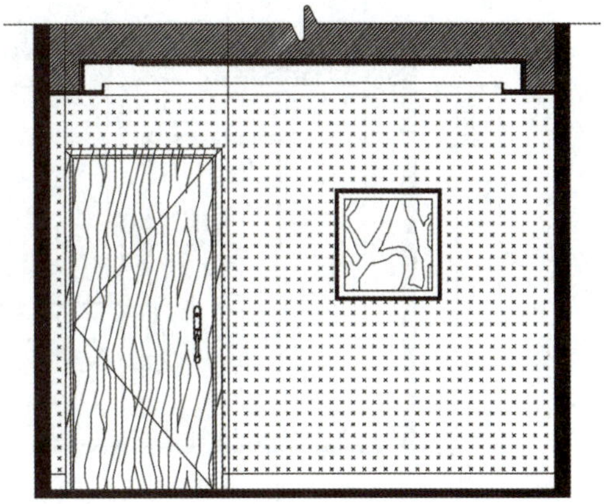

图2-2-51　填充效果

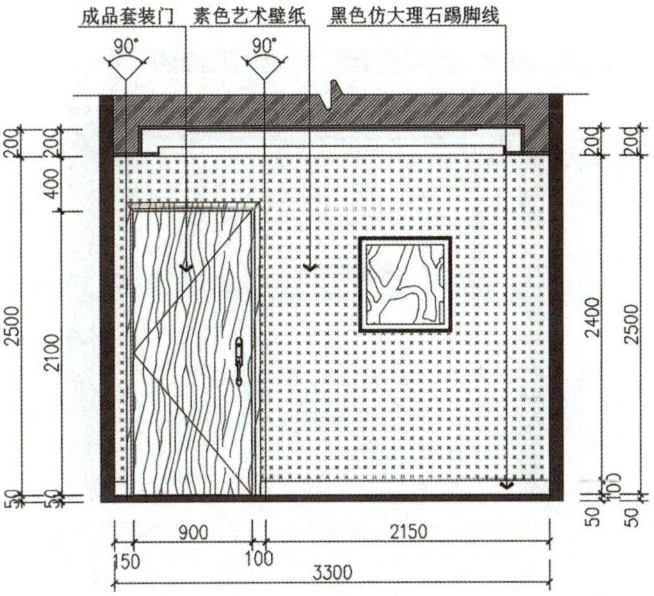

图2-2-52　卧室 IE-01-06-21 立面图

（7）执行“复制”命令，复制卧室IE-01-06-23墙体平面图，执行“矩形”命令，划分立面绘制区城。执行“直线”命令，绘制立面图结构线。执行“插入块”命令，插入窗图块。执行“图案填充”命令，对墙体材质进行填充。执行“线性标注”和“引线标注”命令，完成立面图的标注。完成后效果如图2-2-54所示。

（8）执行“复制”命令，复制卧室IE-01-07-24墙体平面图，执行“矩形”命令，划分立面绘制区城。执行“直线”命令，绘制立面图结构线。执行“插入块”命令，插入电视机图块。执行“图案填充”命令，对墙体材质进行填充。执行“线性标注”和“引线标注”命令，完成立面图的标注。完成后效果如图2-2-55所示。

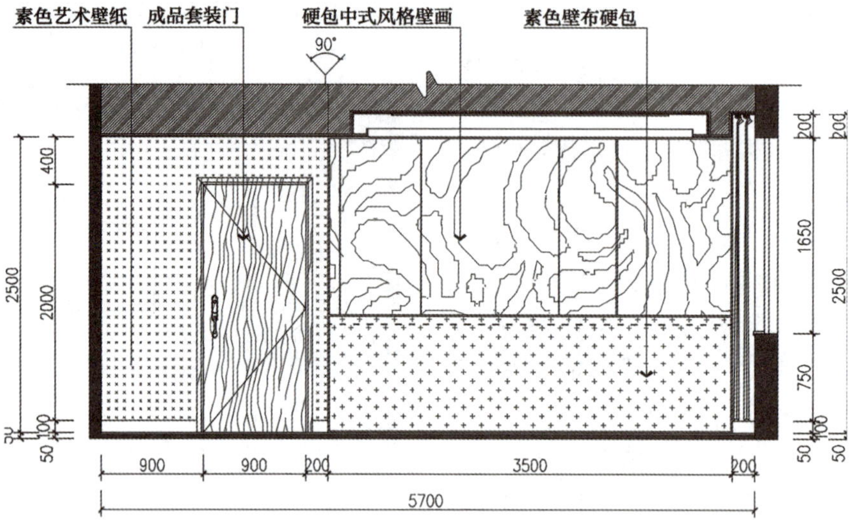

图2-2-53　卧室 IE-01-06-22 立面图

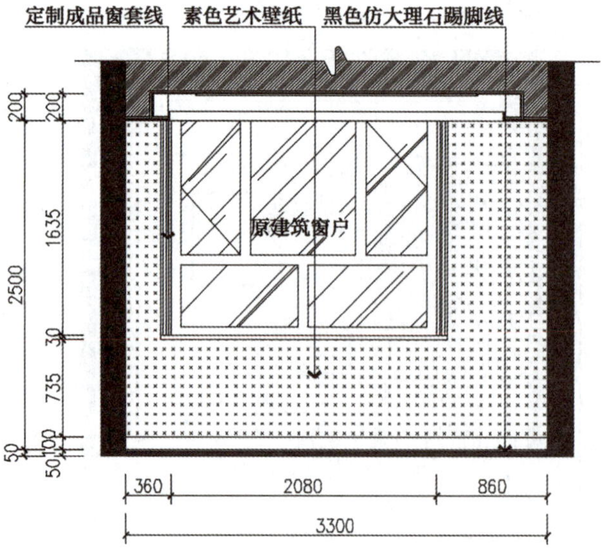

图2-2-54　卧室 IE-01-06-23 立面图

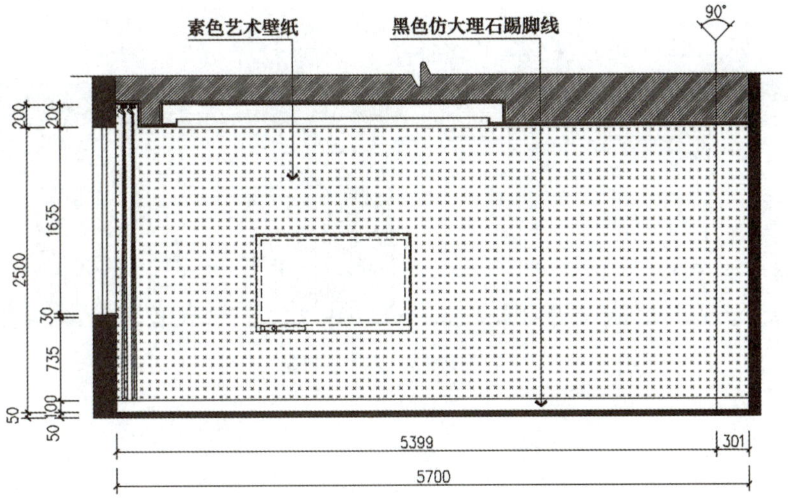

图2-2-55　卧室 IE-01-07-24 立面图

三、绘制客厅立面图

（1）执行“复制”命令，复制客厅IE-01-02-06平面图，执行“矩形”命令，划分客厅立面绘制区域，如图2-2-56所示。

（2）执行“直线”命令，沿平面图尺寸绘制纵向延长线，完成客厅区域的立面图结构线绘制。执行“插入块”命令，插入电视机、电视柜、壁灯等图块。执行“图案填充”命令，对墙体材质进行填充，如图2-2-57所示。

（3）置标注图层为当前图层，执行“线性标注”和“引线标注”命令，完成客厅立面具体尺寸与材质使用的标注，如图2-2-58所示。

（4）依据以上步骤，通过复制对应平面区域→作纵向参考线绘制立面图→插入图块→材质填充→尺寸与材质标注，完成客厅其他立面图的绘制。完成后效果如图2-2-59至图2-2-61所示。

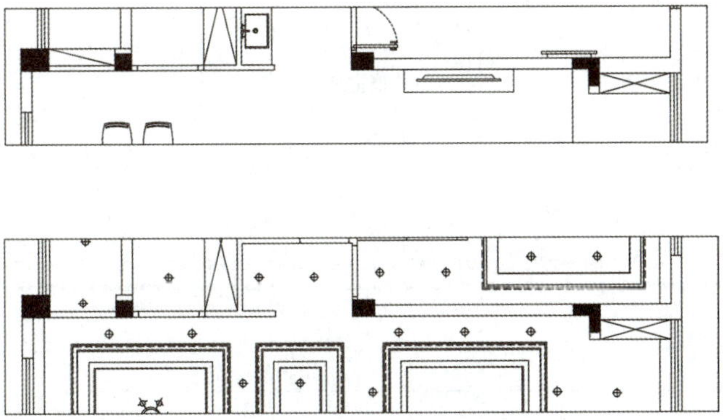

图2-2-56　客厅墙体及天花布置平面图

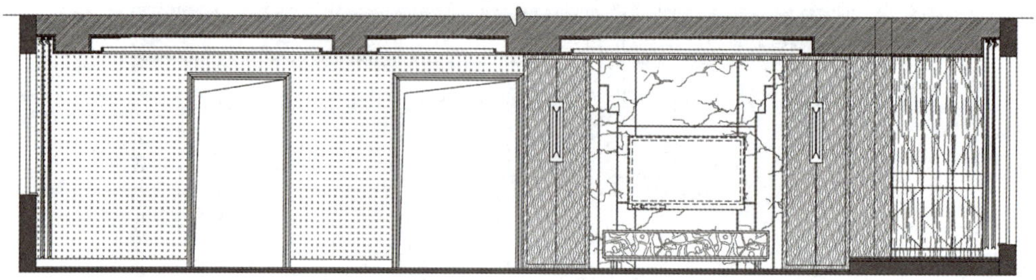

图2-2-57　客厅立面图

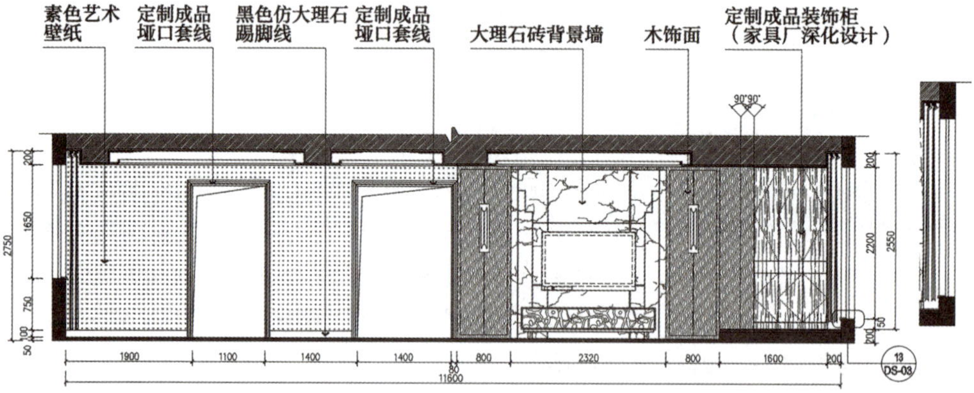

图2-2-58　客厅立面图标注

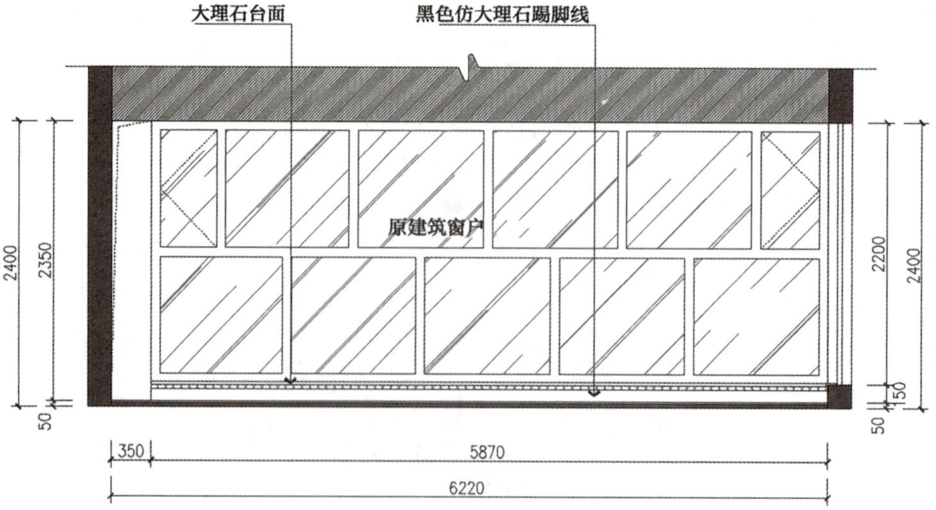

图2-2-59　客厅 IE-01-03-07 立面图

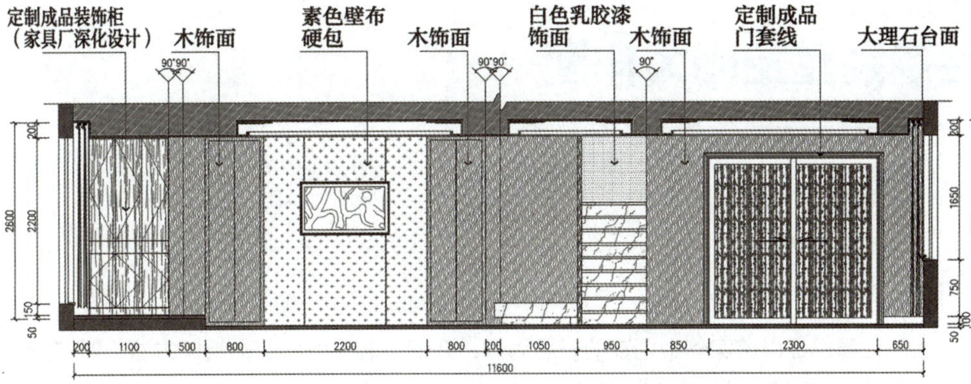

图2-2-60　客厅 IE-01-03-08 立面图

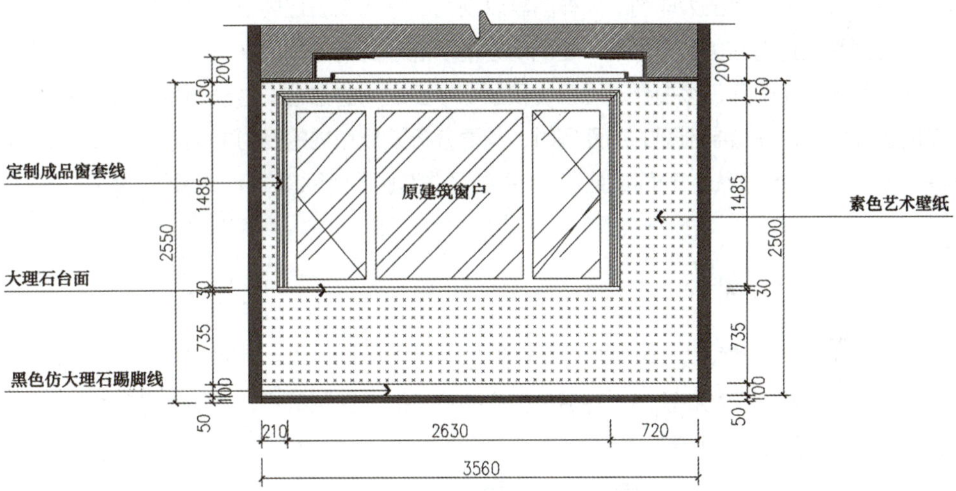

图2-2-61　客厅 IE-01-02-05 立面图

随堂练习　**别墅空间立面图的绘制**

- 实践目的：了解并掌握别墅空间立面图的绘制方法和步骤，掌握相关命令。
- 实践内容：别墅空间局部立面图的绘制。
- 实践步骤：根据上述方法和步骤，绘制本案例中的所有立面图。

任务三
绘制别墅空间大样图

上一任务已经以该案例中别墅的一层为例，介绍了施工图的具体绘制方法，对别墅施工图的绘制流程和绘制方法有了总体的认识。接下来，将结合案例中细节部位的施工过程，进一步介绍别墅施工图的绘制方法及绘制要点。

大样图是表示细部构造的图纸。某些形状特殊或连接复杂的节点，在整体图中不便表达清楚时，可移出，另画大样图。大样图常以剖面的形式来表现内部结构。

剖面图是通过对有关图形按照一定剖切方向所展示的内部构造图例，剖面图是假想用一个剖切平面将物体剖开，移去介于观察者和剖切平面之间的部分，对于剩余的部分向投影面所做的正投影图。在绘制别墅的剖面图时，需要分析梁板和柱的受力情况，并在图纸中标明层高、标高、绘制尺寸线。下面以别墅设计中的具体案例讲解别墅施工节点图的表现与绘制。

一、绘制天花大样图

（1）绘制天花大样图之前，应先绘制天花大样索引图。索引图的绘制方法十分简单：首先复制前面绘制的天花布置图，然后在相应的位置插入详图符号，并编好号码即可。天花大样索引图如图2-2-62所示。

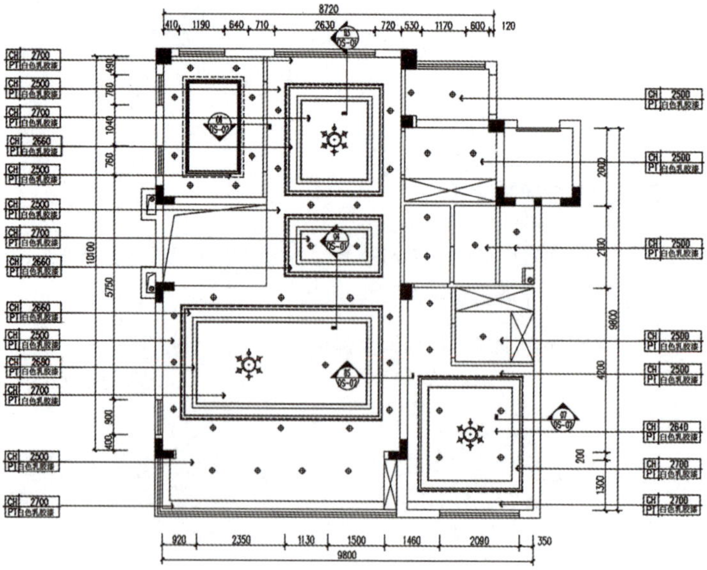

图2-2-62　天花大样索引图

（2）根据天花平面布置图，执行“直线”“偏移”和“修剪”等命令，绘制客厅天花大样图轮廓线，如图2-2-63所示。

（3）执行“图案填充”命令，对绘制天花范围进行填充，填充完成后如图2-2-64所示。

（4）置标注图层为当前图层，执行“线性标注”“文字”和“多重引线”命令，对天花大样图进行尺寸标注和材质说明，如图2-2-65所示。

根据以上方法及步骤绘制餐厅天花大样图、卧室天花大样图，绘制完成效果如图2-2-66至图2-2-69所示。

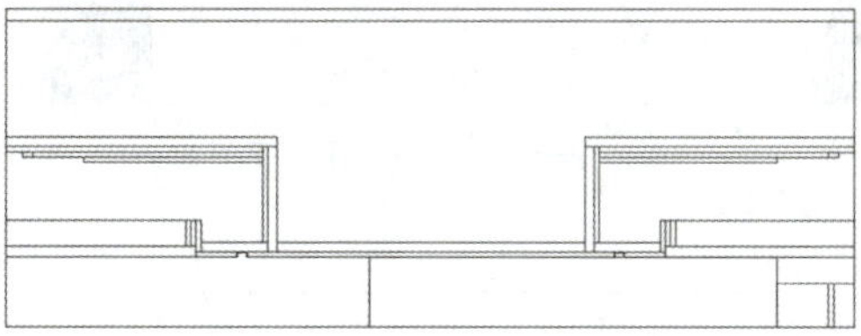

图2-2-63　客厅天花大样图轮廓

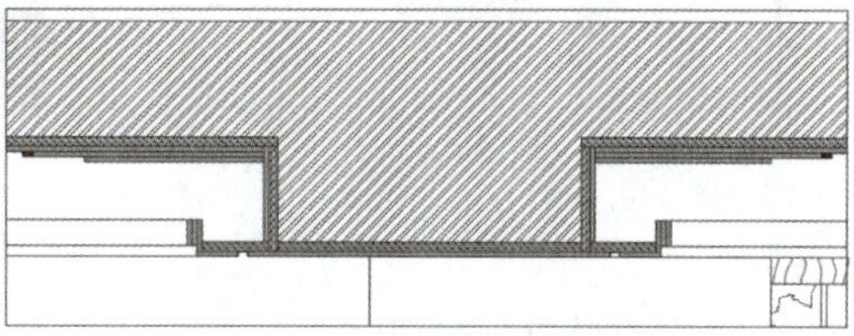

图2-2-64　客厅天花大样图填充

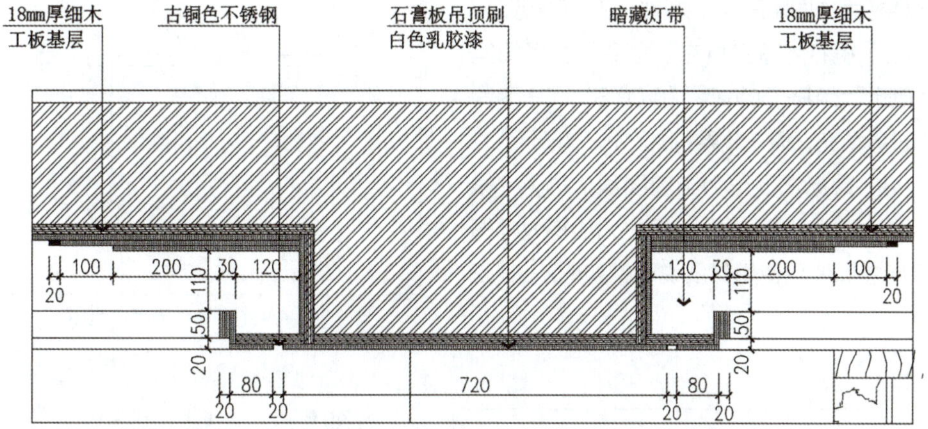

图2-2-65　客厅天花大样图

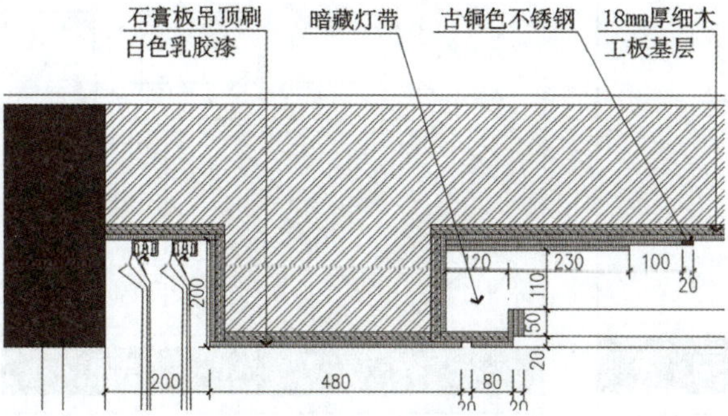

图2-2-66　餐厅天花大样图（1）

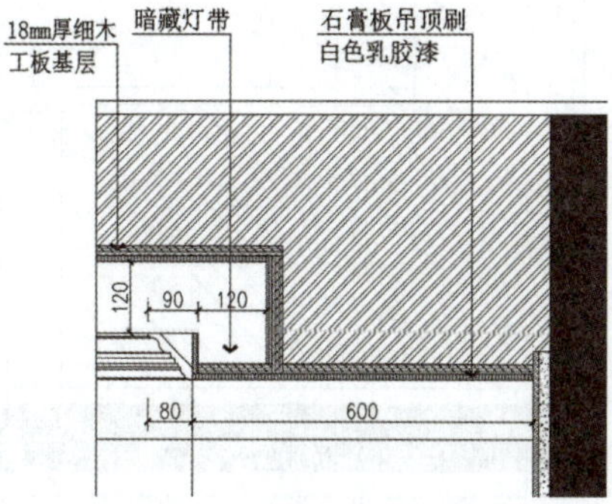

图2-2-67　餐厅天花大样图（2）

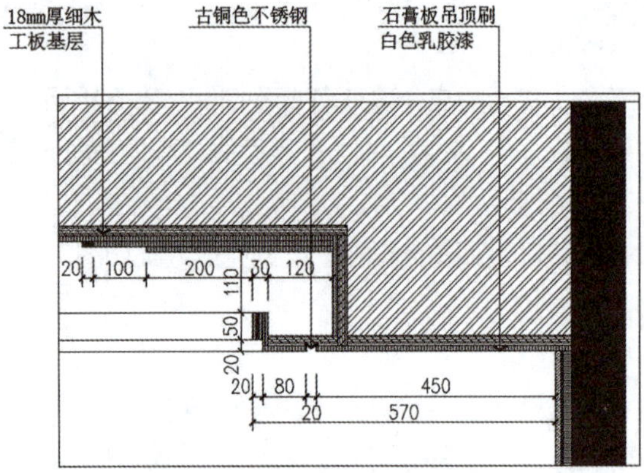

图2-2-68　卧室天花大样图（1）

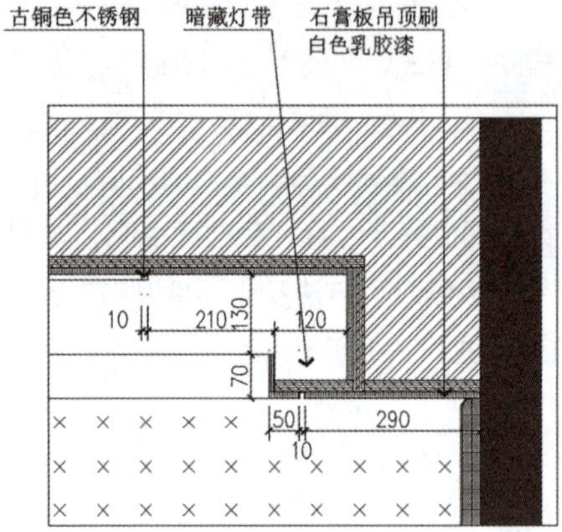

图2-2-69　卧室天花大样图（2）

二、绘制楼梯大样图

（1）执行“直线”和“修剪”等命令，绘制楼梯大样图轮廓线，如图2-2-70所示。

（2）执行“图案填充”命令，选择图案“STEEL”“AR-CONC”“DOTS”，对不同范围进行填充，填充效果如图2-2-71所示。

（3）置标注图层为当前图层，执行“线性标注”和“多重引线”命令，对楼梯大样图进行尺寸标注和使用材质说明，如图2-2-72所示。

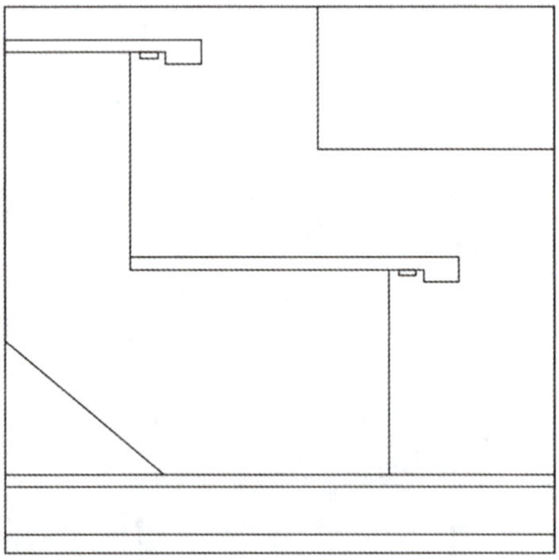

图2-2-70　楼梯大样轮廓线

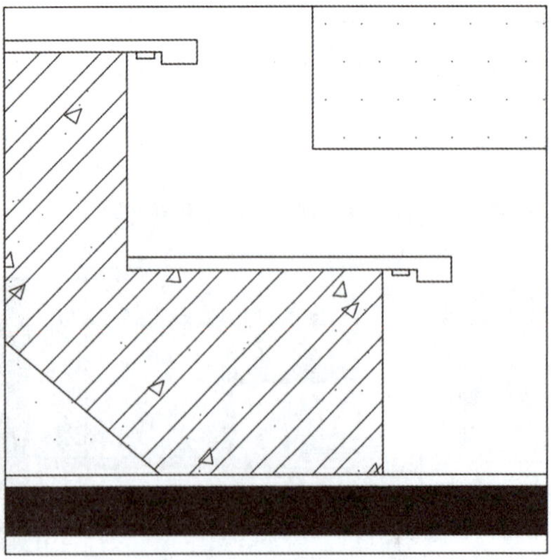

图2-2-71　楼梯大样图填充

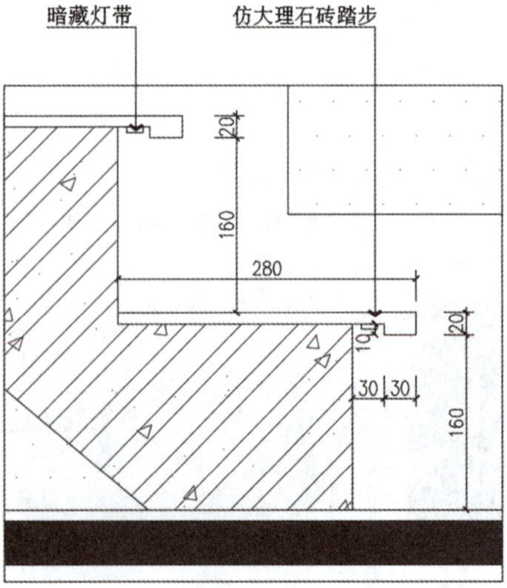

图2-2-72　楼梯大样图

根据以上方法及步骤可绘制其余部分大样图，详细表述设计内容，如一层楼梯间大样图、客厅背景墙大样图、地面铺装大样图，如图2-2-73至图2-2-75所示。

别墅空间施工图绘制通常是较复杂的工程，由于篇幅所限，本书中未对别墅空间施工图做出详尽的说明。但选择了比较有代表性的部分作以说明，希望尽可能涵盖别墅施工图绘制的各方面。在学习本课程的过程中若能举一反三、灵活运用，必能取得较好的学习效果。

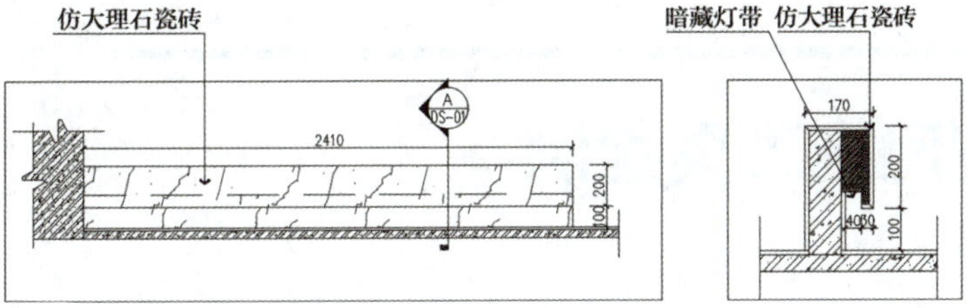

图2-2-73　一层楼梯间大样图

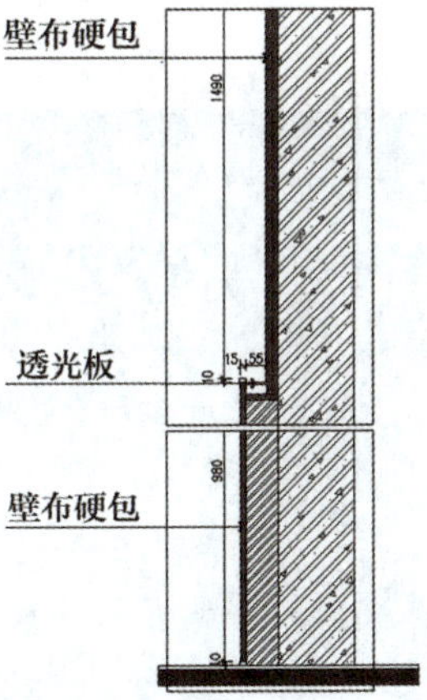

图2-2-74　客厅背景墙大样图

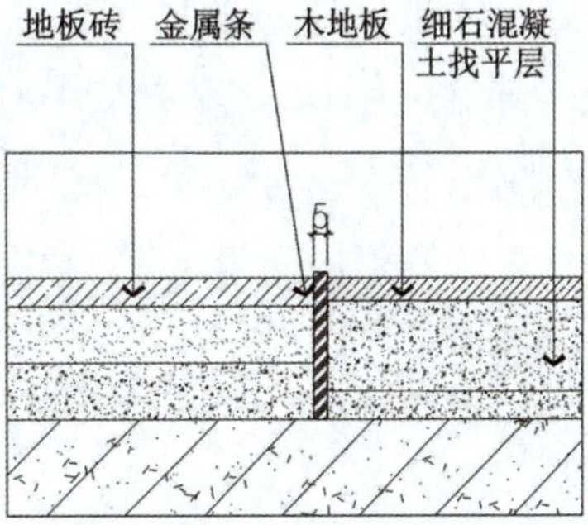

图2-2-75　地面铺装大样图

随堂练习　**别墅空间大样图的绘制**

- 实践目的：了解并掌握别墅空间大样图绘制方法和步骤，掌握相关命令。
- 实践内容：别墅空间局部大样图的绘制。
- 实践步骤：根据上述方法和步骤，绘制本案例中的所有大样图。

知识拓展

尝试使用AutoCAD的其他命令绘制大样图。

课后练习｜画出教材电子资源内的其他别墅空间的施工图纸。画图时，可以参考电子资源内提供的别墅空间施工图纸的范例和效果图进行绘制，也可以根据原建筑结构图自行设计，进行施工图的绘制。

项目三

办公空间施工图绘制

教学目标

知识目标

1 了解并掌握室内办公空间设计的基础要点、设计要素和区域划分。

2 掌握办公空间原建筑结构图、拆墙砌墙图、平面布置图、天花布置图、地面布置图、插座布置图、开关布置图等平面图纸的绘制方法。

3 掌握办公空间企业形象背景墙、会议室背景墙等立面图纸的绘制方法。

4 掌握接待区天花剖面图、会议室天花剖面图的绘制方法。

能力目标

1 能够读懂办公空间相关图纸。

2 能够对办公空间设计案例进行剖析。

3 能够综合利用室内平面设计理论与AutoCAD相关知识绘制办公空间施工图纸。

素质目标

1 具备较强的学习力、领悟力、创新力、设计力、审美力、表现力、沟通力。

2 具备发现问题、独立思考的能力，以实现自身职业发展的螺旋式上升。

3 具备科学、缜密、严谨的工作作风和专注做事、精益求精、力争突破的工匠精神。

办公空间施工图绘制

- 办公空间设计要点
- 绘制办公空间平面图
  - 办公室原建筑结构图
  - 拆墙图、砌墙图
  - 平面布置图
  - 天花布置图
  - 地面布置图
  - 插座布置图和开关布置图
- 绘制办公空间立面图
  - 企业形象背景墙立面图
  - 办公空间其他立面图
- 绘制办公空间剖面图
  - 接待区天花剖面图
  - 其他剖面图

学习任务描述

案例分析

本案例是一套办公空间的设计方案。整个空间大致分为门厅、接待区、开敞办公区、休息区、会议室、财务室、总经理办公室、业务经理办公室。各个区域的划分将空间合理、完美利用，满足了空间的功能要求，同时也给工作人员营造了高效、舒适的办公环境。设计时，将设计重点放在了开敞办公区、会议室和总经理办公室，其他办公区以简洁实用为原则，整个空间设计具有现代感，同时也融入了艺术内涵。

办公室主要考虑室内通道合理、顺畅，按办公各单元性质职能安排每个人的位置及设备的位置，通道避免来回穿插及走动过多。所以本设计在走道和各部门之间的联系也做出了明确、简洁的区域规划。各个部门紧凑联系的同时也保证了工作人员在最忙碌、人员流通最高峰时也能畅通无阻地工作。同时，办公环境的色调取向、舒适与否对于提升员工的工作效率和体现企业的文化起到至关重要的作用。

办公室整体采用沉稳色调，使员工办公时能够沉静下来，工作效率得到提高。在门厅、走廊和办公室以及各个角落处布置了植物，将室外的感觉引入室内空间，使办公环境更具活力。整个办公空间设计具有创造性，并且营造了舒适、健康、人性化的办公环境，使企业文化从各个角度体现出来，同时满足了工作所需。

本案例要求绘制如图2-3-1所示办公空间原建筑结构图，并进行尺寸标注。主要利用直线（L）、复制（CO）、修剪（TR）、移动（M）、圆角（F）、偏移（O）等命令。

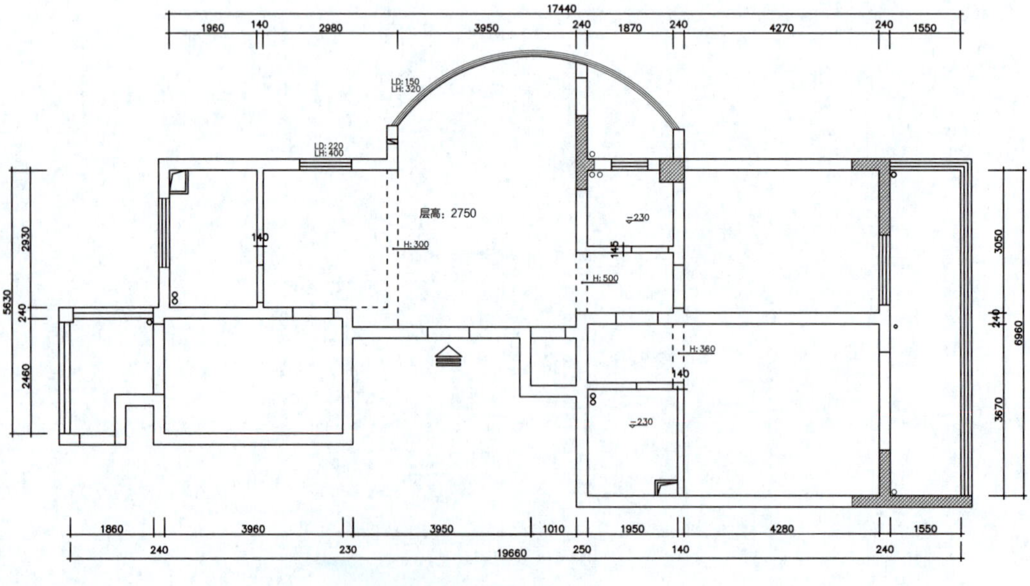

图2-3-1　原建筑结构图

设计要点

办公空间室内设计的最大目标就是要为员工创造一个舒适、方便、卫生、安全、高效的工作环境，以便更大限度地提高员工的工作效率。这一目标在当前商业竞争日益激烈的情况下显得更加重要，它是办公空间设计的基础，也是办公空间设计的首要目标。办公空间设计综合考虑以下几个方面：

首先，要达到办公效率的最大化，符合人体工程学原理，合理划分空间，设计时应当使个人空间与集体空间系统化、便利化。空间设计简单、明快、井然有序，满足工作人员的生理和心理需求。

其次，办公空间的设置应当符合企业实际和行业特点，符合工作人员的使用要求，各种设备、设施需配备齐全，并在陈设、安装和供电等方面做到安全可靠、方便使用，以及便于保养。

最后，办公空间设计要考虑公司整体形象的完美性，彰显公司的个性特点。同时，要提高防火、防盗、防震等安全系数。

任务一
绘制办公空间平面图

办公空间平面图包括原建筑结构图、平面布置图、拆墙图、砌墙图、天花布置图、地面布置图、开关布置图、插座布置图等。

一、绘制办公室原建筑结构图

（1）打开中文AutoCAD，选择图形样板，新建一个文档。

（2）将“图层”切换到“轴线图层”，如图2-3-2所示。在命令行中输入“L”，激活“直线”命令，输入“O”，执行“偏移”命令。绘制如图2-3-3所示定位中心线，每一条定位中心线都是用来绘制柱子或墙体的辅助线。定位所有中心线并绘制完成办公室平面轴线图（图2-3-3）后，再执行“DLI”命令，进行线性标注。

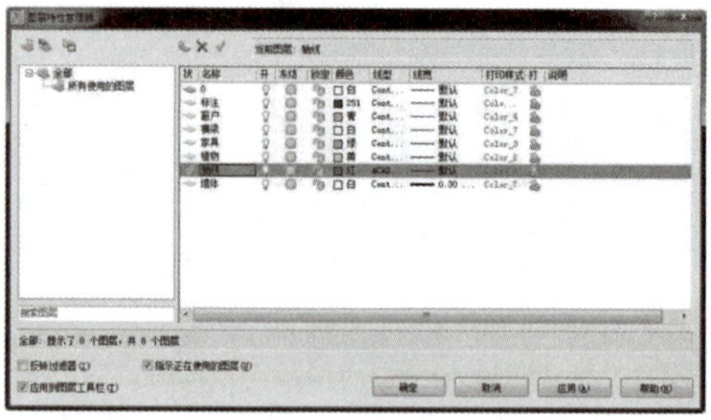
图2-3-2　将轴线设置为当前图层

（3）依次执行“L”“O”“TR”“E”命令，绘制入户门门洞，其他依次如此，最终所有窗洞完成，如图2-3-4所示。

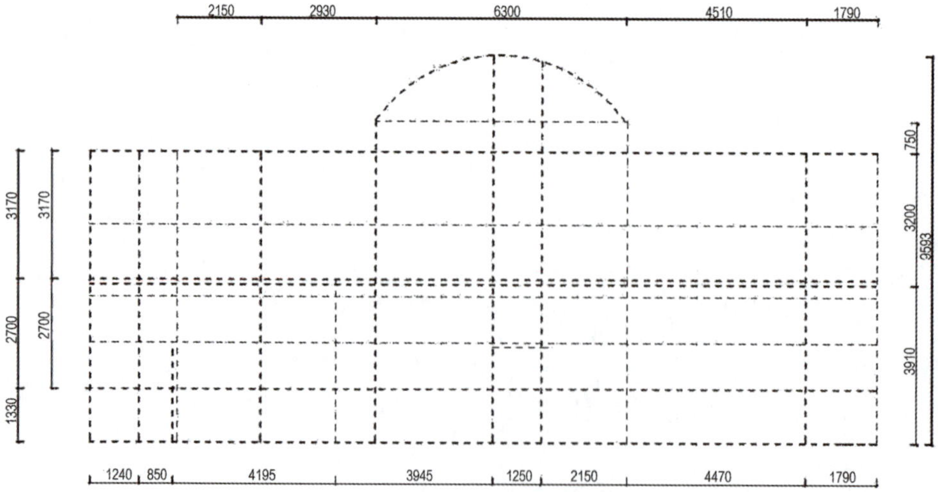

图2-3-3　绘制轴线

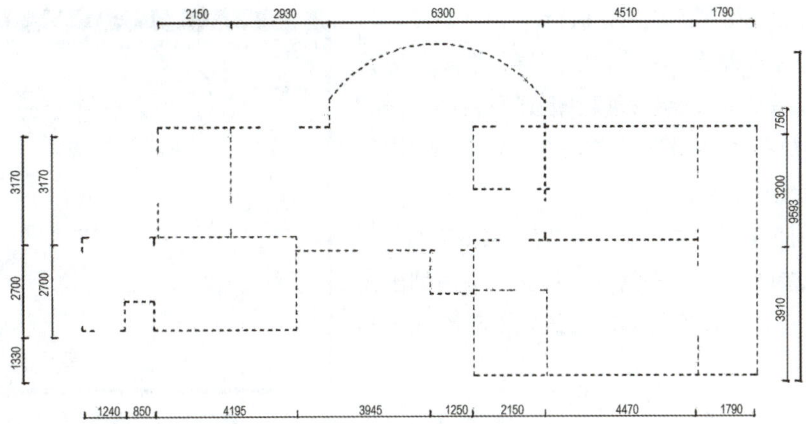

图2-3-4　绘制门窗洞

（4）将“图层”切换到“墙体图层”，打开多线样式，创建墙体和窗户的多线样式，如图2-3-5所示。

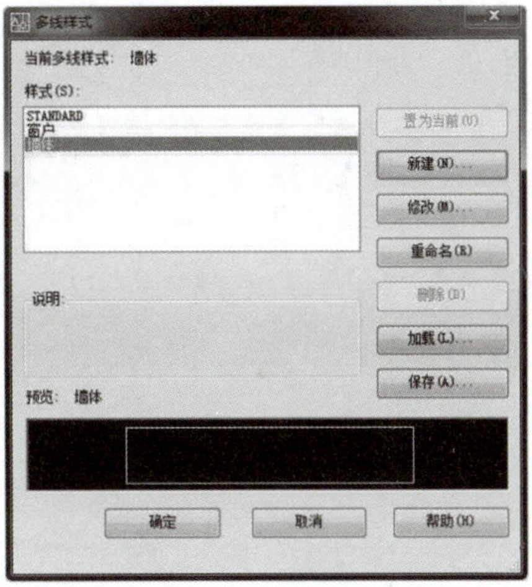

图2-3-5　创建多线样式

（5）执行“LA”命令，将墙体设置为当前图层，执行“ML”多线命令，对正类型选择“无”，依次绘制不同比例的墙体和窗户，并利用“O”偏移命令绘制圆弧形阳台，效果如图2-3-6所示。

（6）在任意一条多线墙体上双击，弹出多线编辑工具，如图2-3-7所示，根据不同的相交方式，依次编辑绘制的墙体。多线编辑仅限于多线与多线间的编辑，若多线与其他线性相交时，可先将多线执行“X”命令，分解为普通直线后再执行“修剪”命令，编辑后效果如图2-3-8所示。

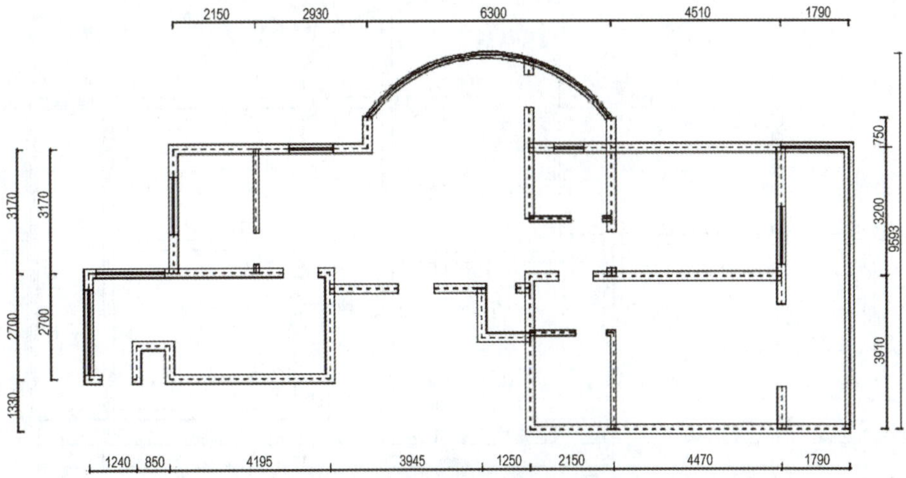

图2-3-6　使用多线绘制墙体和窗户

（7）墙体绘制完成后，执行“LA”命令，打开图层特性管理器，将“轴线图层”隐藏。执行“L”“C”等命令，绘制横梁、烟道及各类管线的位置，并执行“H”图案填充命令，对承重墙进行填充，如图2-3-9所示。

（8）原建筑结构图绘制完成后，执行“I”命令，插入室内装饰统一图框，并在左下角列出图例说明。至此，此案例的原建筑结构平面图绘制完成。

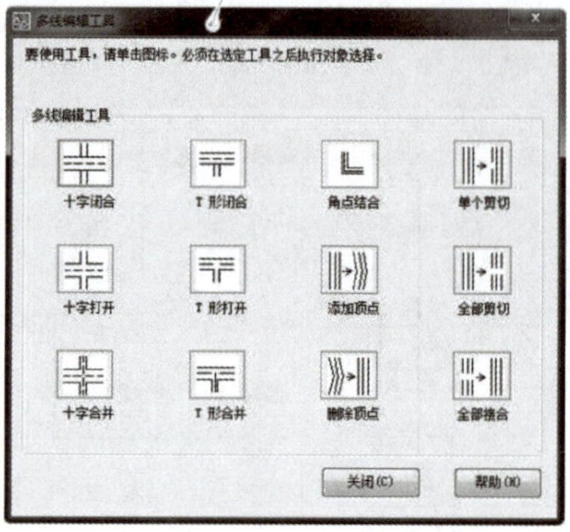

图2-3-7　编辑多线工具

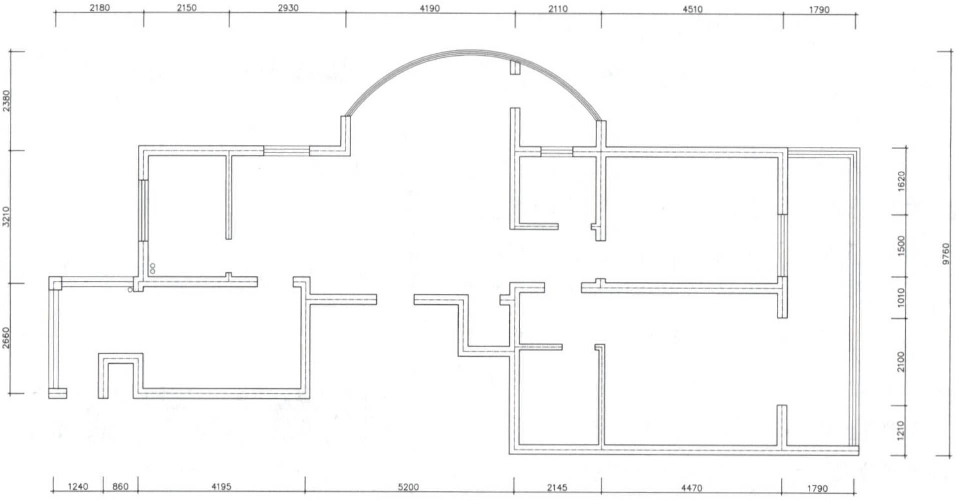

图2-3-8　编辑多线后

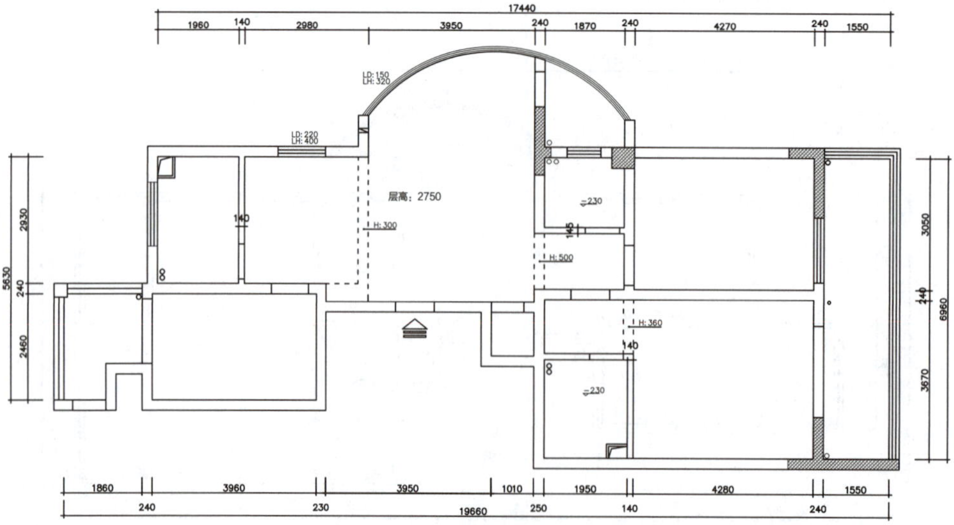

图2-3-9　原建筑结构图

随堂练习　**原建筑结构图的绘制**

- 实践目的：了解并掌握原建筑结构图的绘制方法和步骤，掌握相关命令。
- 实践内容：原建筑结构图的绘制。
- 实践步骤：根据上述方法和步骤，绘制办公空间原建筑结构图。

二、绘制拆墙图、砌墙图

（1）复制前面绘制的原建筑结构图，对计划拆墙的部分执行“REC”命令，将图案绘制完整，并进行详细标注，如图2-3-10所示。

（2）执行“H”图案填充命令，对拆墙部分进行标识，如图2-3-11所示。并利用命令“I”插入图例和图框。

（3）根据以上方法及步骤绘制砌墙图，如图2-3-12所示为本办公空间砌墙图。

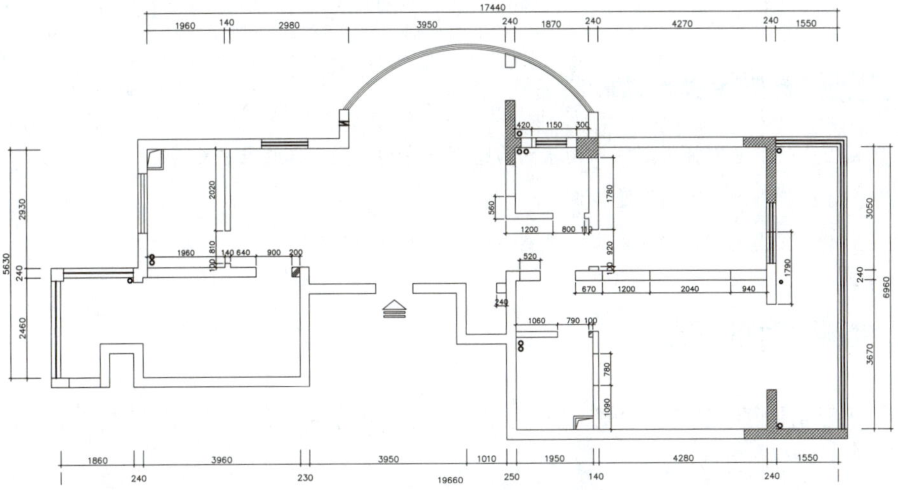

图2-3-10　对拆墙部分进行标注

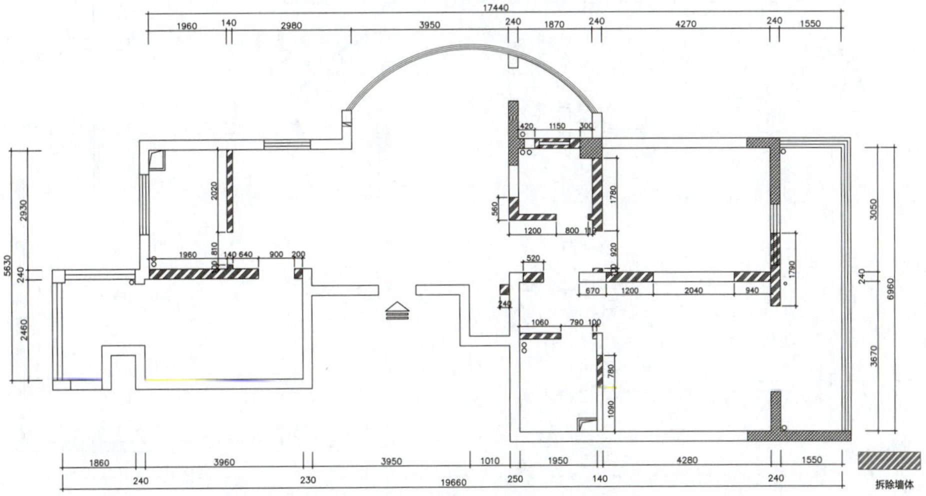

图2-3-11　拆墙图

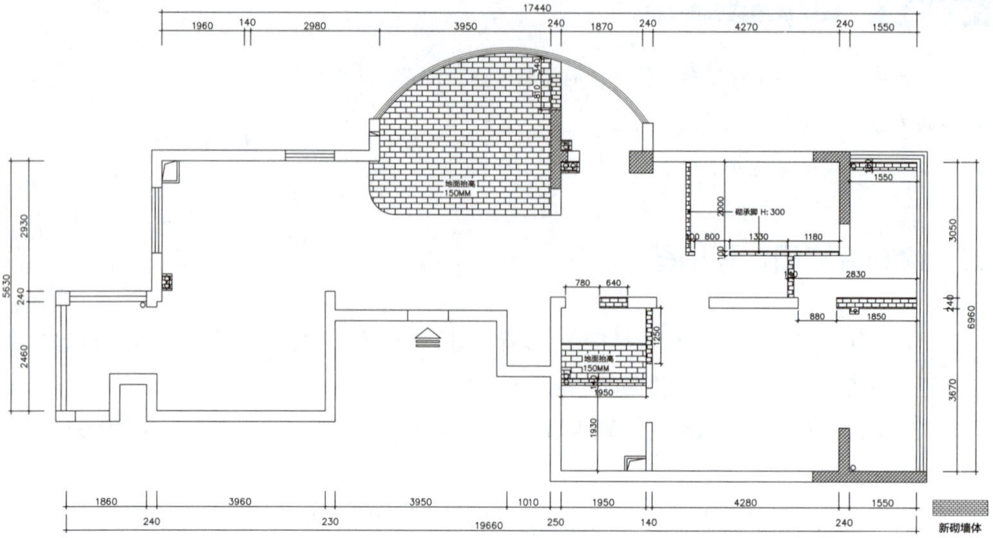

图2-3-12 砌墙图

随堂练习 **拆墙图和砌墙图的绘制**

- 实践目的：了解并掌握拆墙图和砌墙图的绘制方法和步骤，掌握相关命令。
- 实践内容：拆墙图、砌墙图的绘制。
- 实践步骤：根据上述方法和步骤，绘制办公空间拆墙图和砌墙图。

三、绘制平面布置图

（1）复制前面绘制的砌墙图，执行“E”命令，将填充部分和空间内部的尺寸标注全部删除，如图2-3-13所示。

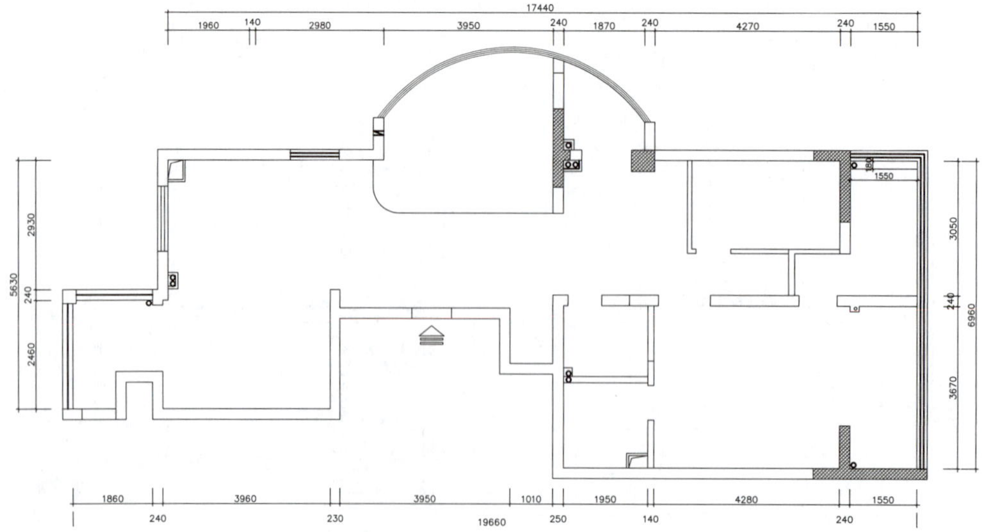

图2-3-13 删除填充和标注

（2）执行“LA”命令，将家具图层置为当前图层。打开本教材电子资源内的图库，选择一款办公桌椅平面，执行“Ctrl+C”组合命令，进行复制。然后回到本文件，执行“Ctrl+V”命令，粘贴至合适位置，如图2-3-14所示。

（3）执行“L”“O”命令，绘制企业形象墙平面，并执行“T”命令，插入文字。然后执行“SPL”命令，画一条引线，如图2-3-15所示。

（4）继续执行“Ctrl+C”组合命令，进行复制；执行“Ctrl+V”命令，进行粘贴。将其他家具、室内门、植物等图块粘贴至图形中合适位置，如图2-3-16所示。

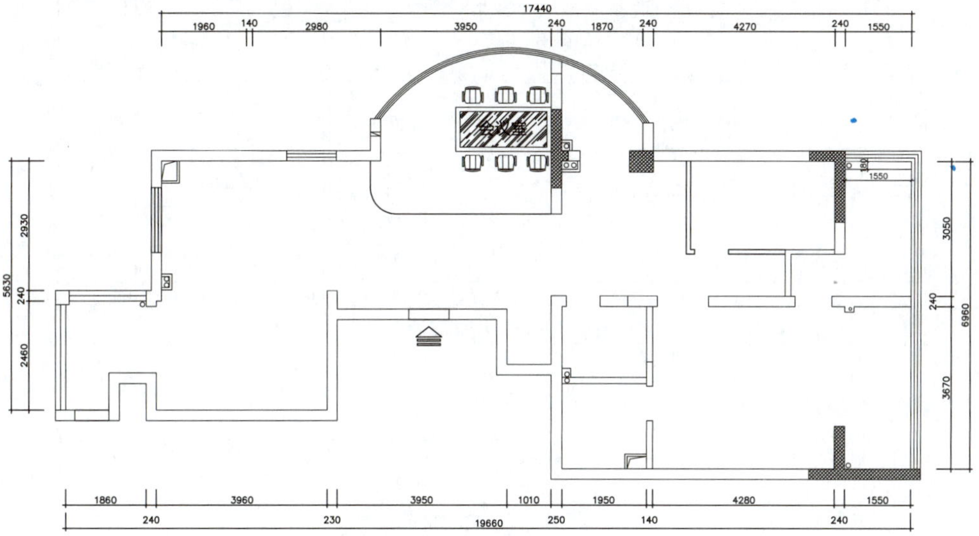

图2-3-14　插入办公桌椅

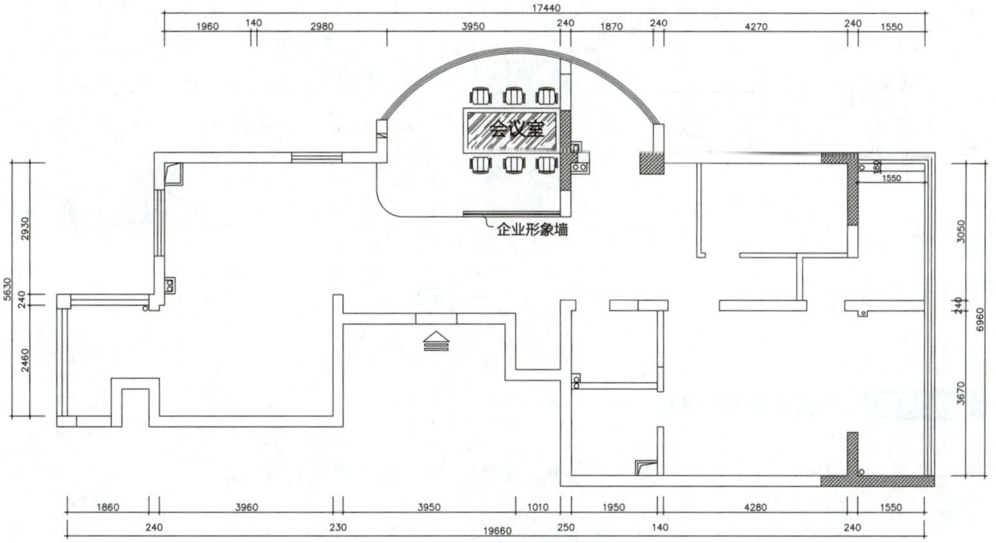

图2-3-15　绘制形象墙和文字

（5）建立“柜体”图层，将其置为当前图层，然后执行“REC”“L”“O”等命令，分别绘制文件柜、书柜等，如图2-3-17所示。最后，插入图框和图例即可。

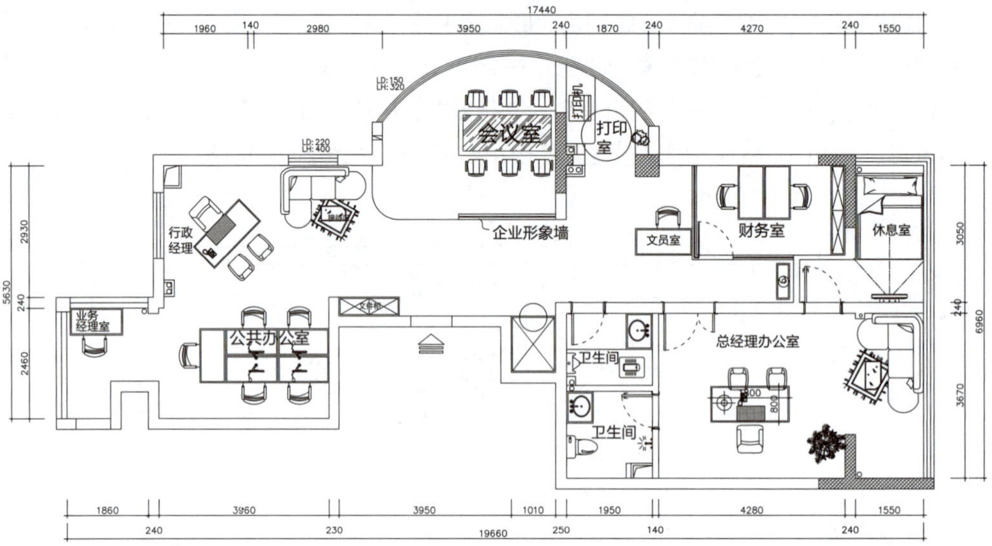

图2-3-16　绘制其他空间

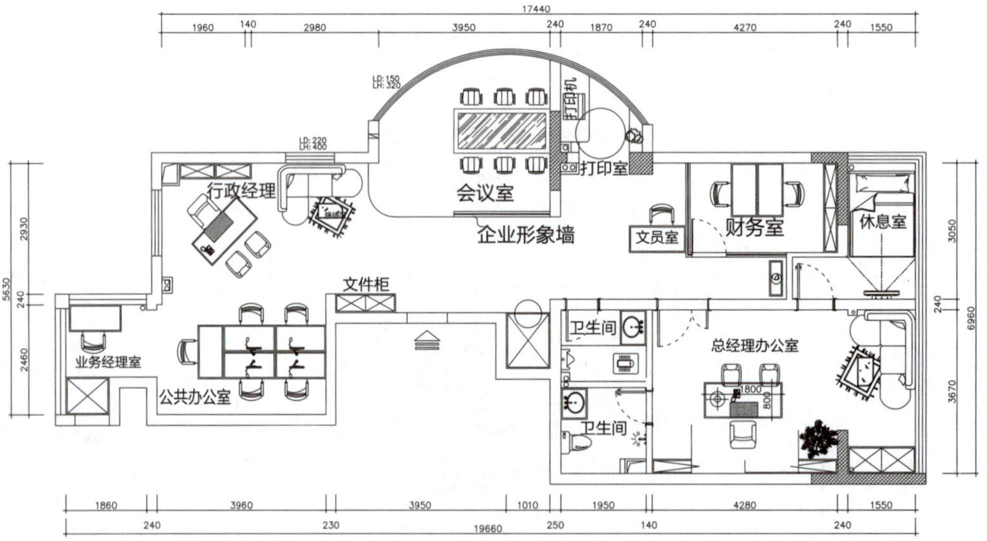

图2-3-17　平面布置图

随堂练习　平面布置图的绘制

- 实践目的：了解并掌握平面布置图的绘制方法和步骤，掌握相关命令。
- 实践内容：平面布置的绘制。
- 实践步骤：根据上述方法和步骤，绘制办公空间平面布置图。

四、绘制天花布置图

（1）执行“CO”命令，复制前面绘制的平面布置图，执行“E”命令，将其中的图块、文字等删除，然后执行“REC”命令，将图案绘制完整，如图2-3-18所示。

（2）绘制总经理办公室天花，首先执行“REC”命令，绘制一个长为3680、宽为2750的矩形，如图2-3-19所示。利用“O”命令，依次向内偏移，绘制出天花的形状，如图2-3-20所示。

（3）天花绘制完毕后，执行“CO”命令，将文件复制到如图2-3-21所示位置。最终效果如图2-3-22所示。

（4）利用相同的方法和步骤绘制天花的其他部分，最终效果如图2-3-23所示。

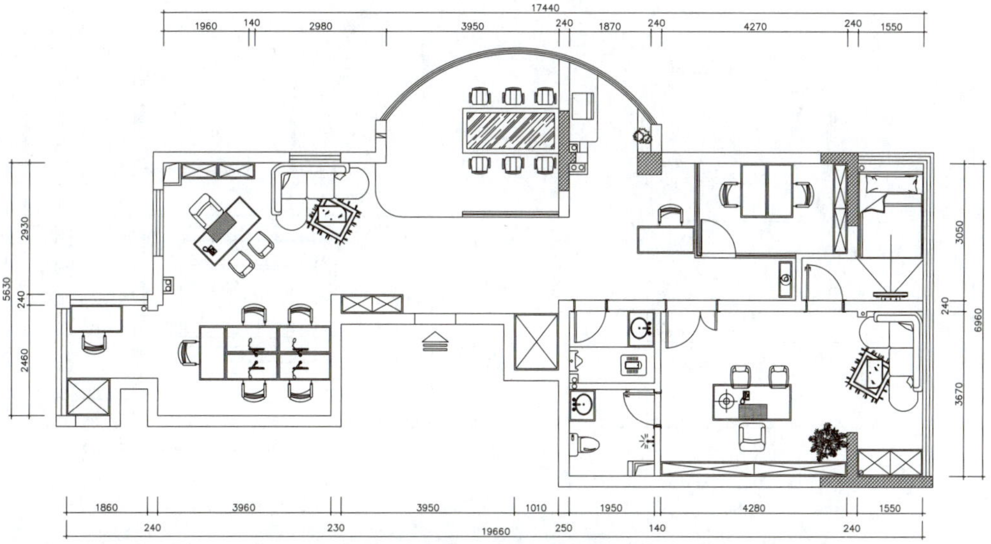

图2-3-18　删除图块文字

图2-3-19　天花的绘制（1）

图2-3-20　天花的绘制（2）

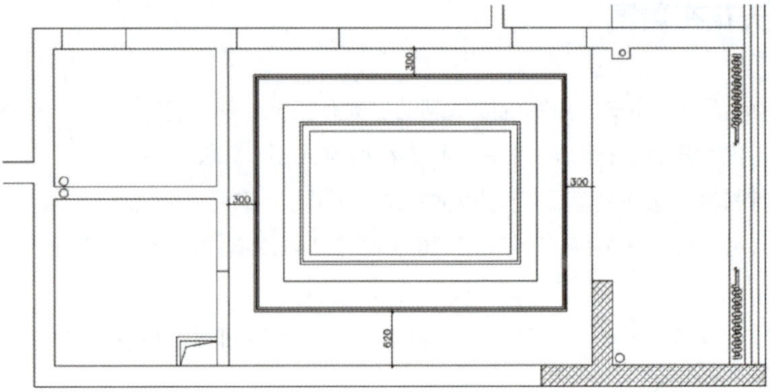

图2-3-21　天花的绘制（3）

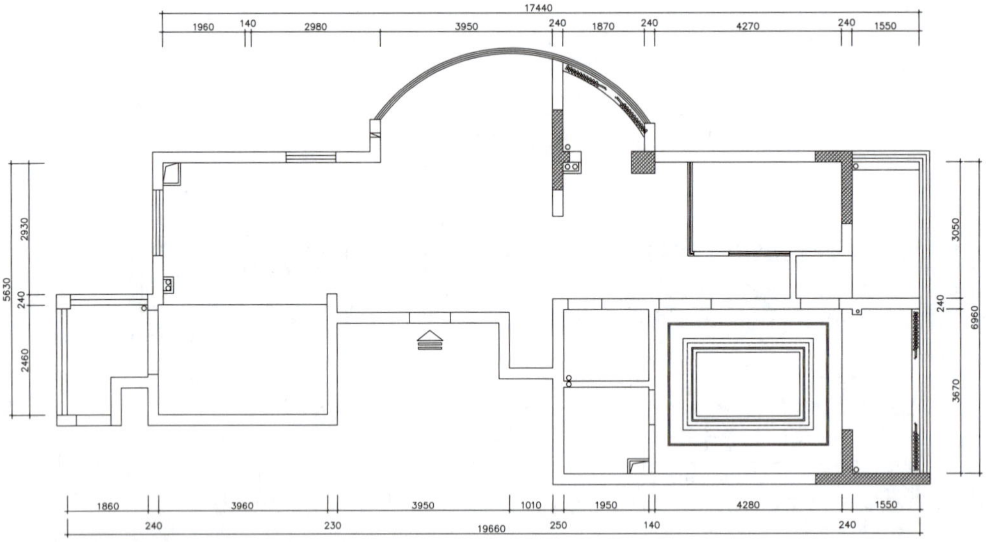

图2-3-22　天花的绘制（4）

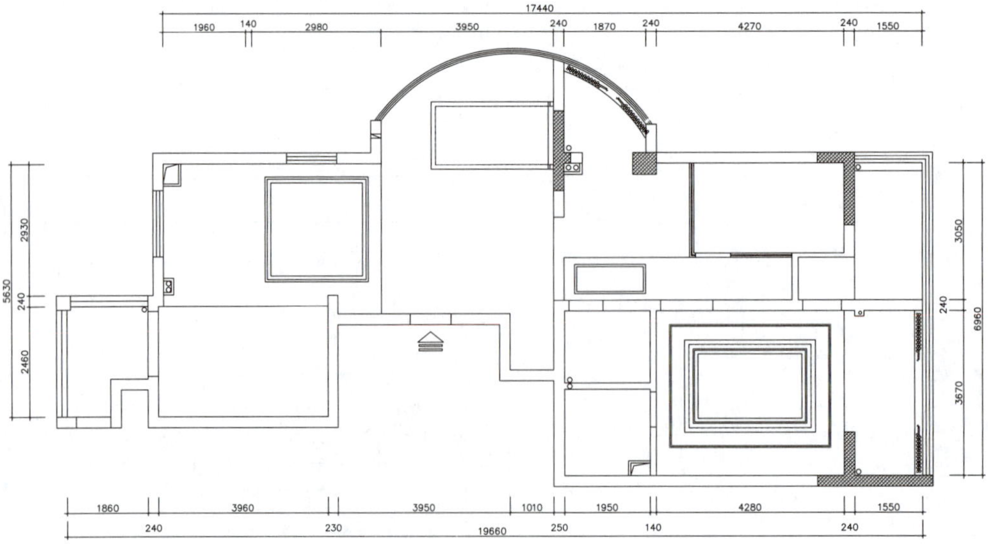

图2-3-23　天花的绘制（5）

（5）利用“CO”或“I”命令，将灯具图例插入相关位置，如图2-3-24所示。

（6）执行“DLI”命令，进行尺寸标注，执行“T”命令，进行文本标注，如图2-3-25所示。最后，插入相关图例和图框，天花布置图即绘制完成。

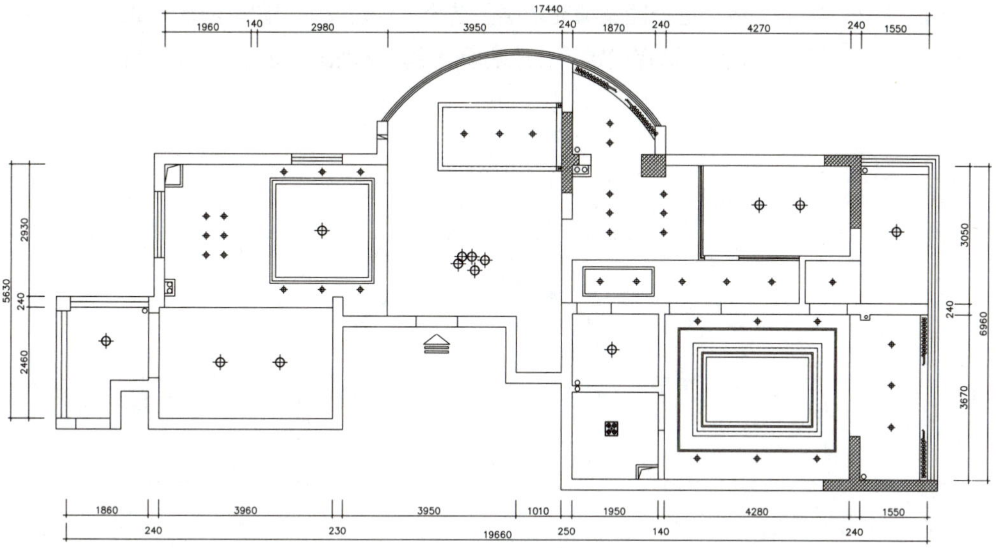

图2-3-24　天花的绘制（6）

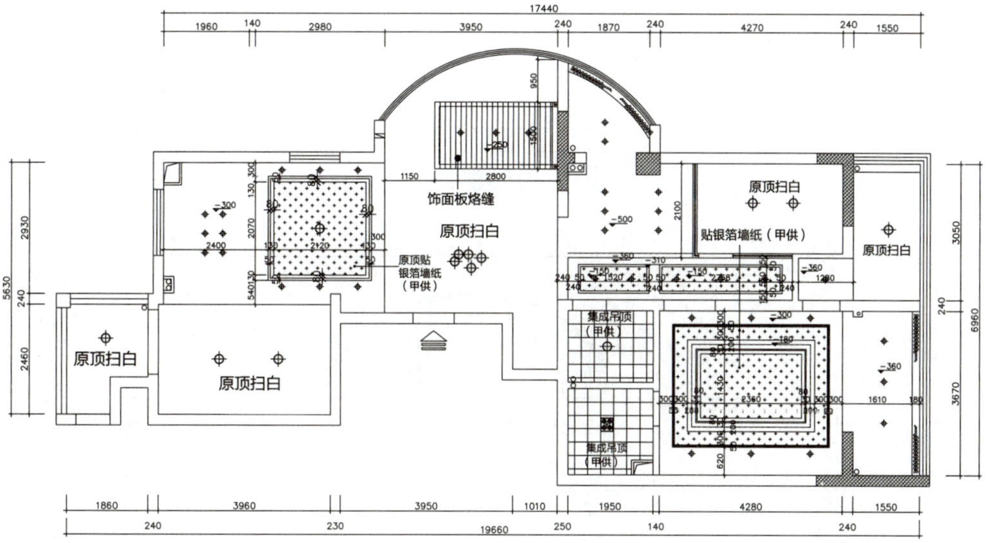

图2-3-25　天花的绘制（7）

随堂练习　**天花布置图的绘制**

- 实践目的：了解并掌握天花布置图的绘制方法和步骤，掌握相关命令。
- 实践内容：天花布置图的绘制。
- 实践步骤：根据上述方法和步骤，绘制办公空间天花布置图。

五、绘制地面布置图

（1）执行“CO”命令，复制前面绘制的天花布置图，执行“E”命令，将其中的图块、文字等删除，然后执行“REC”“L”“O”“F”等命令，将图案绘制完整，如图2-3-26所示。

（2）执行“H”命令，进行图案填充，类型选择“预定义”，图案选择“NET”，比例选择“180”并添加拾取点，选择确定后，成功填充会议室地面，如图2-3-27所示。

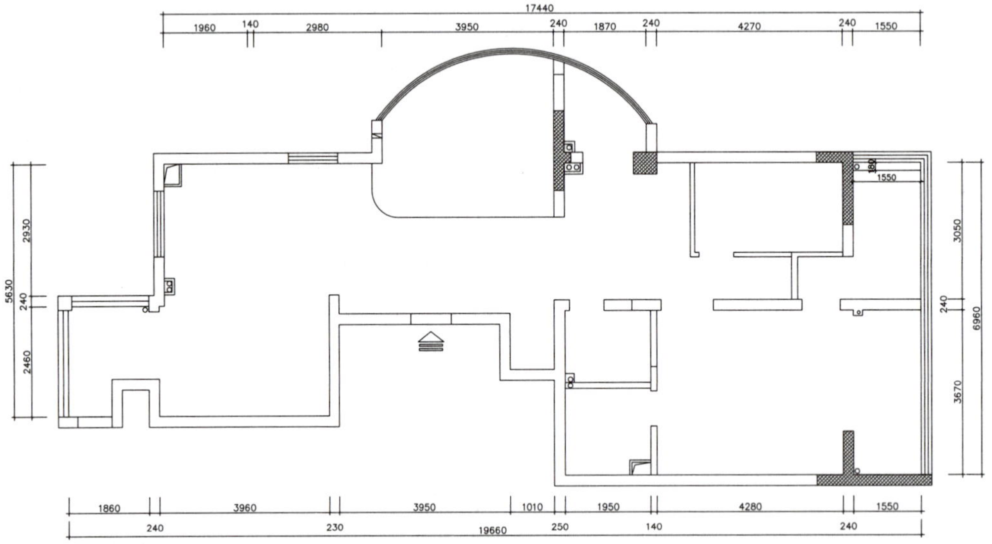

图2-3-26 删除图块文字

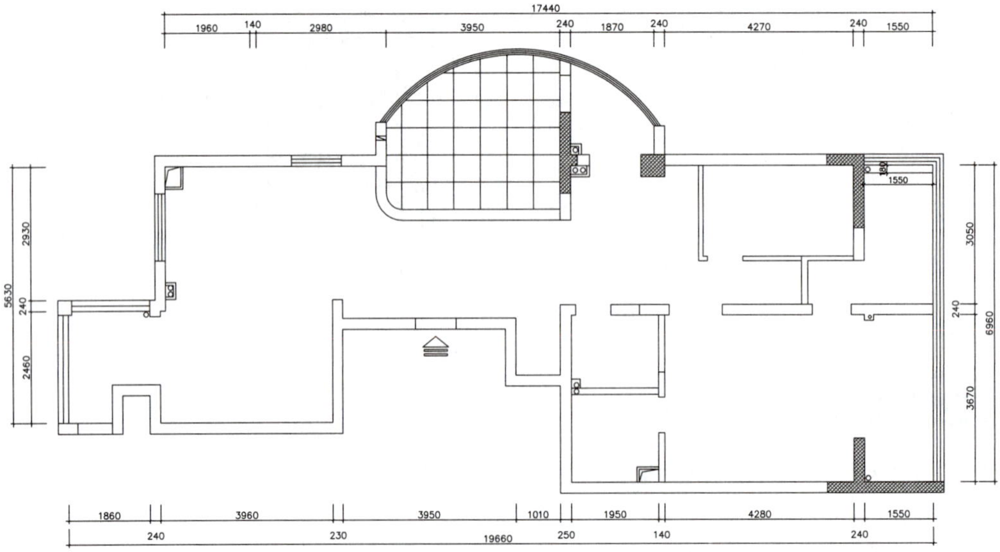

图2-3-27 填充会议室地面

（3）执行“H”命令，进行图案填充，类型选择“自定义”，图案选择“大理石”，比例选择“180”并添加拾取点，选择确定后，成功填充会议室大理石踏步。若有的用户没有安装自定义文件，可参照附录二第19条所述方法添加自定义图案后再进行填充即可。踏步图案填充效果如图2-3-28所示。

（4）利用相同方法和步骤填充地面的其他部分，最终效果如图2-3-29所示。

（5）执行“LE”命令，进行引线标注，执行“T”命令，进行文本标注，如图2-3-30所示。最后，插入相关图例和图框，地面布置图即绘制完成。

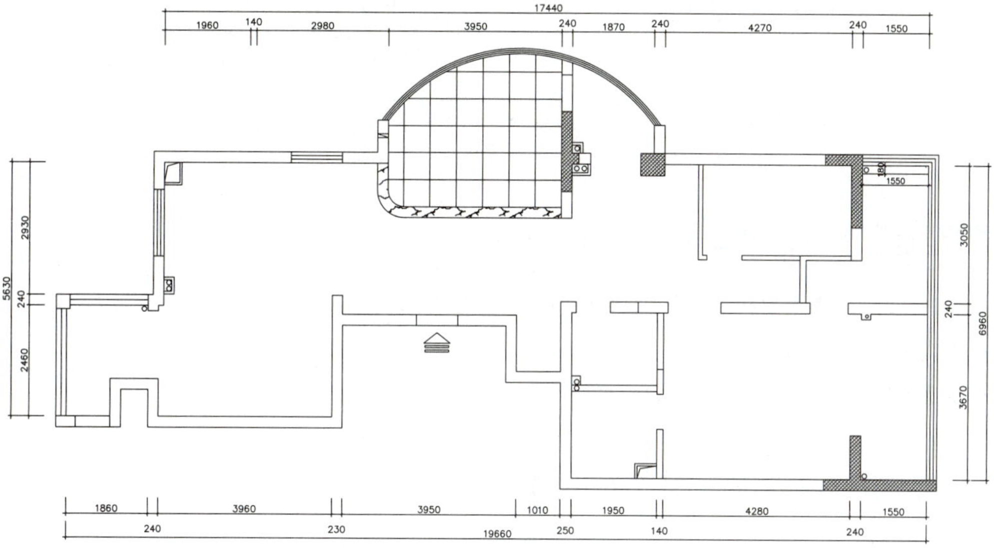

图2-3-28　填充会议室大理石踏步

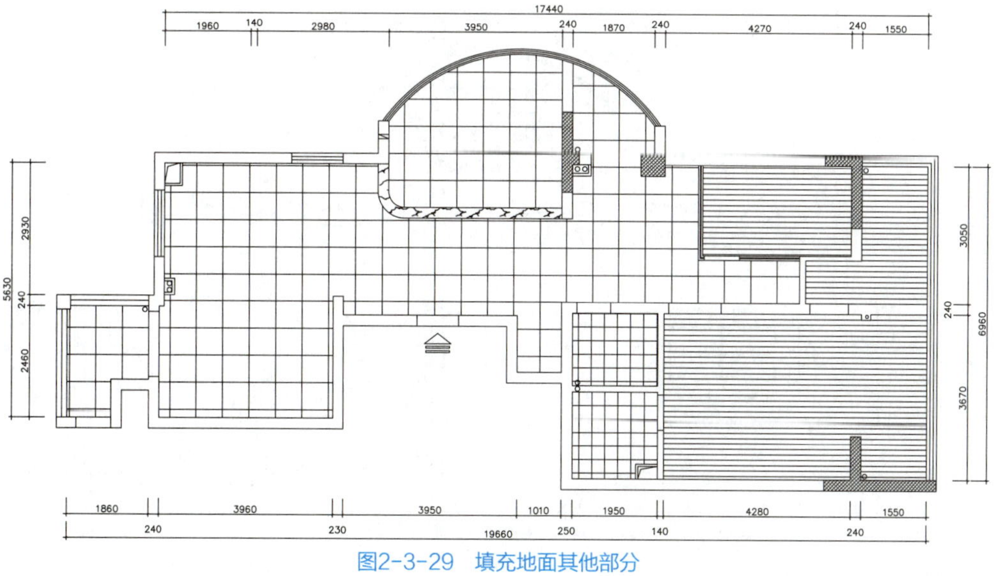

图2-3-29　填充地面其他部分

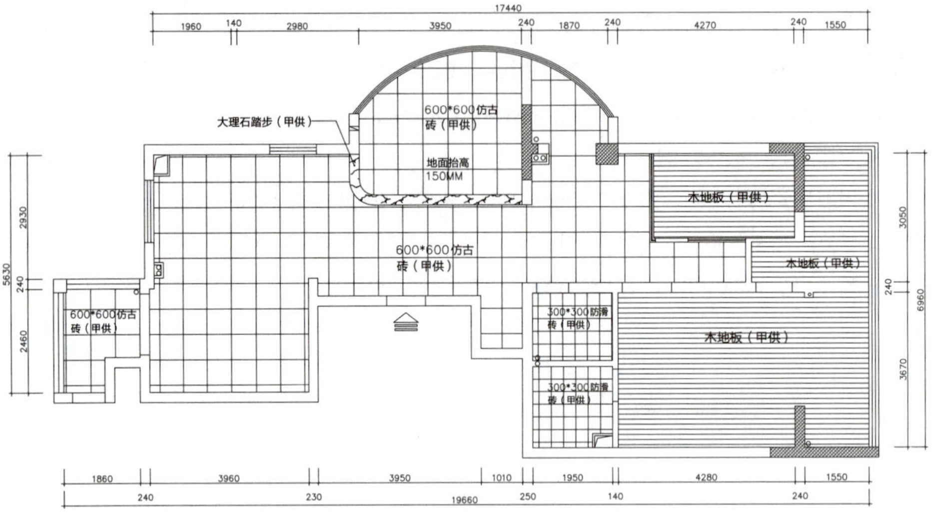

图2-3-30　办公空间地面布置图

随堂练习　地面布置图的绘制

- 实践目的：了解并掌握地面布置图的绘制方法和步骤，掌握相关命令。
- 实践内容：地面布置图的绘制。
- 实践步骤：根据上述方法和步骤，绘制办公空间地面布置图。

六、绘制插座布置图和开关布置图

（1）执行“CO”命令，复制前面绘制的平面布置图，执行“E”命令，将其中无关的图块、文字等删除，如图2-3-31所示。

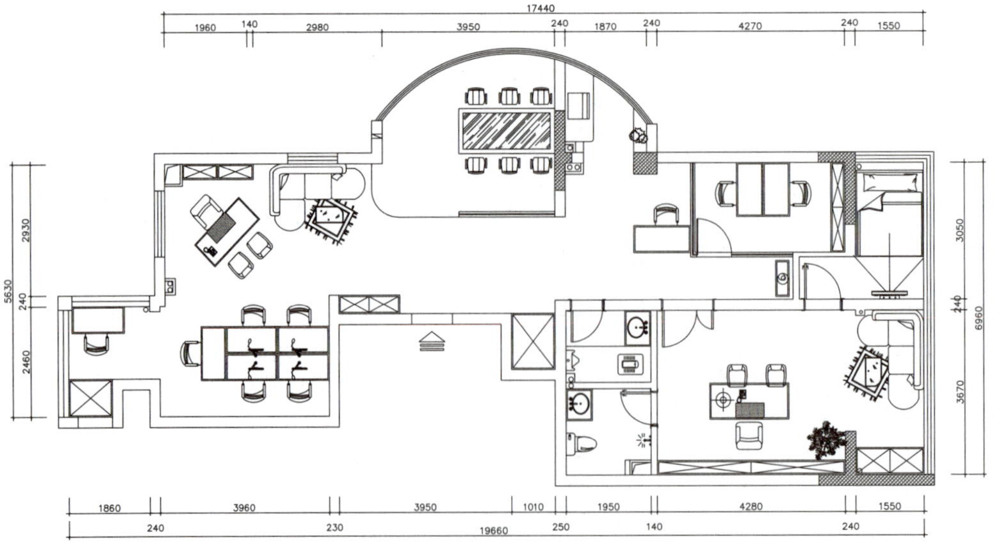

图2-3-31　删除图块文字

（2）利用“CO”或“I”命令，将不同插座的图例插入相关位置，如图2-3-32所示。最后，插入相关图例和图框，插座布置图即绘制完成。

（3）根据以上方法及步骤绘制开关布置图，如图2-3-33为本办公空间开关布置图。

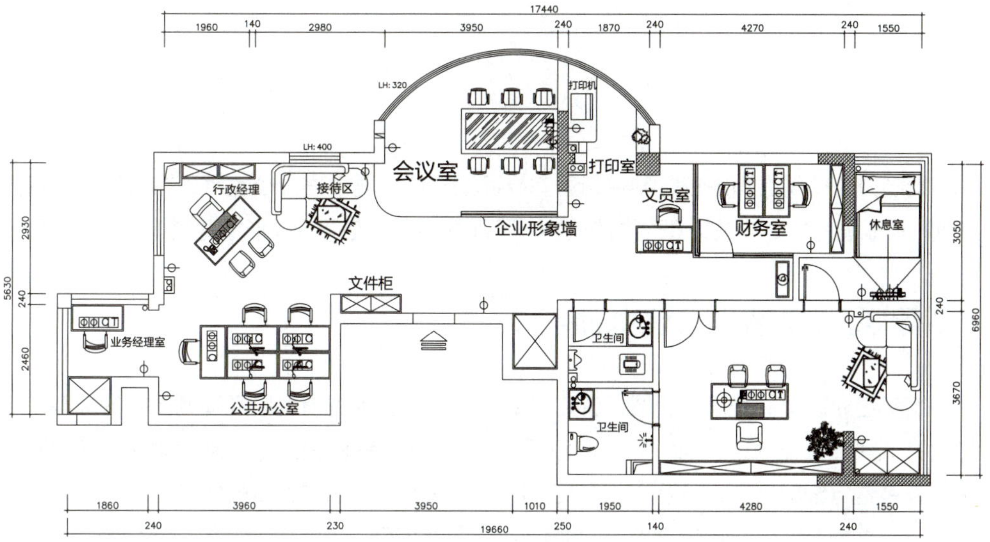

图2-3-32　插座布置图

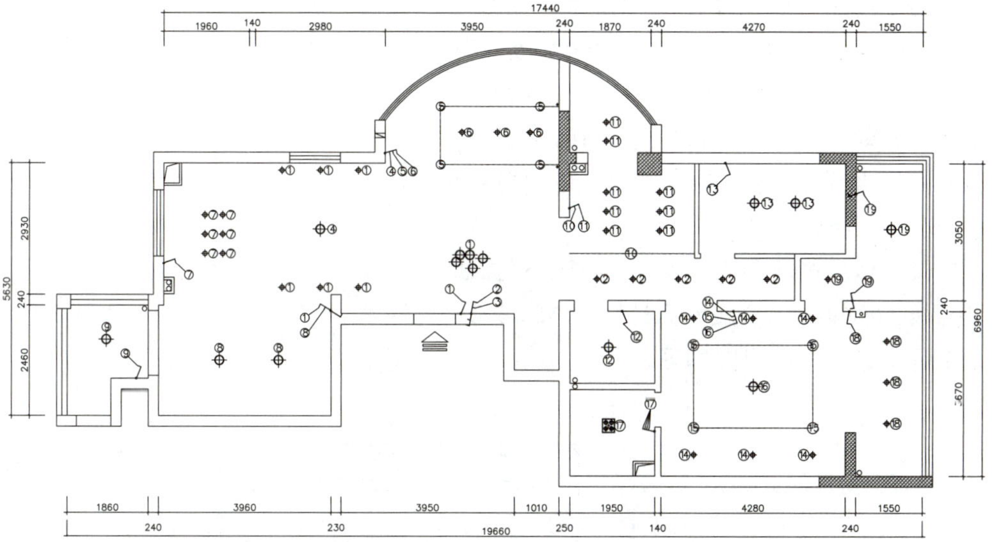

图2-3-33　开关布置图

随堂练习　**开关布置图、插座布置图的绘制**

- 实践目的：了解并掌握开关布置图、插座布置图的绘制方法和步骤，掌握相关命令。
- 实践内容：开关布置图、插座布置图的绘制。
- 实践步骤：根据上述方法和步骤，绘制办公空间开关布置图、插座布置图。

任务二
绘制办公空间立面图

绘制办公空间立面图和绘制普通居室立面图一样，要根据办公室平面布置图中的家具布置和顶棚图的标高等进行立面图的绘制。下面介绍办公空间企业形象背景墙的绘制步骤。

一、绘制企业形象背景墙立面图

绘制企业形象背景墙立面图，首先根据平面布置图中的造型以及顶棚图中的标高，用“直线”命令绘制轮廓线，用“L”“REC”“O”“TR”等快捷命令绘制轮廓线，然后利用“H”命令进行细部填充，利用“LE”“DLI”命令进行标注。详细步骤如下：

（1）根据会议室平面布置图，分别执行“L”“REC”“O”“TR”等快捷命令，绘制形象墙立面轮廓线，如图2-3-34所示。

（2）执行“H”快捷命令，对形象墙立面进行填充，若AutoCAD内没有此种填充类型，用户可在本教材电子资源内找到“AutoCAD自定义填充图案”自行添加，添加方法请见“附录二 AutoCAD常见问题及解决办法”，填充完成后如图2-3-35所示。

（3）依次执行“DLI”“LE”命令，对图纸进行线性标注和引线标注，标注完成后如图2-3-36所示。最后，插入图框即可。

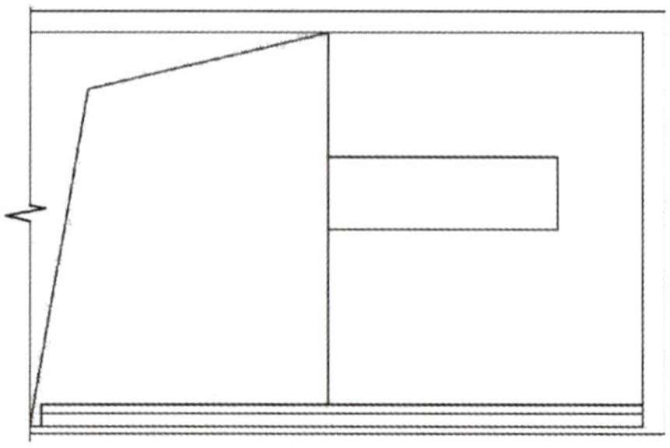

图2-3-34 绘制企业形象墙轮廓

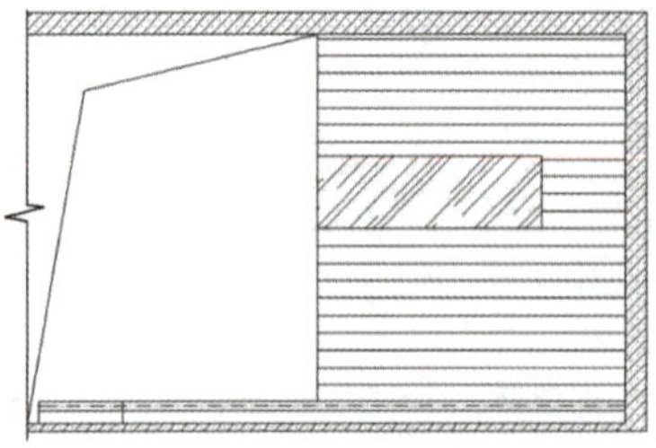

图2-3-35 企业形象墙图案填充

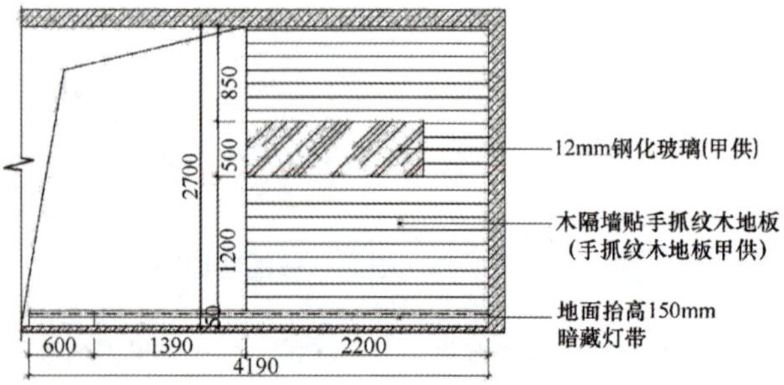

图2-3-36 背景立面图

二、绘制办公空间其他立面图

根据以上方法及步骤绘制会议室背景墙立面图，如图2-3-37所示为会议室背景墙立面图。

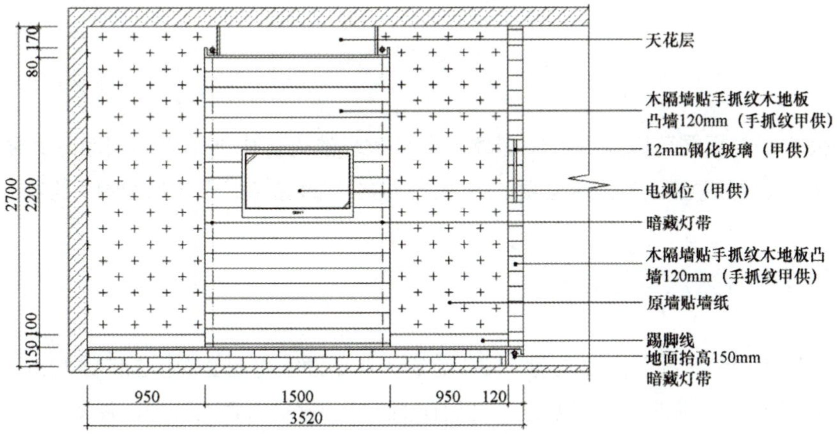

图2-3-37　会议室背景墙立面图

随堂练习　**办公空间立面图的绘制**

- 实践目的：了解并掌握办公空间立面图的绘制方法和步骤，掌握相关命令。
- 实践内容：办公空间立面图的绘制。
- 实践步骤：根据上述方法和步骤，绘制办公空间立面图。

任务三

绘制办公空间剖面图

办公空间剖面图可以详细说明墙体或办公家具的内部构造，绘制剖面图既要注意设计、尺寸，又要注意施工的难易程度。下面介绍办公空间接待区天花剖面图的绘制。

一、绘制接待区天花剖面图

（1）绘制办公空间剖面图之前，应先绘制天花剖面索引图。索引图的绘制方法十分简单：首先复制前面绘制的天花布置图，然后在相应的位置插入索引符号，并编好号码即可。天花剖面索引图如图2-3-38所示。

（2）根据会议室平面布置图，分别执行“L”“REC”“O”“TR”等快捷命令，绘制剖面图轮廓线，如图2-3-39所示。

（3）执行“H”快捷命令，对绘制剖面进行填充，填充效果如图2-3-40所示。

（4）依次执行“DLI”“LE”命令，对图纸进行线性标注和引线标注，如图2-3-41所示。最后，插入图框即可。

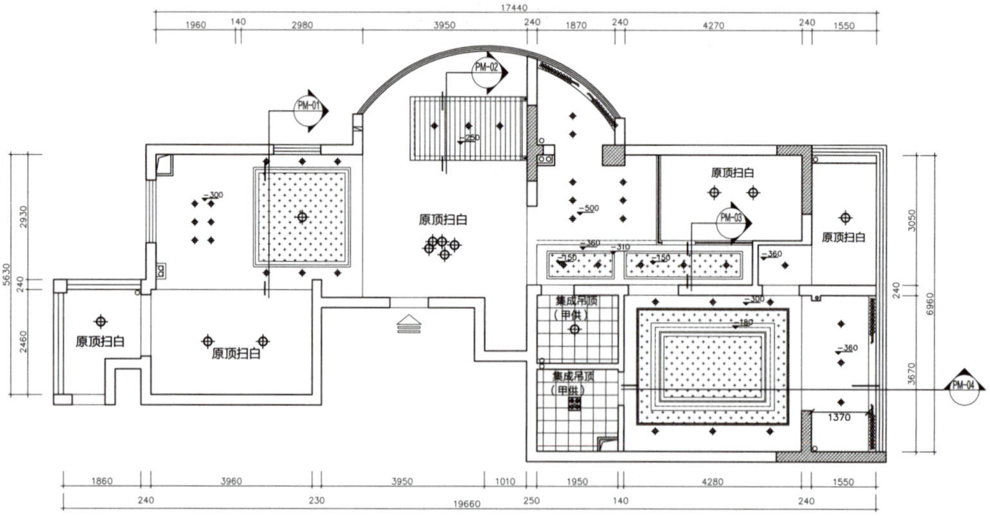

图2-3-38　天花剖面索引图

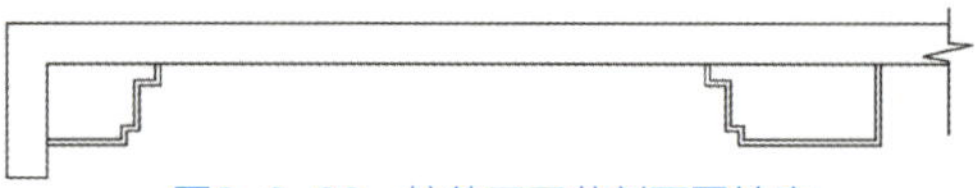

图2-3-39　接待区天花剖面图轮廓

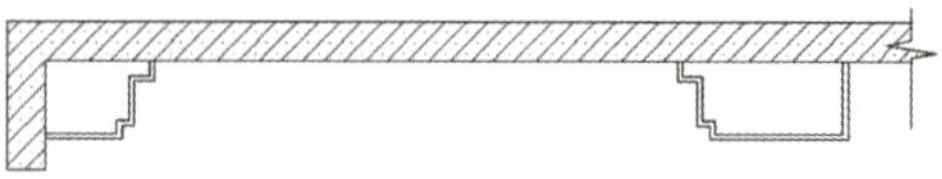

图2-3-40　接待区天花剖面图填充

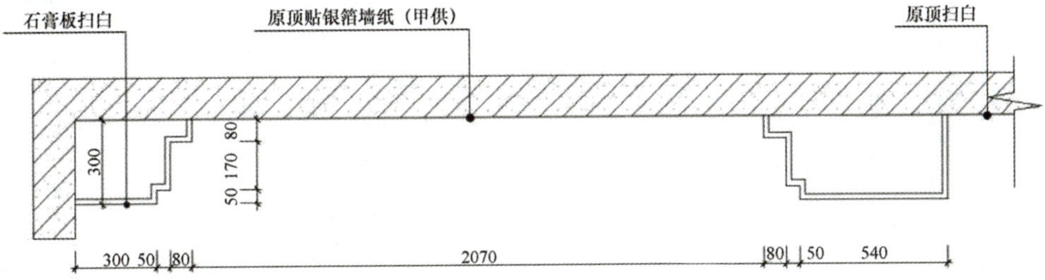

图2-3-41　接待区天花剖面图标注

二、绘制其他剖面图

根据以上方法及步骤绘制其他剖面图，如图2-3-42至图2-3-44所示分别为过道天花剖面图、会议室天花剖面图和总经理办公室天花剖面图。

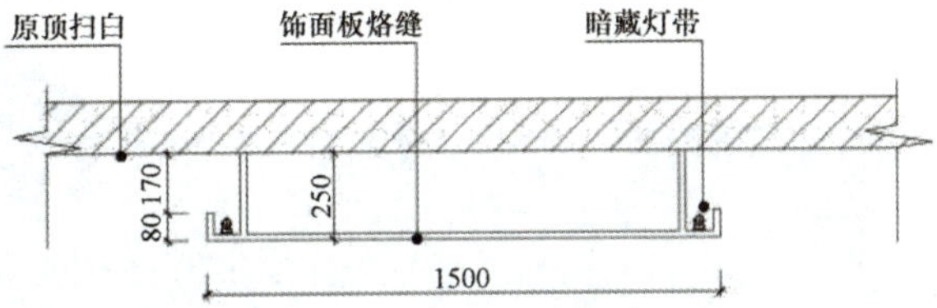

图2-3-42　过道天花剖面图

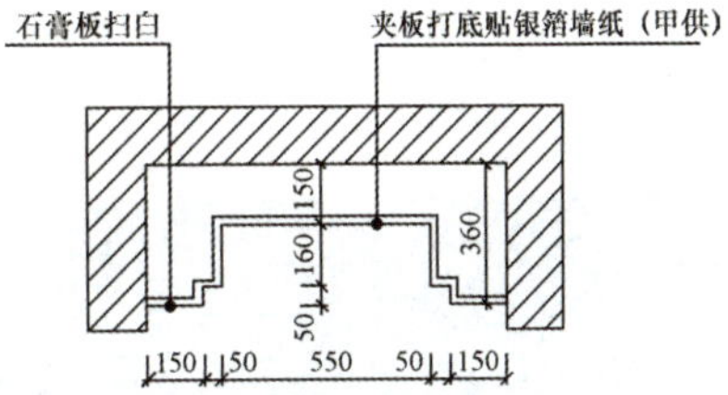

图2-3-43　会议室天花剖面图

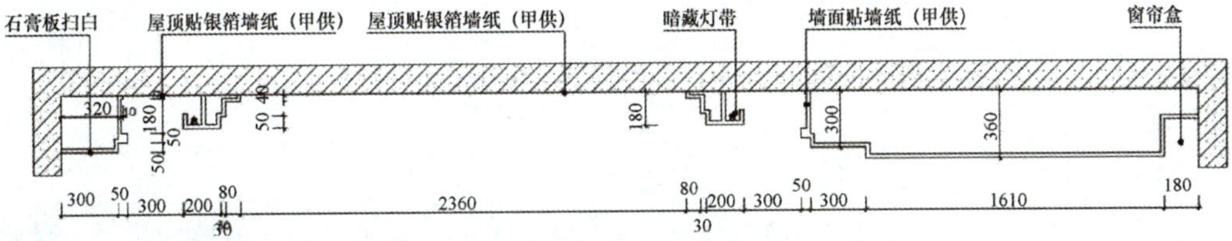

图2-3-44　总经理办公室天花剖面图

随堂练习　**办公空间剖面图的绘制**

- 实践目的：了解并掌握办公空间剖面图的绘制方法和步骤，掌握相关命令。
- 实践内容：办公空间剖面图的绘制。
- 实践步骤：根据上述方法和步骤，绘制办公空间剖面图。

知识面拓展

尝试使用AutoCAD的其他命令绘制剖面图。

课后练习

1. 画出本教材电子资源内的其他办公空间的施工图纸。画图时，可以参考电子资源内提供的办公空间施工图纸的范例和效果图进行绘制，也可以根据原建筑结构图自行设计，进行施工图的绘制。
2. 掌握并练习添加自定义填充图案（具体方法见本书附录二第19条）。

项目四

商业空间施工图绘制

教学目标

知识目标

1 通过具体案例了解并掌握商业空间设计的设计要点、设计流程。
2 掌握商业空间设计（售楼处）平面布置图、地面布置图、天花布置图、灯具定位图等平面图纸的绘制方法和步骤。
3 掌握商业空间前台背景墙、接待台立面图纸的绘图方法。
4 掌握售楼处顶面剖面图、背景墙剖面图、户模详图的绘制方法。

能力目标

1 能够读懂商业空间相关图纸。
2 能够对商业空间设计案例进行剖析。
3 能够综合利用室内平面设计理论与AutoCAD相关知识绘制商业空间施工图纸。

素质目标

1 具备较强的学习力、领悟力、创新力、设计力、审美力、表现力、沟通力。
2 具备发现问题、独立思考的能力，以实现自身职业发展的螺旋式上升。
3 具备科学、缜密、严谨的工作作风和专注做事、精益求精、力争突破的工匠精神。

商业空间施工图绘制

- 售楼处空间设计要求及流程
- 布置售楼处空间平面
  - 售楼处平面布置图
  - 售楼处地面铺装图
  - 售楼处天花布置图
  - 售楼处灯具定位图
- 布置售楼处空间主要立面
  - 前台背景墙立面
  - 接待台立面
- 绘制售楼处剖面、详图
  - 顶面剖面图
  - 背景墙剖面图
  - 户模详图
- 综合练习

学习任务描述

案例分析

本案例售楼处建筑面积为320m²，由于地处城市轴心，社区配套完备，以打造中高档户型为主旨，所以对售楼处设计要求之一就是要体现开发商的品位，并且要符合楼盘的整体“气质”。在设计过程中，考虑到要设计出有特色并且造价低的建筑，为其量身打造室内外设计，对于方案中从单层高举架空间感受到设计受限，实施过程中也是频繁改动，此处是初始方案。售楼处分为沙盘展示区、洽谈区和办公区三大部分，其中，办公区包括经理办公室、财务室、招商办公室、更衣室和洗手间。

首先，为了满足销售功能，在中间位置设置了沙盘展示区和洽谈区。二者相互共享又互不干扰，合理利用空间。沙盘展示区设置在中央最显眼的位置，接待台在沙盘的正后方，服务台以黑、白、灰的经典色彩诠释新中式的风格，背景墙用黑色石材与香槟色金属荷叶造型相结合，简单又不失稳重，沙盘正上方的鸟笼吊灯与之相呼应，沙盘左侧的户型展示设置也都是围绕“展示”这一主题，二者协调而又统一，墙面的影音更加形象地诠释了户型展示的内容，妙趣横生，如图2-4-1所示。

在洽谈区，没有烦琐的天花造型，而是采用新中式的灯罩吊灯来强调主题，每个沙发区都成为一块相对独立的区域，体现客人“尊贵”，同时，洽谈区有客人休闲场所，落地玻璃幕墙，每当夜幕时分，在水吧处围坐，可以观赏小区景色，体验购房与休闲的乐趣。

售楼处属于利用商品连接买方和卖方的商业空间，是为购房者提供舒适、雅致的看房环境的服务性建筑。同时，售楼处整体形象的好坏直接反映开发商的实力，设计中极尽精致，进而激发购房者的购买欲。

图2-4-1　洽谈区效果图

一、售楼处空间设计要求

售楼处多为独立式建筑，功能空间一般分为接待区、楼盘展示区、样板房区和办公区四部分。其中，样板房区有的在售楼处中，有的则在实际居住区中；楼盘展示区多用整体沙盘置于最醒目位置；接待区应该安排出较大的面积，营造休闲、轻松的气氛；办公区多用于员工的办公场所。

二、售楼处空间设计流程

售楼处空间设计包括三个阶段：规划阶段、方案设计阶段和施工图绘制阶段。

首先，规划阶段包括设计资料搜集、“装修设计任务书”编写及概念设计。

（1）设计资料搜集。原始土建图纸以及现场测量。

（2）“装修设计任务书”编写。根据搜集资料及甲方提供项目定位、功能需求、风格取向、设计成本控制及交图时间编写任务书。

（3）概念设计草图。设计单位按照任务书要求进行概念设计，反映功能、空间、形式和技术四个方面的草图。

其次，方案设计阶段，根据概念草图进行深化设计、与土建结构的衔接、协调各工种及方案成果。

（1）在概念草图基础上深入设计。功能分析、交通流线分析、空间分析、装修材料比较和选择。

（2）土建结构与装修设计的衔接。不足与制约、承重结构及管道设施。

（3）协调各工种。设备优先原则、各设备间协调、设备与装修设计的协调。

（4）方案成果。方案是施工图、施工方式及预算的依据，包括图册、模型和漫游动画三部分。

最后是施工图绘制阶段，包括装修设计施工图和设备施工图。

（1）装修设计施工图。设计说明、工程材料做法表、饰面材料分类表、装修门窗表、隔墙定位平面图、平面布置图、铺装平面图、天花布置图、立面图、剖面图、大样图、详图。

（2）设备施工图。给排水（系统、给排水布置、消防喷淋）、电气（强电系统、灯具走线、开关插座、弱电系统、消防照明、消防监控）、暖通（系统、空调布置）。

任务一

绘制售楼处空间平面图

平面布置图的绘制过程就是进行方案设计的过程，包括平面布置图、地面铺装图和天花布置图。图2-4-2为售楼处平面布置图，图2-4-3为售楼处地面铺装图，图2-4-4为售楼处天花布置图。

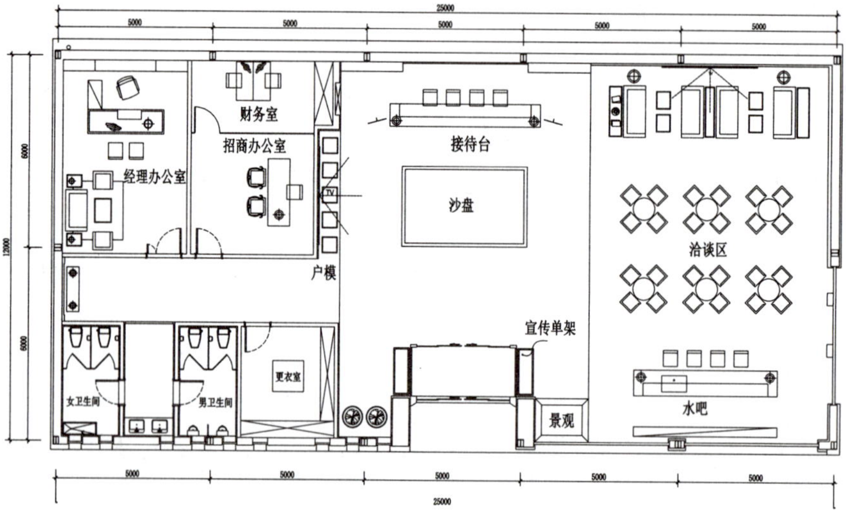

图2-4-2　售楼处平面布置图

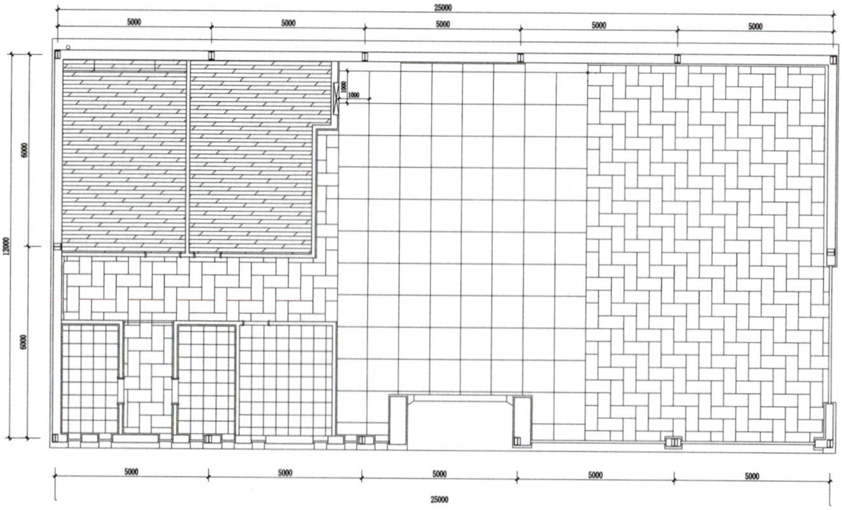

图2-4-3　售楼处地面铺装图

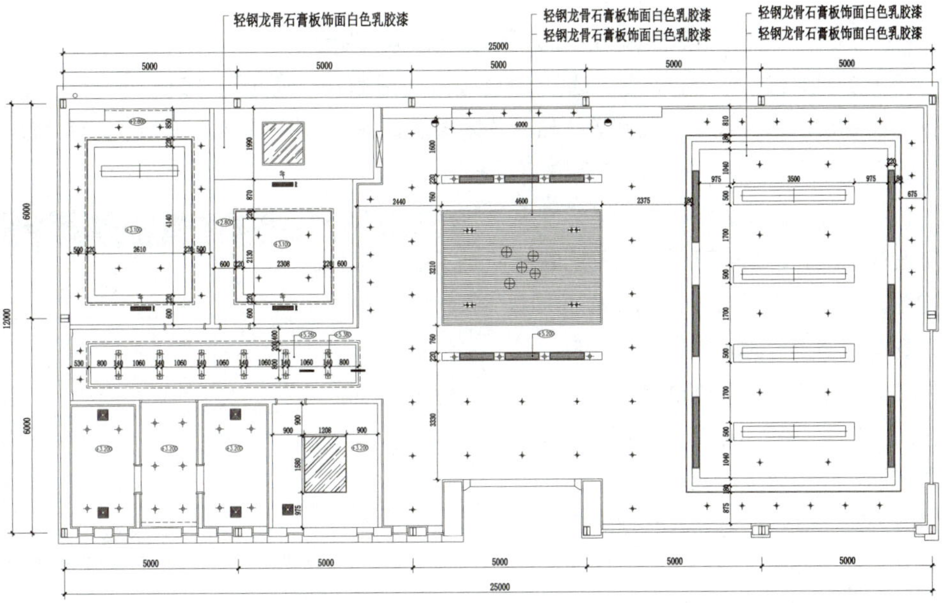

图2-4-4 售楼处天花布置图

一、售楼处平面布置图

售楼处平面布置图绘制步骤：

（1）启动AutoCAD，单击“快速访问工具栏”中的“新建”按钮，打开“选择样板”对话框，在对话框中“名称”列表框中选择acad.dwt样板文档，然后单击“打开”按钮，新建图形文件，如图2-4-5所示。

图2-4-5 选择样板

（2）单击工具栏中的“格式”选项卡中“图层”按钮，打开“图层特性管理器”对话框。单击“新建图层”按钮或按“Alt+N”快捷键，列表框内增加一个新的图层，自动被命名为“图层1”并处于亮显状态，将“图层1”改成墙体，以此类推建出所需的图层，做好相关命名，并且用颜色来区分不同图层，如图2-4-6所示。

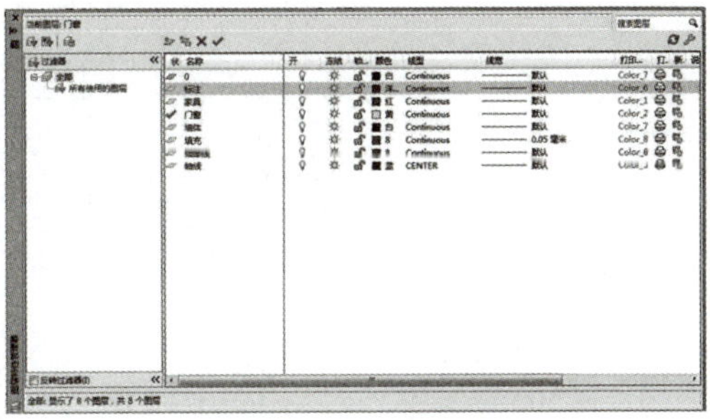

图2-4-6 图层特性管理器

（3）根据施工图标准，对不同构件的线宽是有规定的，例如将“填充”图层设置线宽为“0.05毫米”，但是在实际的AutoCAD绘制过程中不需要在图层中设定，可以在最后打印中根据线的颜色统一进行线宽设定，这里就不一一讲解。

（4）示例中线型设置默认为“Continuous”，而轴线按照施工图规范需要变成虚线，这时要点选“线型”>“加载”。进入“加载或重置线型”界面后，会看到很多种线型，选择需要的“CENTER”，然后单击“确定”，如图2-4-7所示。

（5）加载CENTER线型后，选择此线型，然后单击“确定”，如图2-4-8所示。设置好所需图层颜色、线型、线宽等，然后关闭图层管理器，将“轴线”设置为当前图层。

（6）绘制“轴线”（在绘制工装施工图时，甲方会提供建筑结构图，进行室内装饰设计施工图绘制时可以直接采用建筑结构图），单击工具栏中“绘图”选项卡中的“多线”按钮，在图形区域分别绘制一条水平和垂直的“轴线”，如图2-4-9所示。

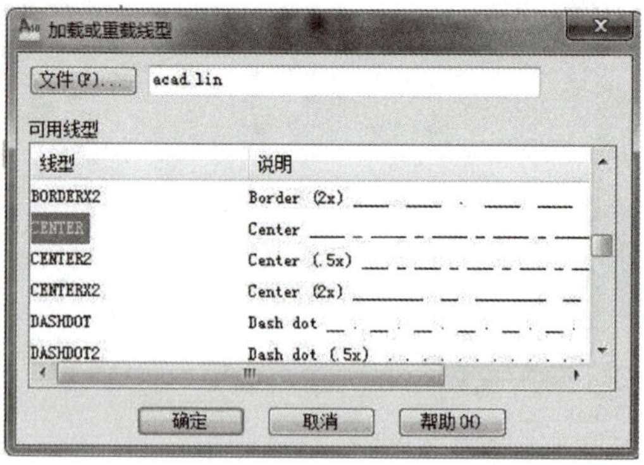

图2-4-7　加载或重载线型面板

（7）输入“O”，执行“偏移”命令，将竖直的一条构造线依次从左至右偏移距离 为5000，5000，5000，5000和5000；再将水平的一条构造线从下到上依次偏移距离为6000和6000，如图2-4-10所示。

（8）绘制柱体，输入“L”，执行“直线”命令，尺寸如图2-4-11所示。

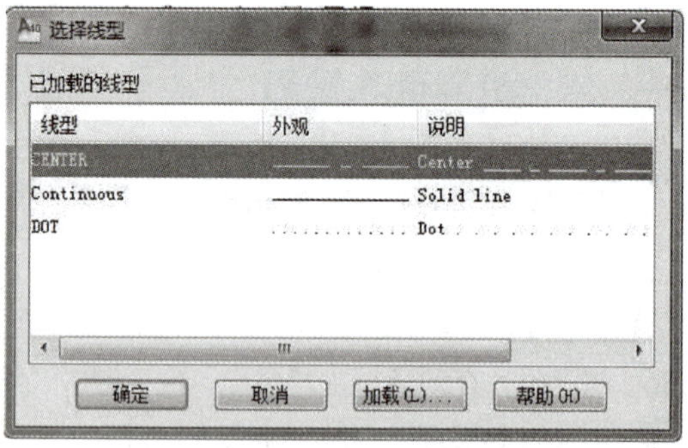

图2-4-8　选择线型面板

（9）根据已知建筑结构图，选中“柱体”，输入“CO”，执行“复制”命令，完成售楼处所需柱体绘制，如图2-4-12所示。

（10）根据建筑结构图绘制墙体，输入“ML”，执行“多线”命令，根据图2-4-13所示尺寸绘制出售楼处外墙。

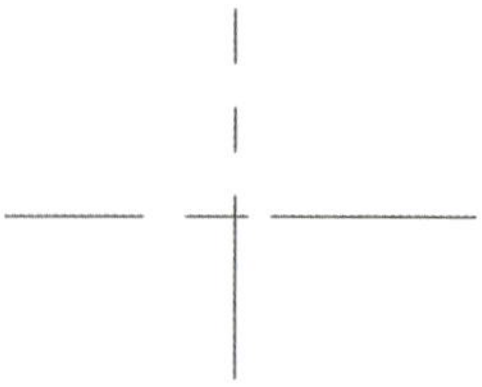

图2-4-9　轴线绘制图

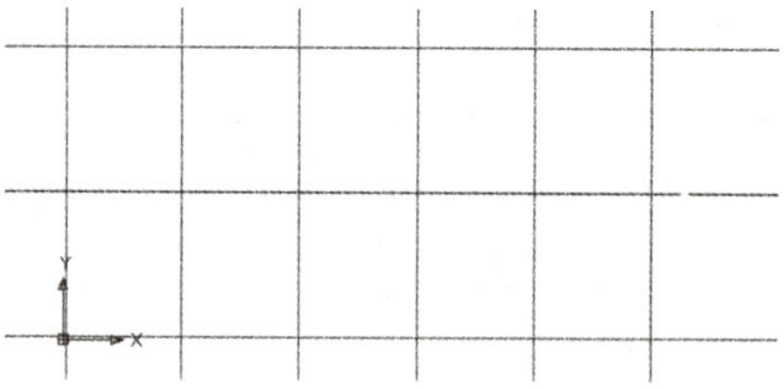

图2-4-10　轴线绘制图

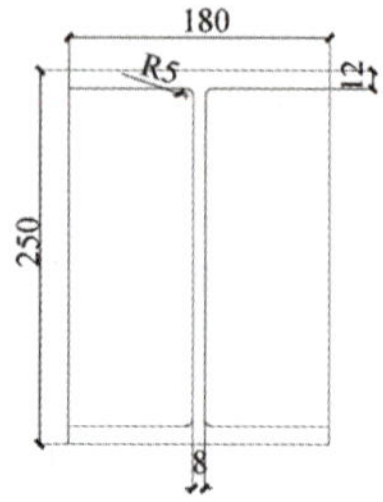

图2-4-11　柱式构件图

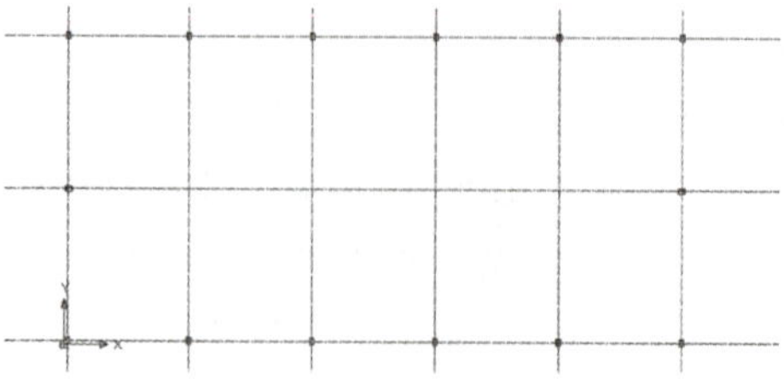

图2-4-12　已复制的柱式图

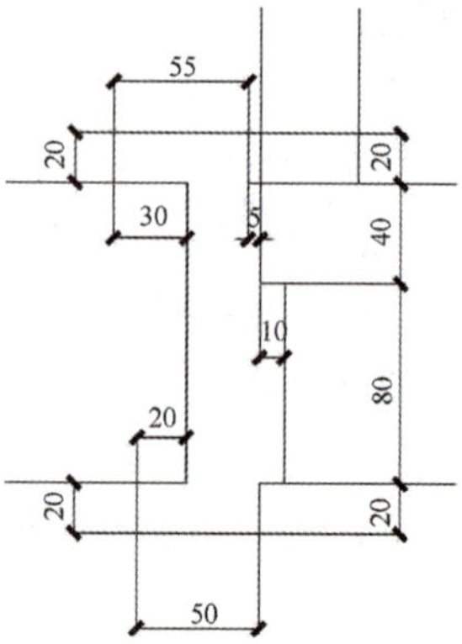

图2-4-13　墙体绘制图

（11）输入“L”，执行“直线”命令，以图2-4-14所示尺寸绘制建筑“窗线”。绘制完窗体，则完成售楼处基础空间绘制，如图2-4-15所示。

（12）输入“ML”，执行“多线”命令，设置偏移分别为“60”“-60”，绘制内部厚度为120mm的墙体；使用“剪切”命令，留出门口的空间，从而将售楼处内部空间划分出经理办公室、财务室、洗手间、沙盘区和接洽区，如图2-4-16所示。

（13）输入“PL”，执行“多线段”命令，绘制门及门包扣，单击“弧线”，绘制门的轨迹，如图2-4-17所示。绘制门包口常用尺寸如图2-4-18所示。

（14）根据图2-4-19所示效果图绘制经理办公室平面布置图，输入“O”，执行“偏移”命令，北侧墙线向下偏移350，绘制出书架的平面图（图2-4-20）；打开“图库.dwg”文件，拖动鼠标，向左滑动，“栏选”出办公桌椅和沙发茶几平面图，按住“Ctrl+C”组合键，将其粘贴在所绘制的经理办公室平面图中。

（15）布置财务室，选择“家具”图层为当前图层，打开“图库.dwg”文件，复制办公桌椅，然后打开正在绘制的“平面布置图”文件，将其粘贴在财务室中，如图2-4-21所示，输入“L”，执行“直线”命令，按图中尺寸绘制出玻璃隔断。

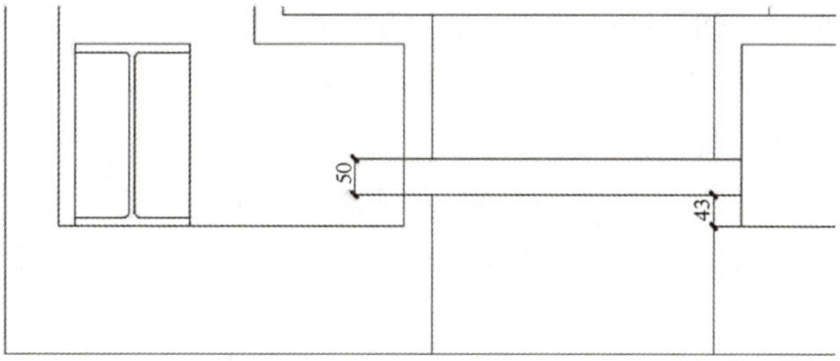

图2-4-14　窗口尺寸图

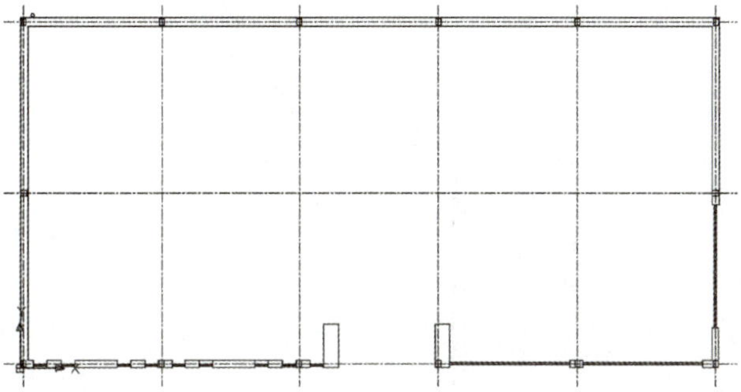

图2-4-15　售楼处外墙平面图

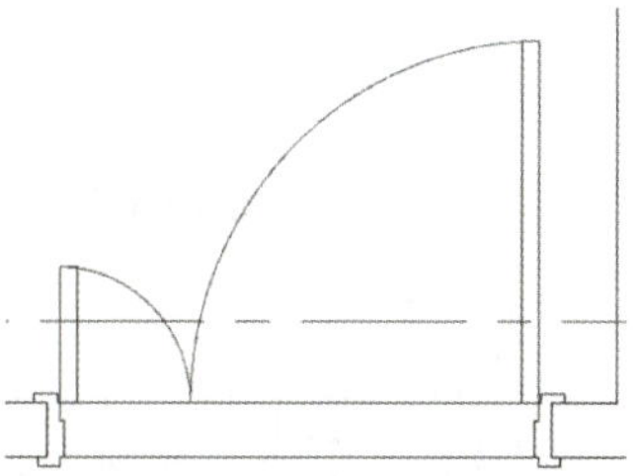

图2-4-17　门口平面图

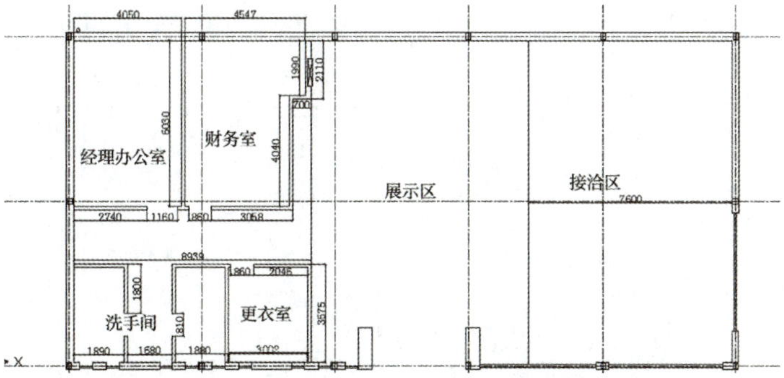

图2-4-16　售楼处室内墙体平面图

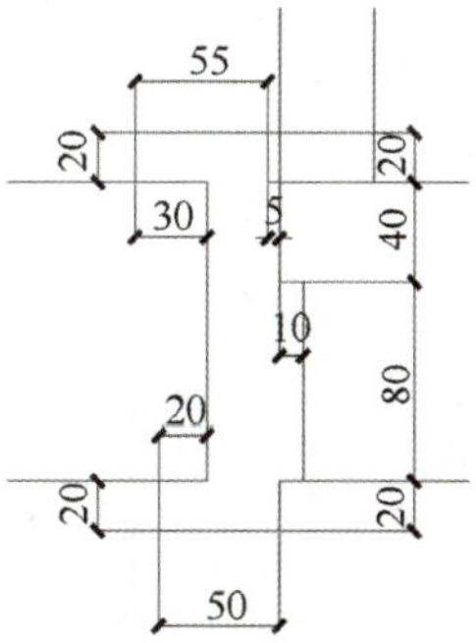

图2-4-18　门口包扣尺寸图

（16）布置财务室空间时，需要两个相同的“桌椅”模块，先粘贴一个模块，然后输入“MI”，执行镜像命令，栏选出需要镜像的对象，如图2-4-22所示，单击鼠标右键确定。

（17）单击鼠标，依次选择桌子上下两个点作为镜像线，如图2-4-23所示。

（18）在命令栏中看到“要删除源对象”后，输入“n”，回车，则保留原来模块并镜像出对应的模块。

（19）绘制洗手间平面，由于洗手间的墙面做了饰面设计，在平面图中表示饰面贴面的总厚度为40mm，选择洗手间内部墙线，输入“O”，执行偏移命令，输入“40”，如图2-4-24所示。

（20）绘制洗手间隔断，设置“家具”图层为当前，选择如图2-4-25所示“内墙

图2-4-19 办公室效果图

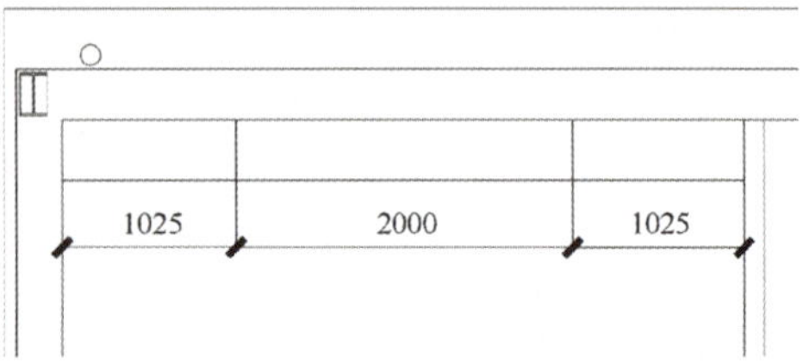

图2-4-20 办公室书柜平面尺寸图

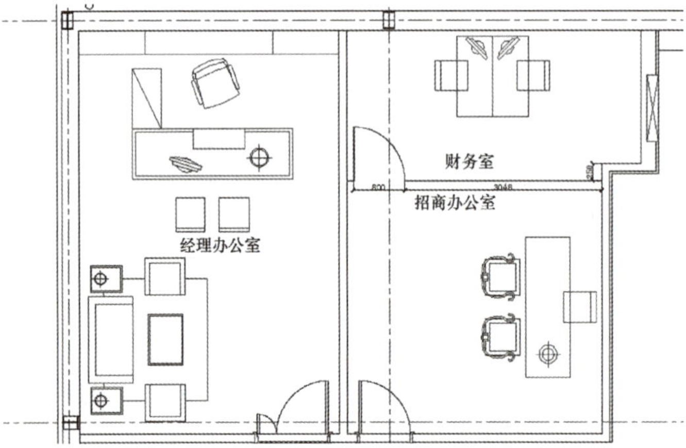

图2-4-21 财务室平面布置图

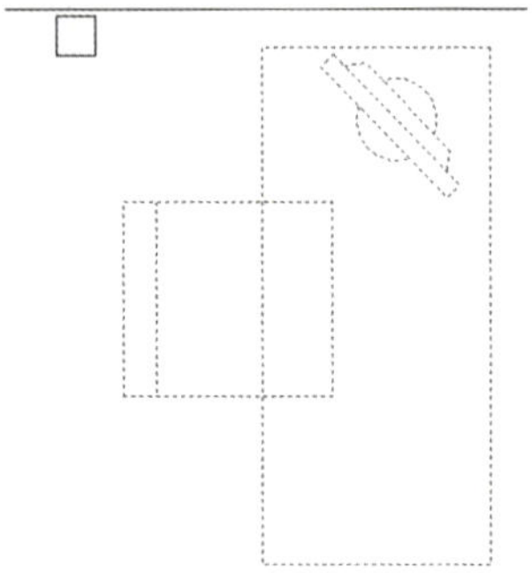

图2-4-22 财务室办公桌平面图

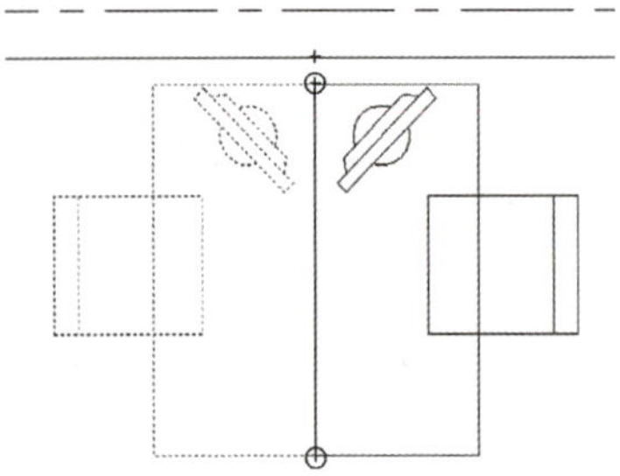

图2-4-23 办公桌镜像

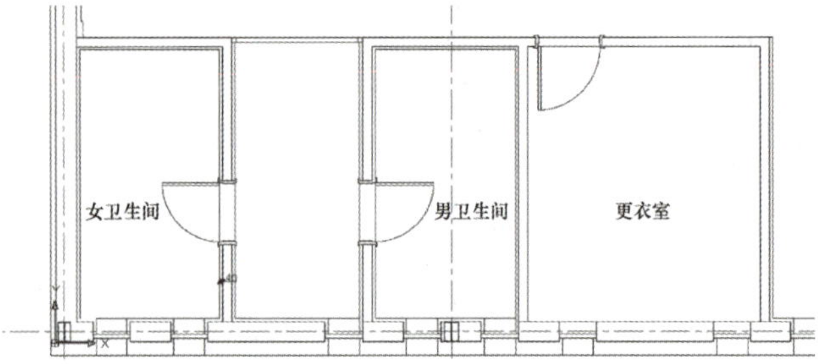

图2-4-24 洗手间平面图

线”，输入“O”，执行“偏移”命令，横向左侧偏移900，竖向下偏移1300。选择偏移后的竖线，继续向右分别偏移20，120，650，向左分别偏移120和650，单击右键确定，选择偏移后的横线继续向下偏移20，单击右键确定，如图2-4-26所示。输入“TR”，执行“剪切”命令，将多余线段剪掉，如图2-4-27所示。

（21）绘制隔断门，输入“REC”，执行“矩形”命令，输入650，20，回车确定，基点如图2-4-28所示，单击“弧线”命令，画出门的轨迹。

（22）打开“图库.dwg”文件，选择图块复制并粘贴到洗手间内，如图2-4-29所示，同理，绘制男洗手间。

（23）更衣室没有设计要求，输入“L”，执行“直线”命令，如图2-4-30所示，绘制出座椅和衣柜的平面示意图。

（24）绘制户模布置图。输入“REC”，执行“矩形”命令，绘制500×500的矩形，然后输入“O”，执行“偏移”命令，选中“矩形”，向内偏移20，表示户模平面，如图2-4-31所示。选中绘制的矩形，输入“AR”，执行“阵列”命令，参数如图2-4-32所示，预览如图2-4-33所示，回车确定，完成户模平面布置。

（25）参考尺寸插入图块，表示沙盘和接待台，如图2-4-34所示。

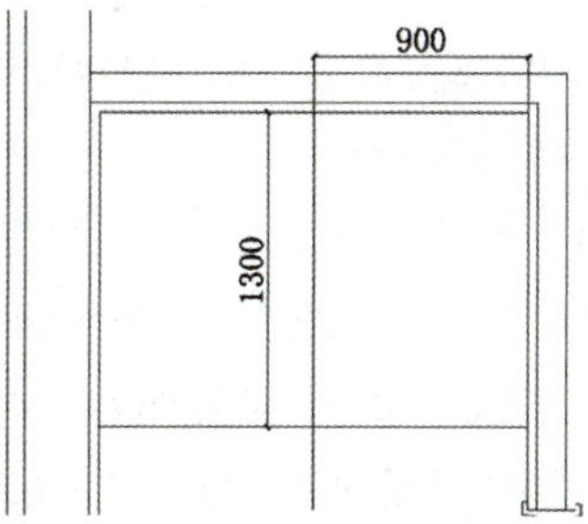

图2-4-25　女洗手间平面图

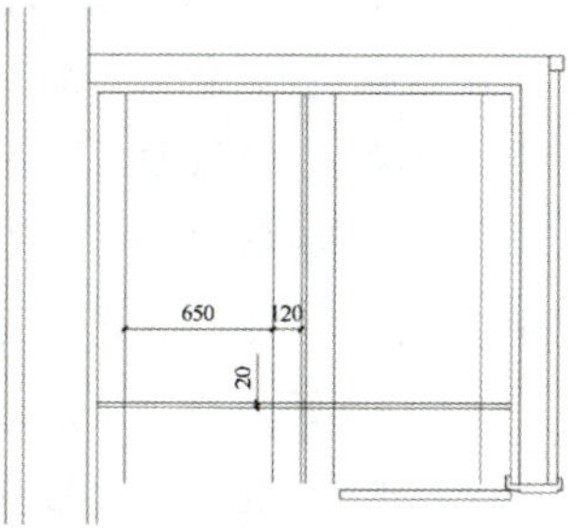

图2-4-26　洗手间隔断绘制图

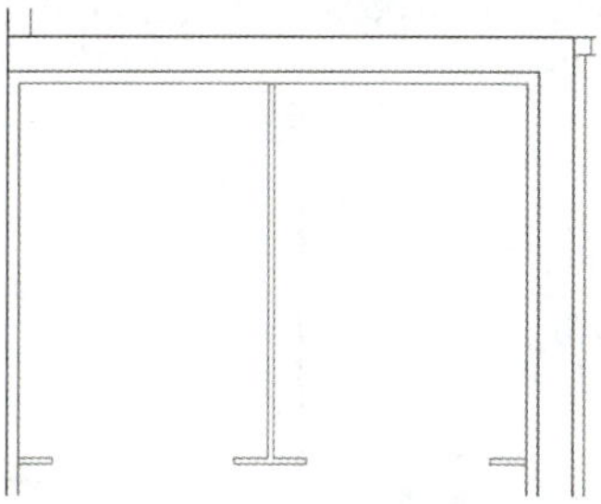

图2-4-27　洗手间隔断平面图（1）

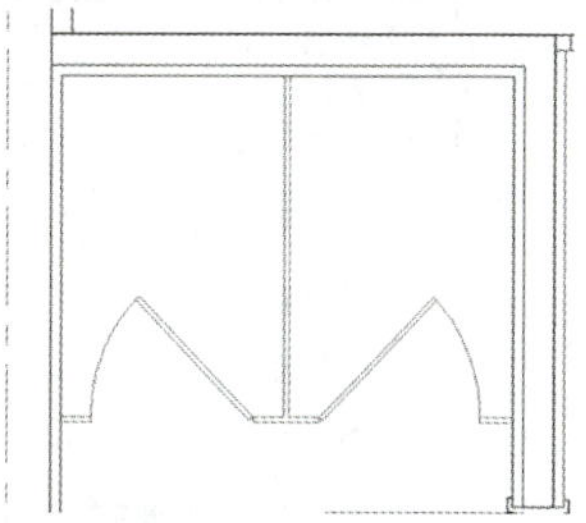

图2-4-28　洗手间隔断平面图（2）

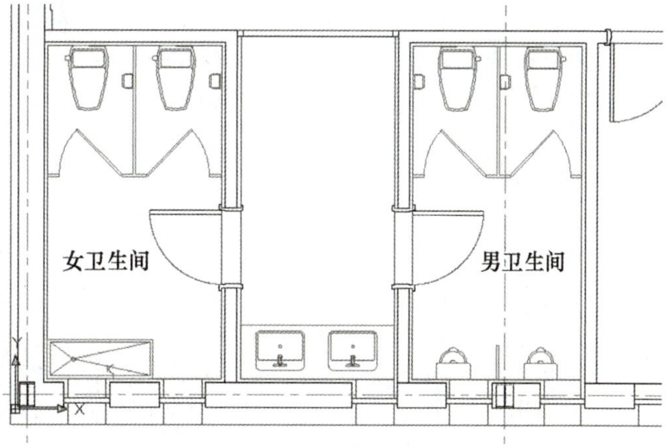

图2-4-29　洗手间平面布置图

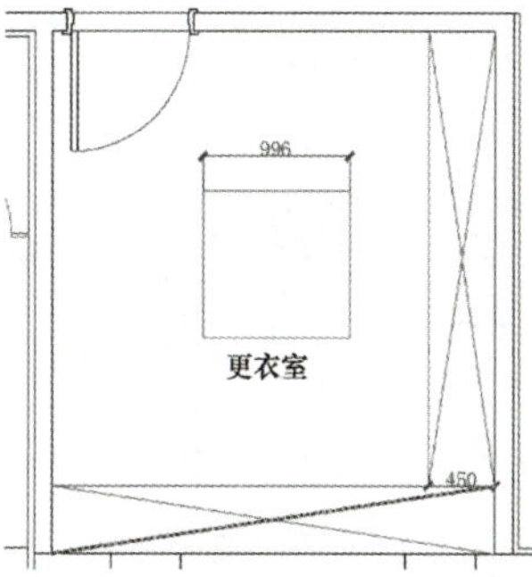

图2-4-30　更衣室平面布置图

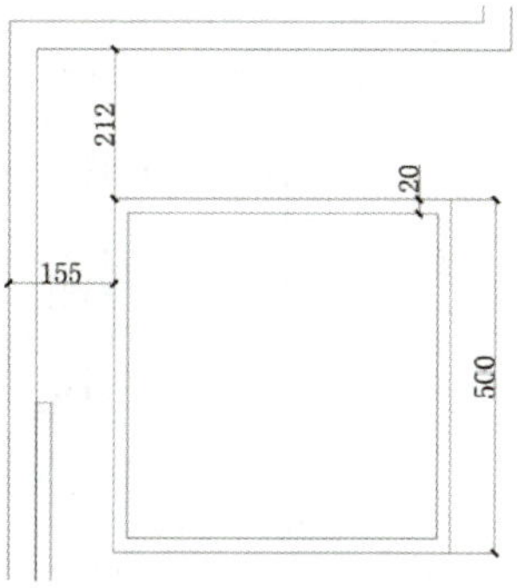

图2-4-31　户模平面图

（26）洽谈区家具布置。执行“插入”和“复制”命令，在洽谈区粘贴桌椅，如图2-4-35所示。输入“MI”，执行镜像命令，选择座椅作为对象，单击镜像线第一点和第二点，镜像出一组沙发，如图2-4-36所示。

（27）执行“插入”命令，粘贴一组四人座椅，如图2-4-37所示。将四人座椅全部选中，输入“AR”，执行“阵列”命令，如图2-4-38所示。

（28）输入“L”，执行“直线”命令，依照如图2-4-39所示尺寸绘制宣传架、景观和水吧。执行“插入块”命令，添加平面图中绿植、摆台和电视图块，如图2-4-40所示。

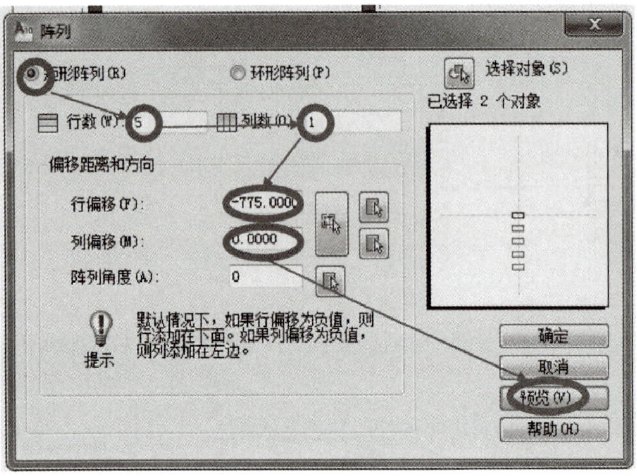

图2-4-32　阵列控制面板

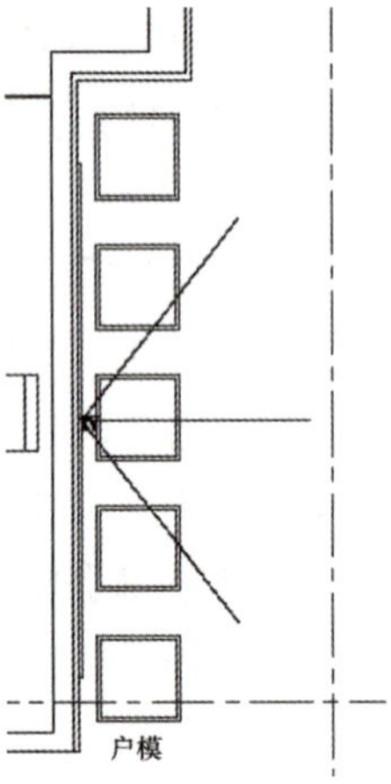

图2-4-33　户模平面图

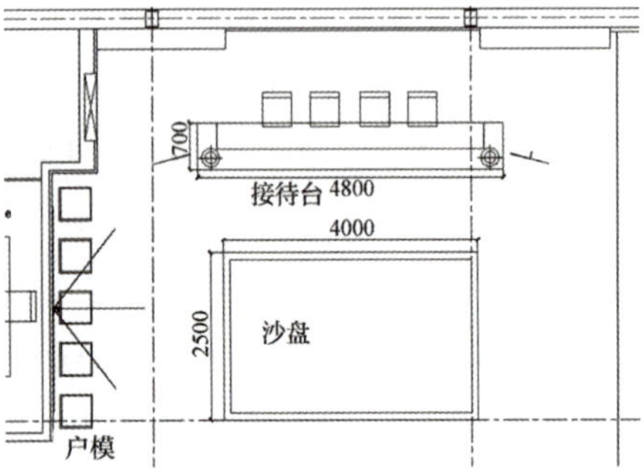

图2-4-34　接待台和沙盘平面图

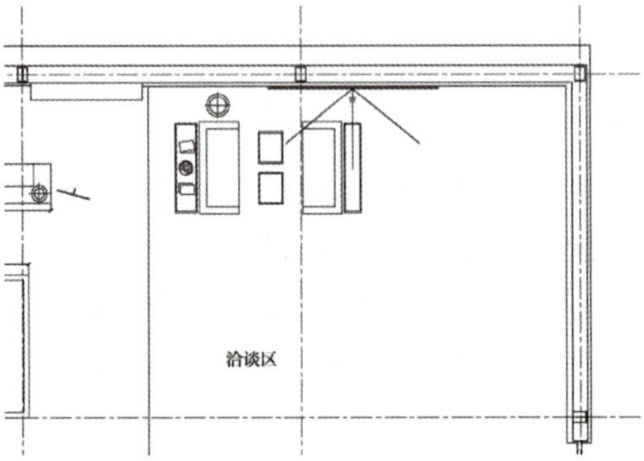

图2-4-35　洽谈区平面图

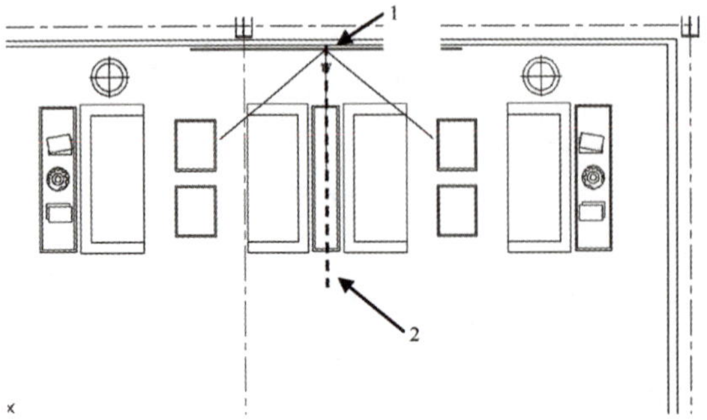

图2-4-36　洽谈区沙发镜像图

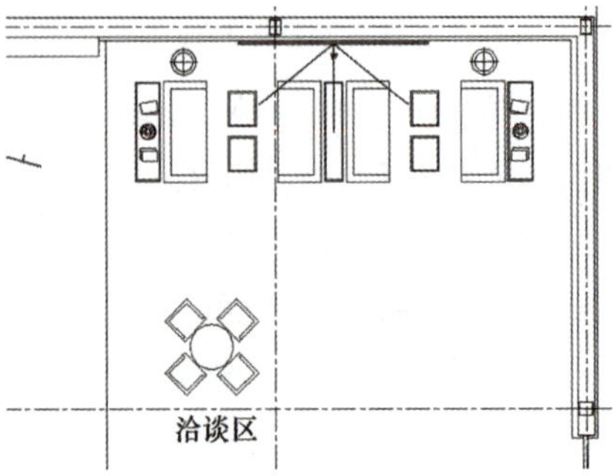

图2-4-37　洽谈区四人座椅平面图

（29）至此，售楼处平面布置图基本完成，接下来进行标注样式设置，对建筑轴线进行标注。单击“工具栏”>“标注”>“标注样式”>“标注样式管理器”>“新建”>输入“轴线标注”>单击“继续”，进入“修改标注样式”界面。选择“文字”栏，设置文字参数，如图2-4-41所示。选择“主单位”栏，设置参数，如图2-4-42所示，单击“确定”，结束设置。

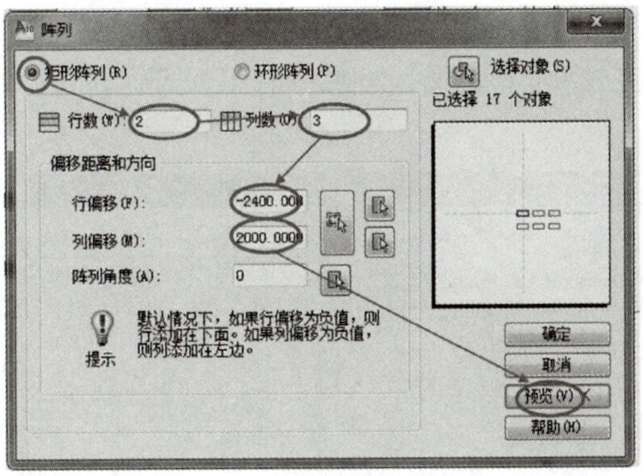

图2-4-38　阵列控制面板

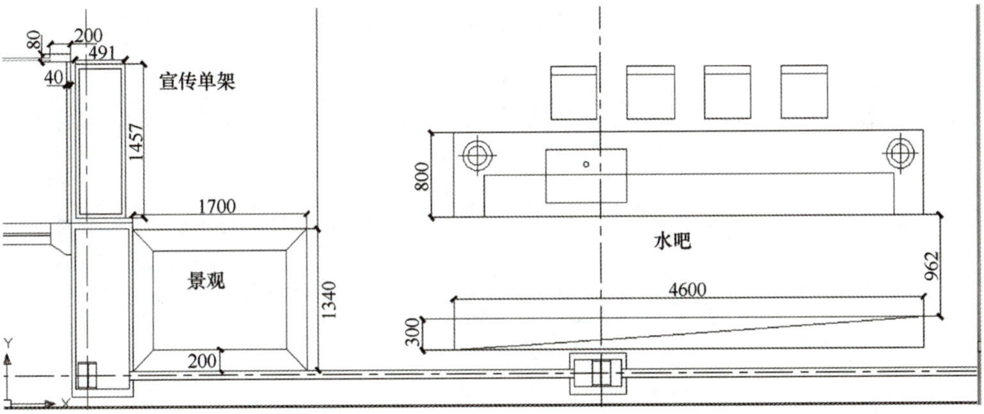

图2-4-39　宣传架尺寸图

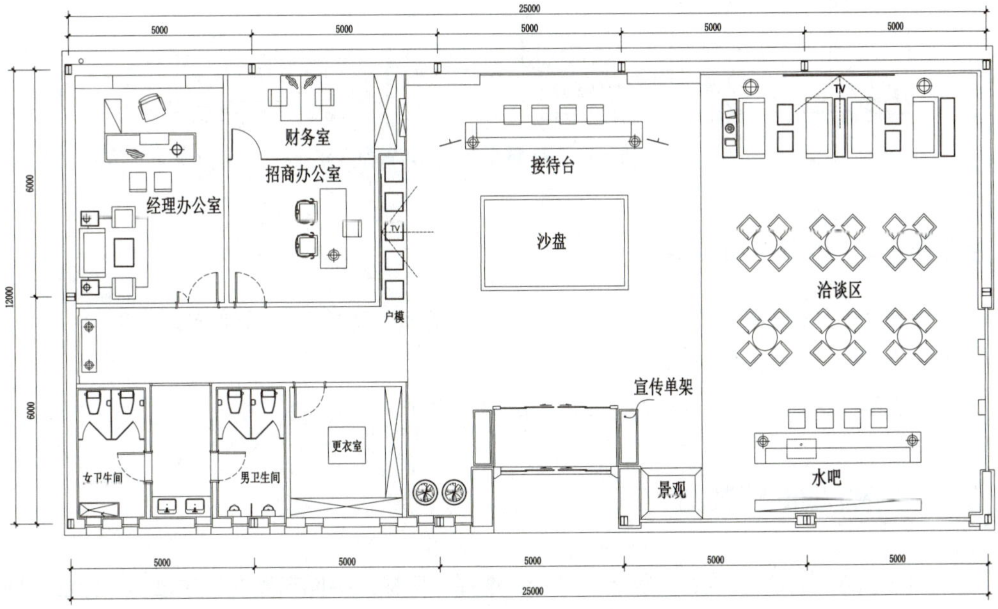

图2-4-40　补充图块位置图

（30）输入“DLI”，执行“标注”命令，完成标注。最后输入“T”，进行文字标注，完成平面布置图，如图2-4-43所示。

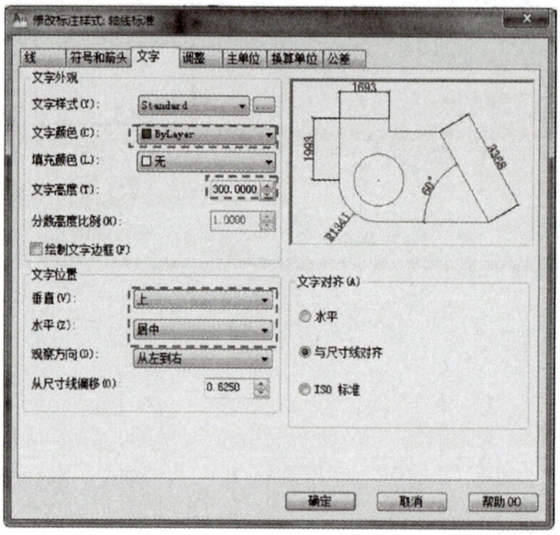

图2-4-41　修改标注样式控制面板

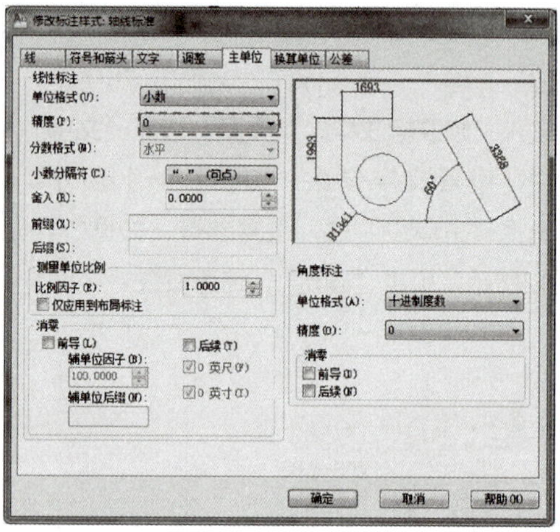

图2-4-42　主单位选项卡

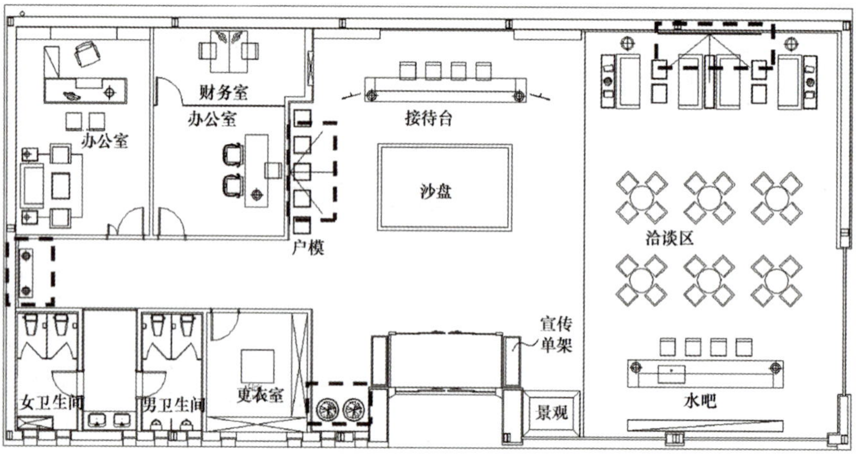

图2-4-43　售楼处平面布置图

随堂练习　**平面布置图的绘制**

- 实践目的：了解并掌握每个房间布置的必需品和装饰品位置与尺寸，合理布置空间。
- 实践内容：平面布置图的绘制。
- 实践步骤：根据上述方法和步骤，绘制售楼处的平面布置图。

二、售楼处地面铺装图

（1）输入“CO”，执行“复制”命令，选择“售楼处平面布置图”中轴线、标注、墙体和门窗，复制地面铺装的底图，如图2-4-44所示。关闭“轴线”图层。

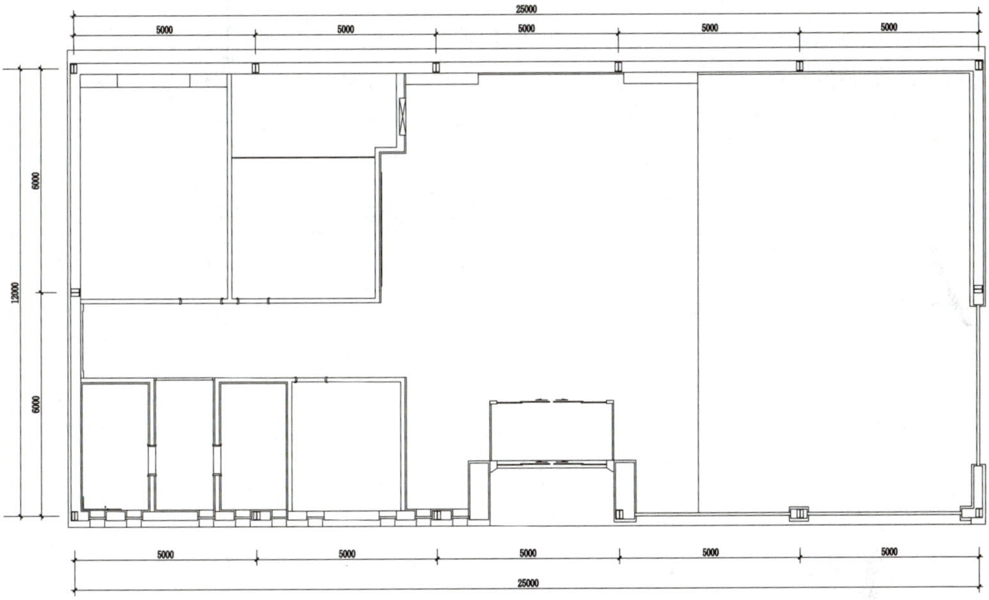

图2-4-44　售楼处平面结构图

（2）输入“H”，执行“填充”命令，打开图案填充编辑器，参数设置如图2-4-45所示，作为办公区复合地板的示意图。

（3）将经理办公室和财务室进行图案填充，效果如图2-4-46所示。

（4）沙盘展示区铺装为1000×1000石材，输入“L”，执行“直线”命令，先绘制横、竖两条直线。输入“O”，执行“偏移”命令，分别向右和向下偏移1000，如图2-4-47所示。

（5）输入“TR”，执行“剪切”命令，将偏移后多余的线条剪掉，如图2-4-48所示。

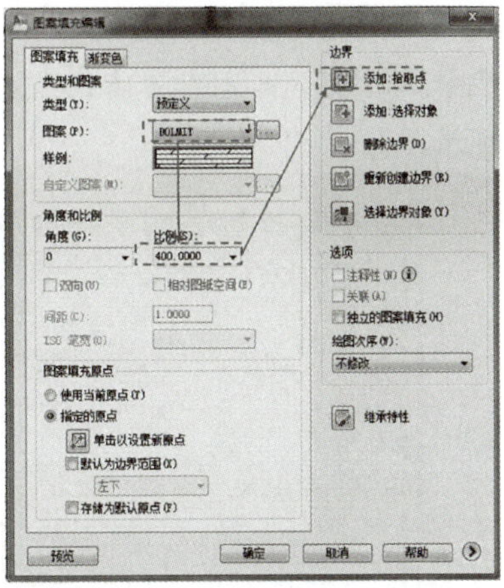

图2-4-45　图案填充编辑器

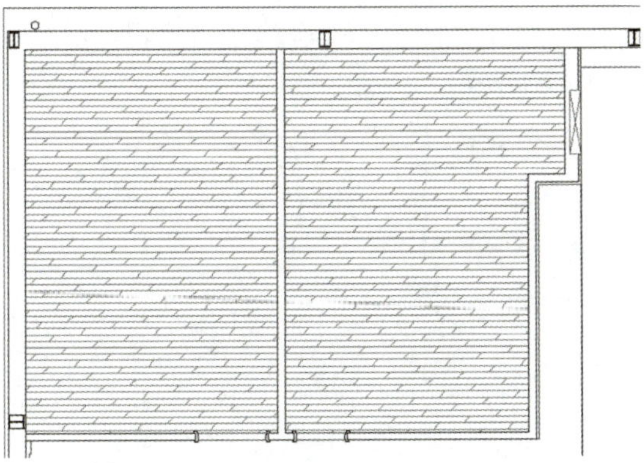

图2-4-46　经理办公室和财务室铺装图

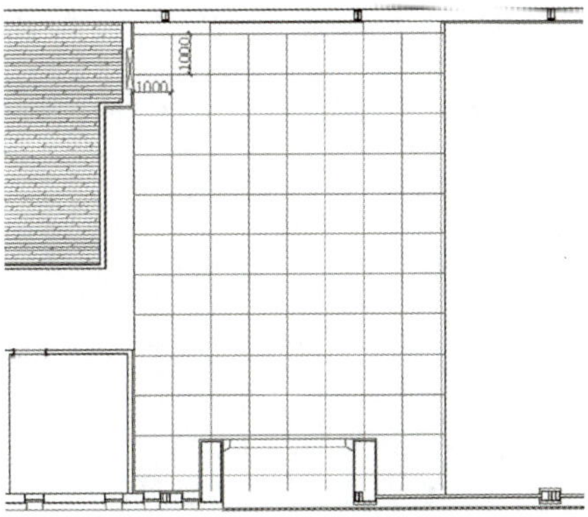

图2-4-47　沙盘展示区铺装图

（6）在洽谈区输入“REC”，绘制400×800的矩形，如图2-4-49所示。

（7）输入“CO”，执行“复制”命令，在洽谈区和走廊空间绘制“仿古砖”，如图2-4-50所示。

（8）绘制男、女洗手间和更衣室铺装图，铺装都为400×400方砖，输入“L”，执行“直线”命令，绘制一条直线，如图2-4-51所示。

（9）输入“O”，执行“偏移”命令，向上偏移400，如图2-4-52所示。

（10）输入“TR”，执行“剪切”命令，将多余线条剪掉，如图2-4-53所示。

（11）选中男、女洗手间装饰线，输入“O”，执行“偏移”命令，分别向左、右偏移400，如图2-4-54所示。

（12）完成偏移后，输入“EX”，执行“延伸”命令，将线段延伸至底部的装饰线上，如图2-4-55所示。

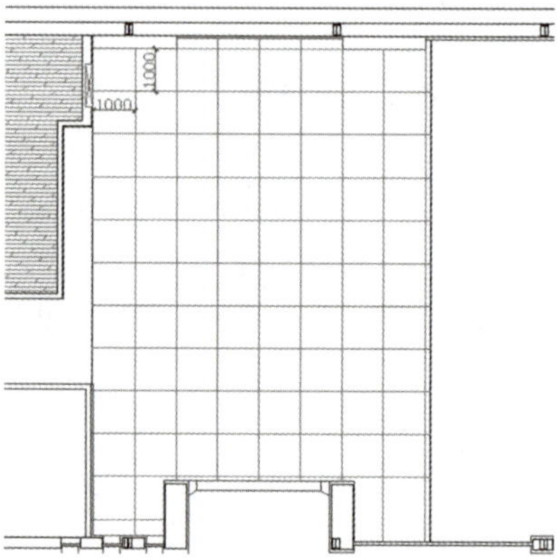

图2-4-48　售楼处沙盘区铺装图

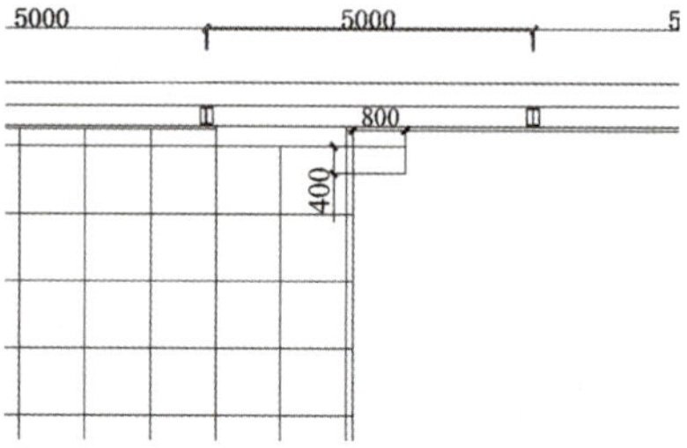

图2-4-49　洽谈区铺装尺寸图

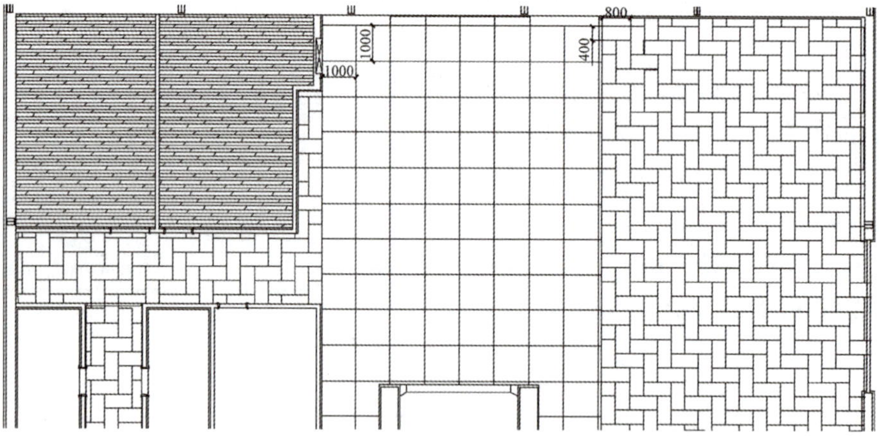

图2-4-50　洽谈区铺装图

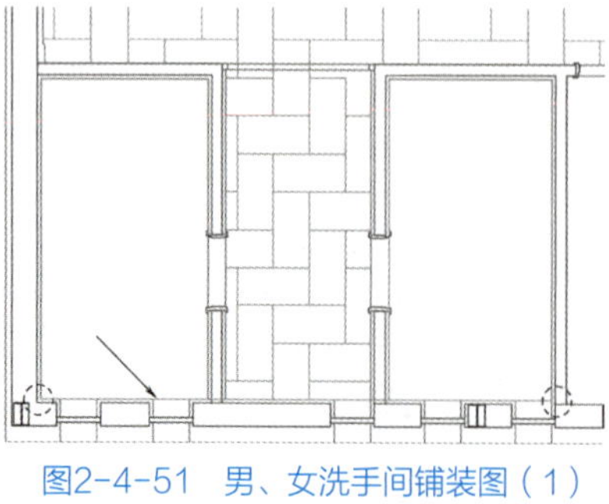

图2-4-51　男、女洗手间铺装图（1）

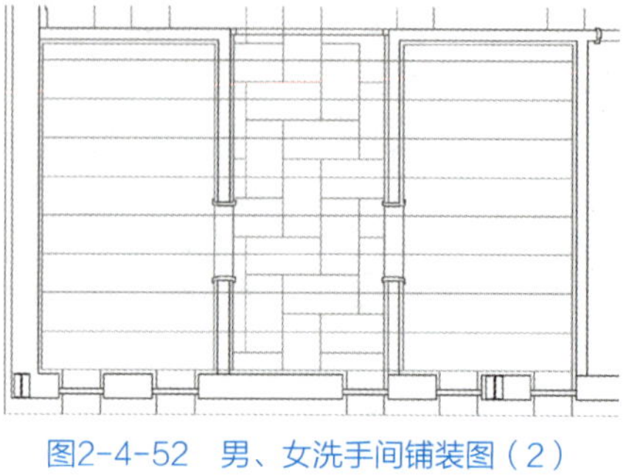

图2-4-52　男、女洗手间铺装图（2）

（13）输入“MA”，执行“笔刷”命令，将线刷成“填充”图层的灰色线，完成洗手间铺装图绘制，如图2-4-56所示。

（14）输入“L”，执行“直线”命令，然后输入“O”，执行“偏移”命令，在更衣室空间内绘制400×400的地面砖，效果如图2-4-57所示。

（15）地面铺装图绘制完成，如图2-4-58所示。

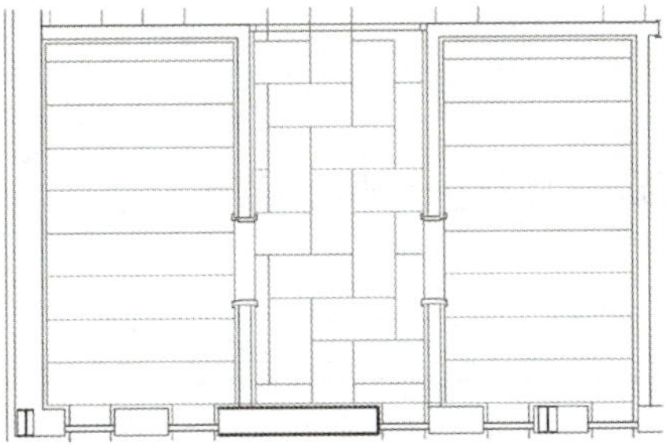

图2-4-53　男、女洗手间铺装图（3）

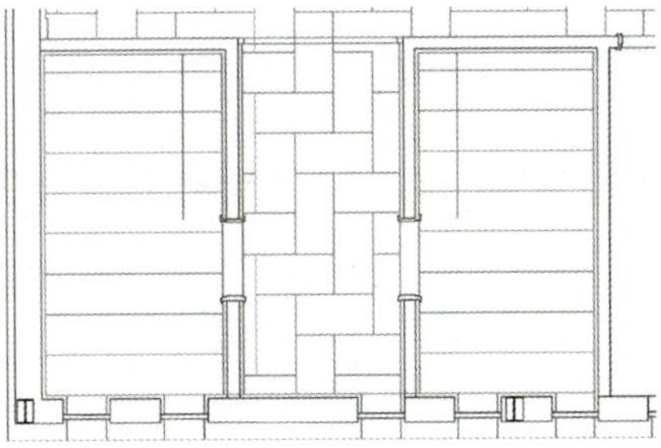

图2-4-54　男、女洗手间铺装图（4）

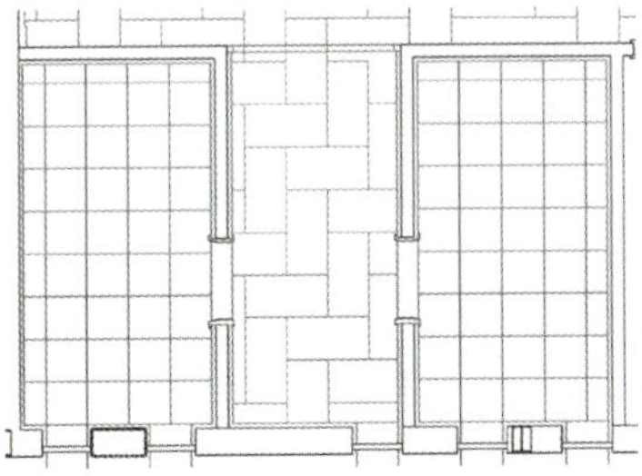

图2-4-55　男、女洗手间铺装图（5）

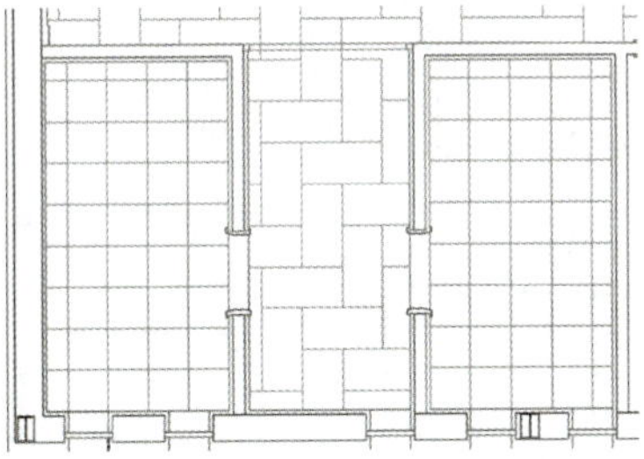

图2-4-56　男、女洗手间铺装图（6）

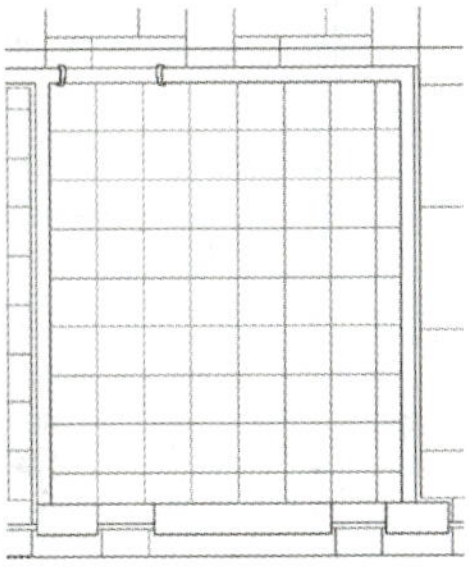

图2-4-57　更衣室铺装图

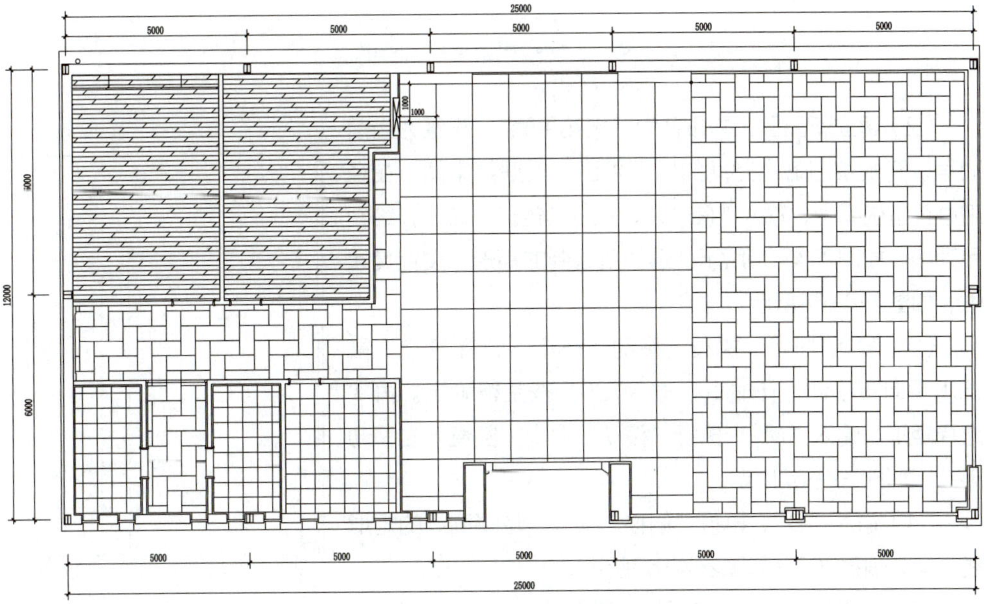

图2-4-58　售楼处地面铺装图

随堂练习 **地面铺装图的绘制**

- 实践目的：了解并掌握地面铺装的材料、尺寸及不同功能空间的使用。
- 实践内容：绘制三种400×800地砖的铺装方案。
- 实践步骤：根据上述方法和步骤，绘制地面铺装图。

三、售楼处天花布置图

（1）打开AutoCAD，先绘制建筑基础图层，如图2-4-59所示。

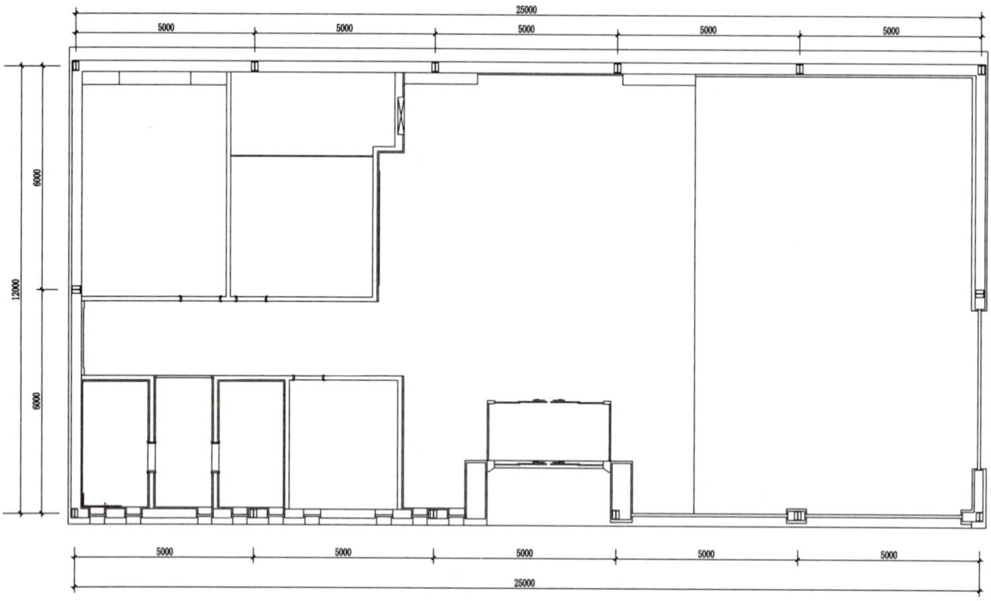

图2-4-59 售楼处天花布置图

（2）建立新图层，并命名为“天花平面”，设置为当前图层。开始绘制各个空间的吊顶平面，根据效果图，在经理办公室空间中，输入“REC”，执行“矩形”命令，绘制吊顶线，如图2-4-60所示。选中所绘制的矩形，设置其属性，如图2-4-61所示。

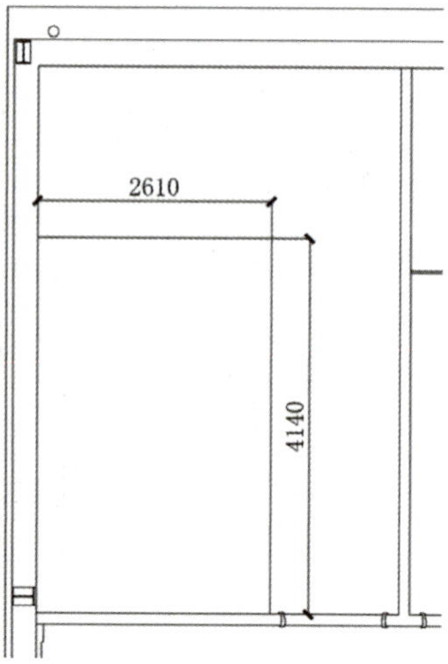

图2-4-60 经理办公室吊顶平面图

（3）输入“M”，执行“移动”命令，选择基点，鼠标水平向右移动，在命令栏输入720，按空格确定。再次选择矩形，输入“M”，执行“移动”命令，竖直向上移动820，如图2-4-62所示。

（4）输入“O”，执行“偏移”命令，选择画好的矩形线，向外偏移200，如图2-4-63所示。

（5）选择第二次偏移的矩形，输入“O”，执行“偏移”

命令，向外偏移20，再偏移50，并将最后的偏移线颜色属性改为灰色（此处黑色显示），用来表示灯带，如图2-4-64所示。

（6）插入“空调送风口”和“空调回风口”图块，如图2-4-65所示。

（7）输入“O”，执行“偏移”命令，将办公室吊灯的中心定位出来，插入“吊灯”图块，如图2-4-66所示。

（8）执行“插入块”命令，插入“嵌入式筒灯”图块，按照效果图标准，选择筒灯图块，输入“CO”，执行“复制”命令，如图2-4-67所示，布置筒灯位置。

（9）绘制财务室天花布置图，财务室吊顶按高度不同分为两个空间，如图2-4-68所示。

（10）输入“REC”，执行“矩形”命令，绘制1200×1200的矩形，如图2-4-69所示。

（11）输入“O”，执行“偏移”命令，选择矩形，向内偏移40，然后输入“H”，执行“填充”命令，参数如图2-4-70所示。财务室顶棚处的镜面装饰绘制完成，如图2-4-71所示。

图2-4-61　线条管理器

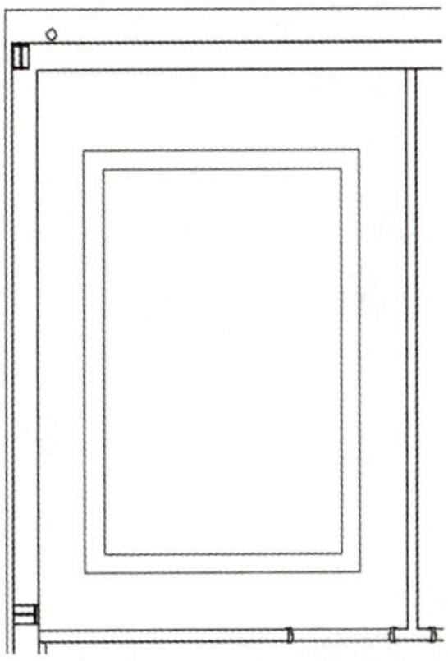

图2-4-62　吊顶造型垂直移动图

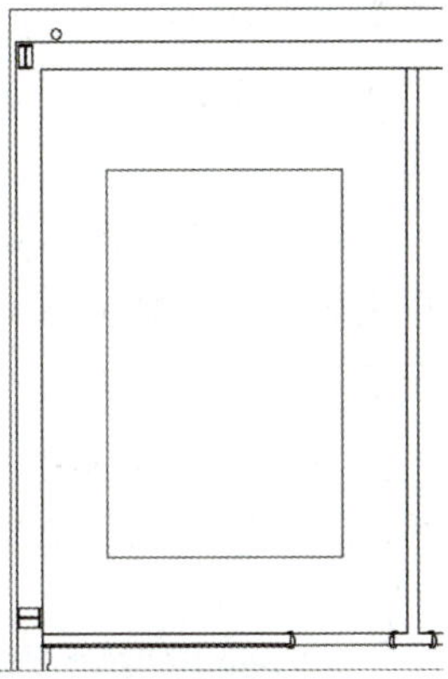

图2-4-63　吊顶造型平面图

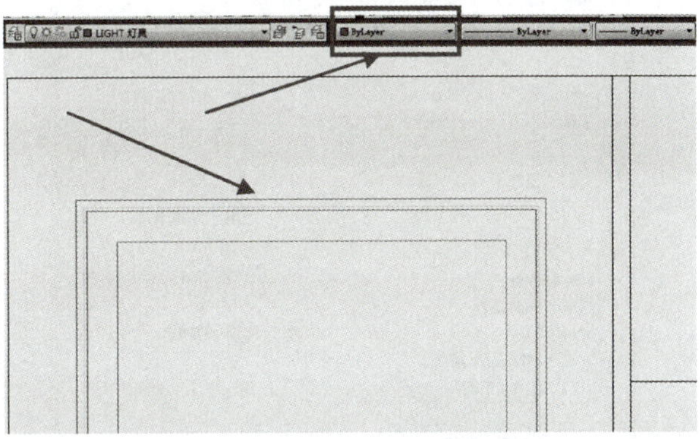

图2-4-64　灯带图层示意图

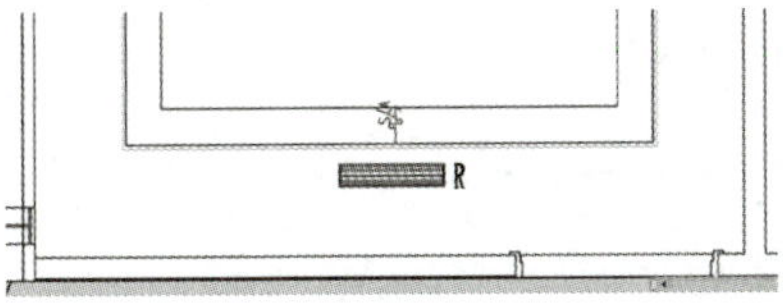

图2-4-65　空调图块位置图

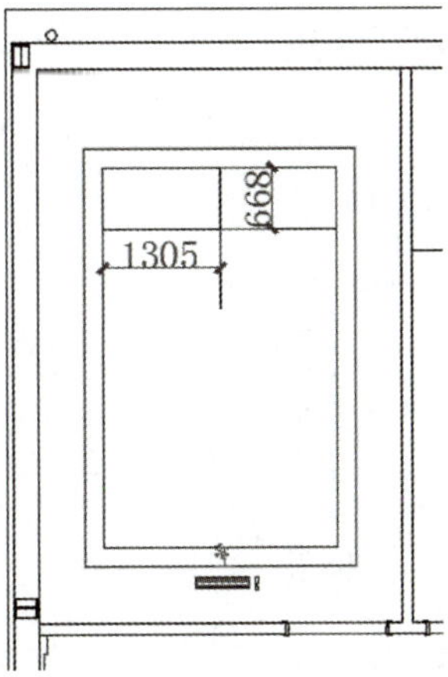

图2-4-66　吊灯定位图

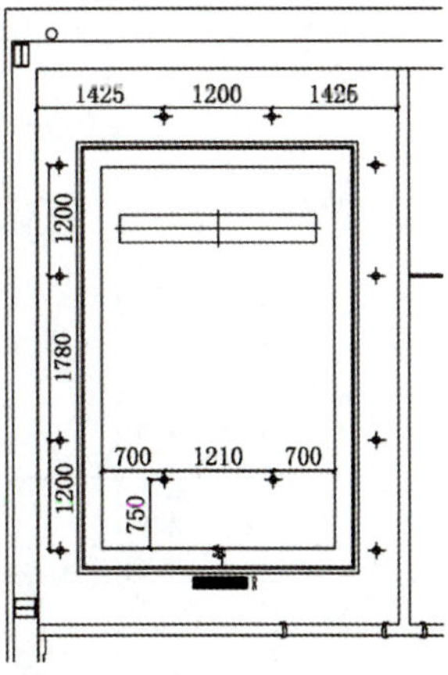

图2-4-67　筒灯定位尺寸图

（12）绘制招商室吊顶平面，以图2-4-72所示尺寸绘制矩形，并向外偏移20，向内偏移200。

（13）选中最外层矩形线，输入“O”，执行“偏移”命令，向外偏移50，将其改成“灯具”图层，颜色改为“ByLayer”，布置四个内嵌式筒灯，尺寸如图2-4-73所示。插入“空调通风口”图块，如图2-4-74所示。

（14）将洗手间的顶棚处理成“平棚”，在绘制时，只需表示出筒灯和通风口的位置即可，如图2-4-75所示。

（15）绘制更衣室天花的镜面装饰，以图2-4-76所示尺寸绘制矩形，并填充。

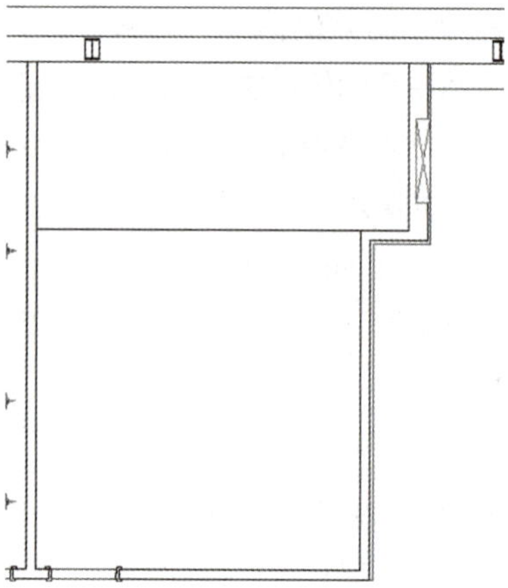

图2-4-68　财务室天花底图

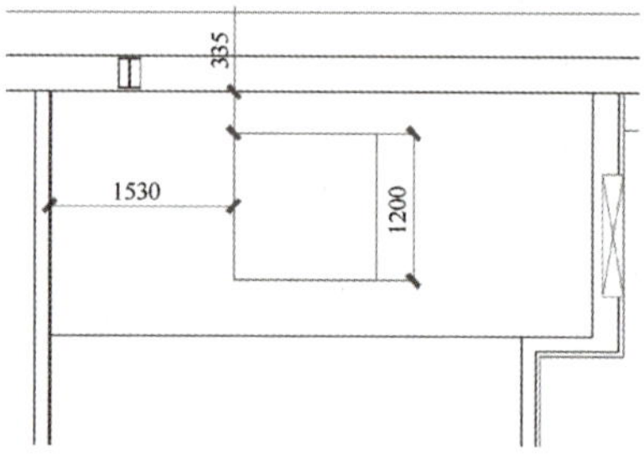

图2-4-69　财务室天花造型定位图

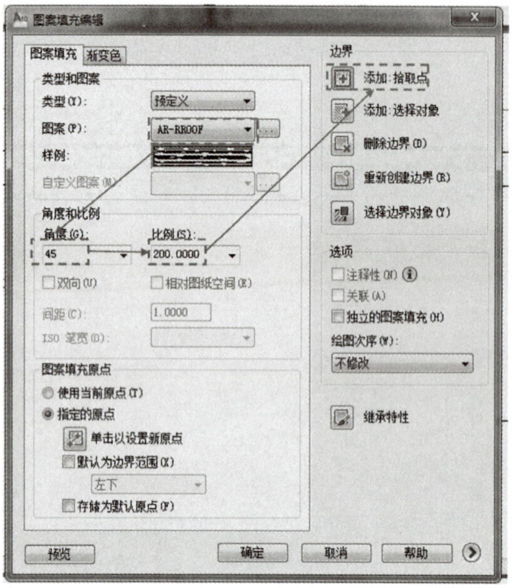

图2-4-70　图案填充编辑器

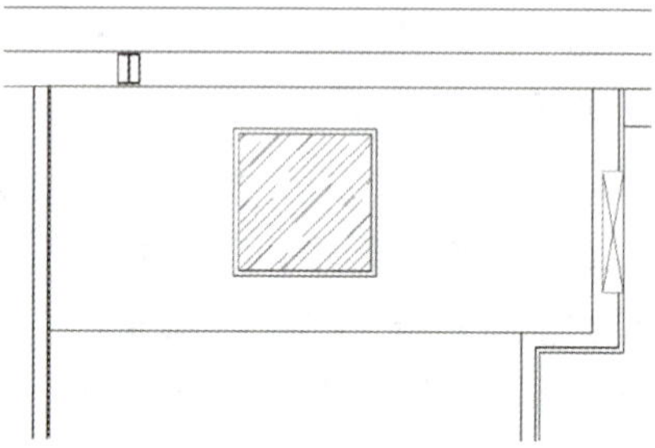

图2-4-71　财务室吊顶造型完成图

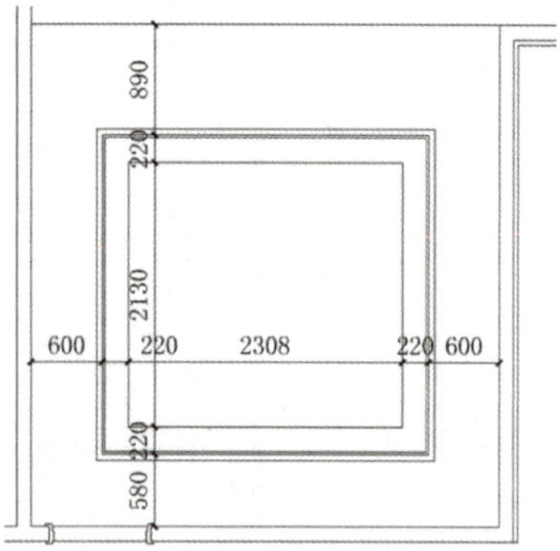

图2-4-72　招商室吊顶造型尺寸图

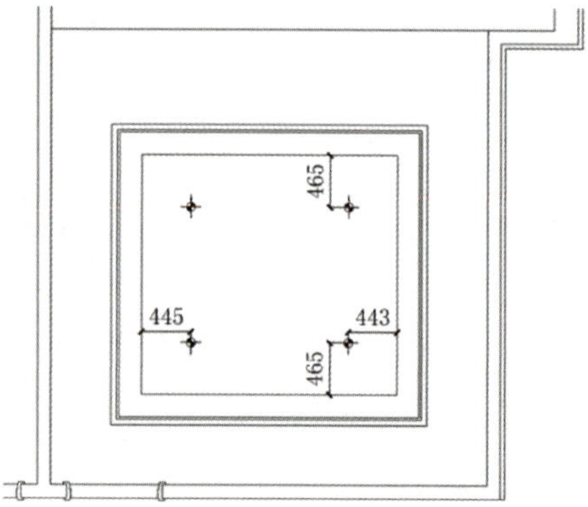

图2-4-73　招商室吊顶灯位尺寸图

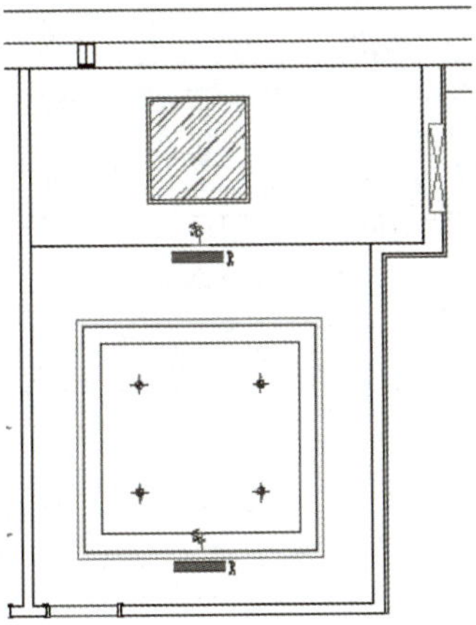

图2-4-74　空调定位图

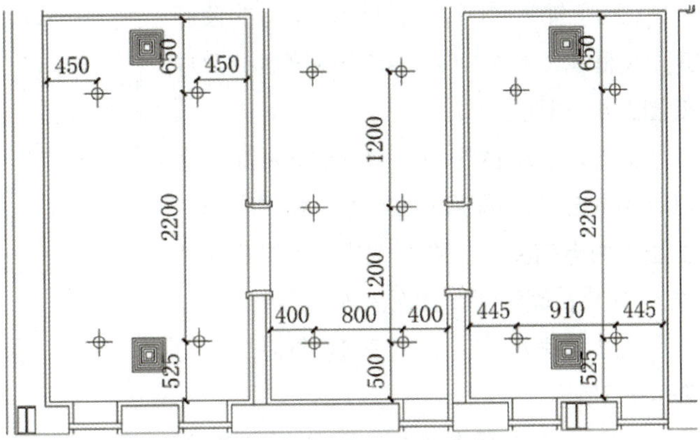

图2-4-75　洗手间灯具定位图

（16）绘制走廊吊顶，输入“REC”，执行“矩形”命令，绘制1200×7740的矩形，输入“O”，执行“偏移”命令，分别向内、外偏移70和50，如图2-4-77所示。

（17）绘制筒灯的造型，输入“REC”，执行“矩形”命令，以图2-4-78所示尺寸定位，插入“筒灯”图块。

（18）绘制连续的筒灯造型，将筒灯造型全选，输入“AR”，执行“阵列”命令，参数设置如图2-4-79所示。

（19）在走廊尽头处插入“嵌入式筒灯”图块，如图2-4-80所示。

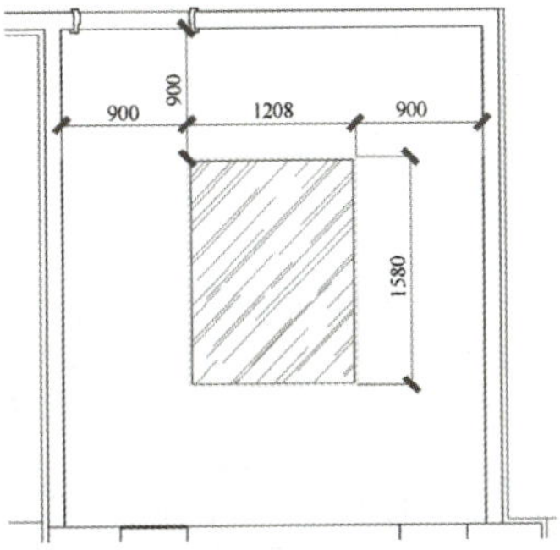

图2-4-76　更衣室吊顶造型定位图

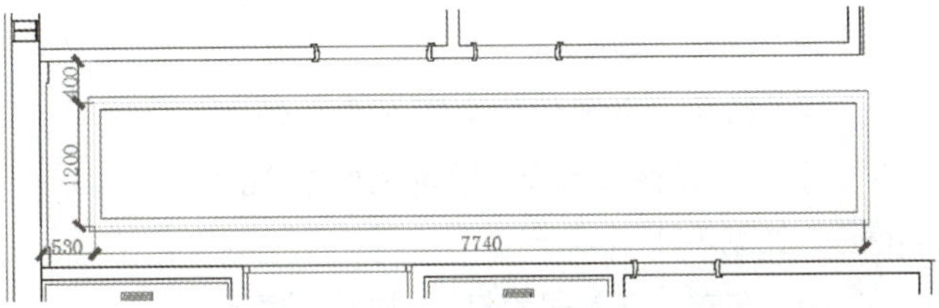

图2-4-77　走廊吊顶尺寸图

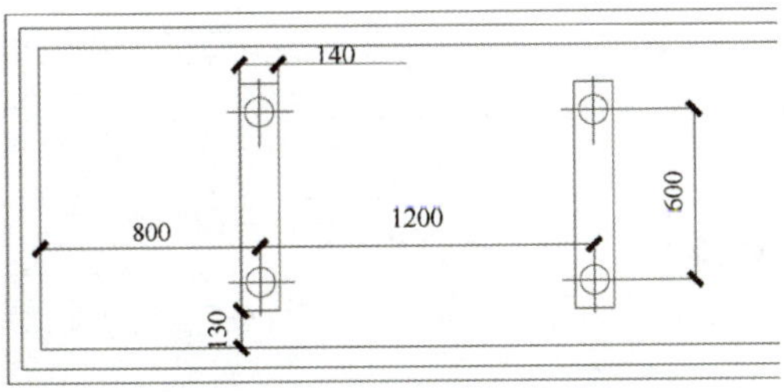

图2-4-78　走廊灯具定位图

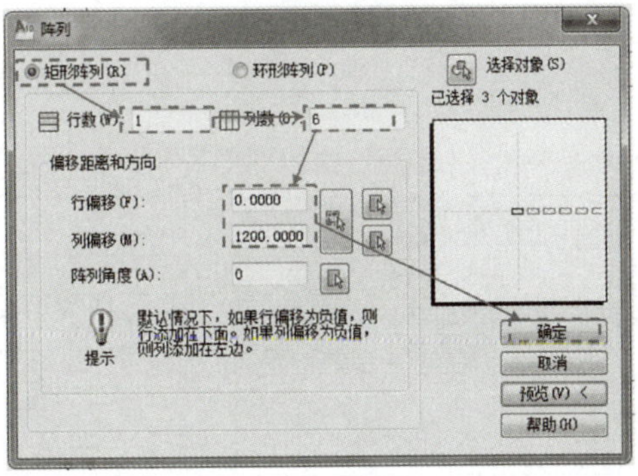

图2-4-79　阵列控制面板

（20）输入“L”，绘制沙盘上方的顶棚矩形边框线，输入“O”，向内偏移40，尺寸如图2-4-81所示。

（21）绘制镂空处的木格栅装饰，宽60mm木方，间隔50mm放置，将“家具”图层设为当前图层，输入“L”，绘制直线，输入“O”，偏移50，如图2-4-82所示。

（22）输入“O”，向下偏移60，如图2-4-83所示。

（23）选中已绘制的两条线，输入“CO”，选择矩形的角点为基点，连续复制，如图2-4-84所示。

（24）将已绘制的全部直线选中，继续输入“CO”，执行“复制”命令，如图2-4-85所示。

（25）插入“嵌入式筒灯”，输入“TR”，执行“剪切”命令，布置筒灯的空间，筒灯所在位置的木方表示方法如图2-4-86所示。以此方法插入“嵌入式筒灯”，位置如图2-4-87所示。

（26）绘制“空调口”，输入“REC”，执行“矩形”命令，插入“筒灯”和“空调口”图块，尺寸如图2-4-88所示。

（27）选中“空调口”全部图形，输入“MI”，执行“镜像”命令，以木格栅中心为镜像线，如图2-4-89所示。

（28）布置“嵌入式筒灯”，执行“插入块”命令，按如图2-4-90所示尺寸在沙盘展示区布置灯位。

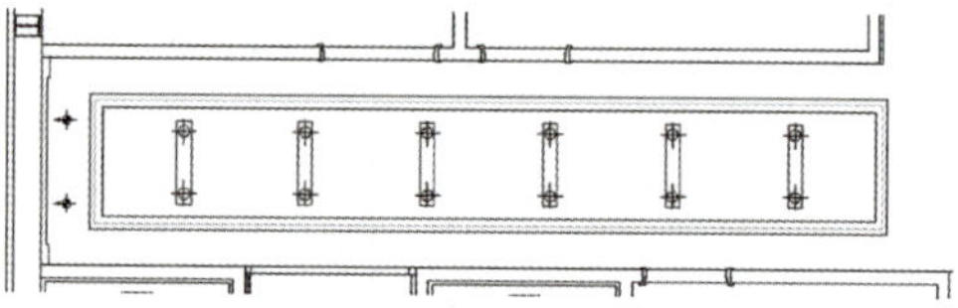

图2-4-80　走廊吊顶平面图

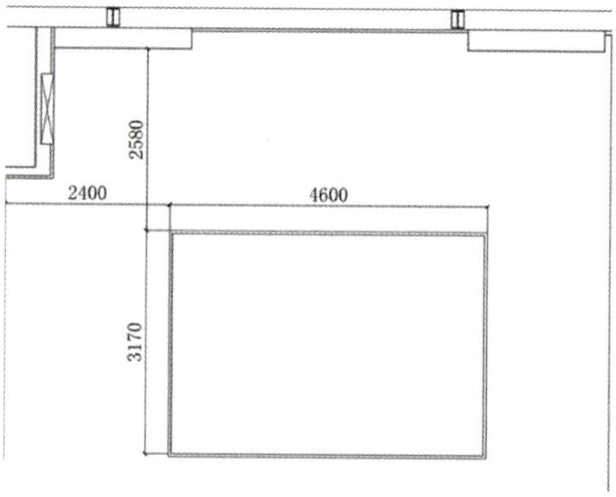

图2-4-81　沙盘吊顶尺寸图

图2-4-82　木格线偏移图（1）

图2-4-83　木格线偏移图（2）

图2-4-84　复制木格线（1）

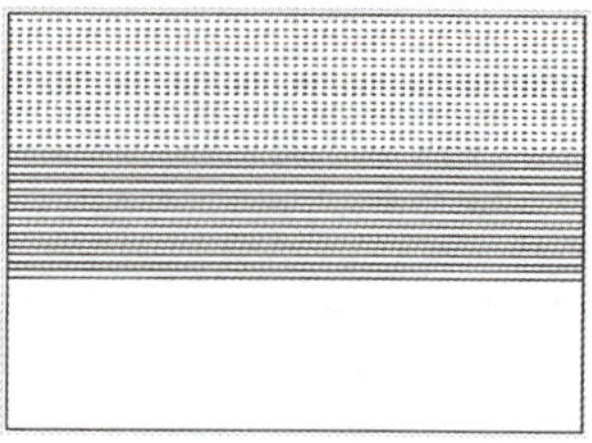

图2-4-85　复制木格线（2）

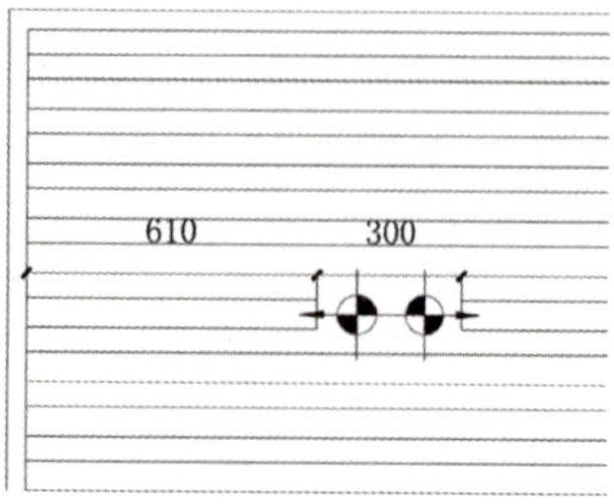

图2-4-86　木格吊顶中灯具定位图

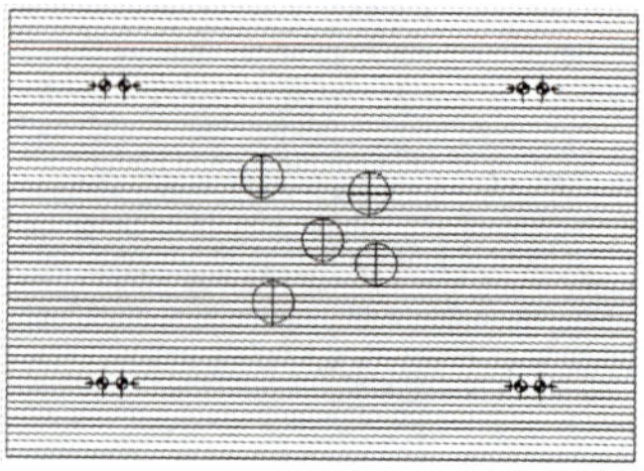

图2-4-87　木格吊顶中灯具布置图

（29）绘制“洽谈区”吊顶边棚平面，输入“REC”，绘制尺寸为9180×5450的矩形，输入“O”，向外分别偏移220，180，20，输入“M”，将所绘制的矩形线框移动到如图2-4-91所示位置。

（30）执行“插入块”命令，插入“空调口”图块，如图2-4-92所示。

（31）输入“REC”，绘制尺寸为500×3500的矩形，位置如图2-4-93所示。

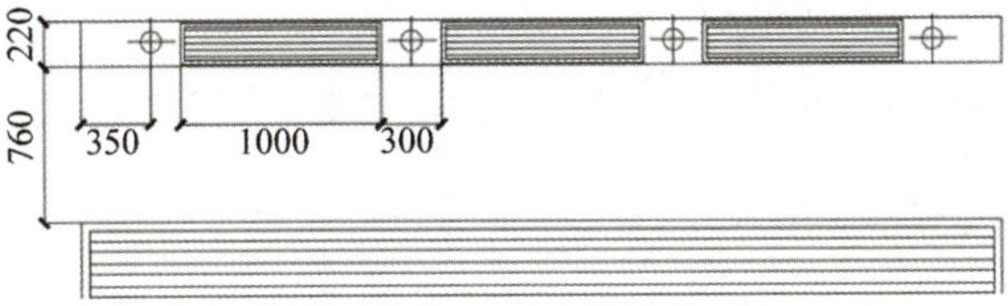

图2-4-88　空调口尺寸图

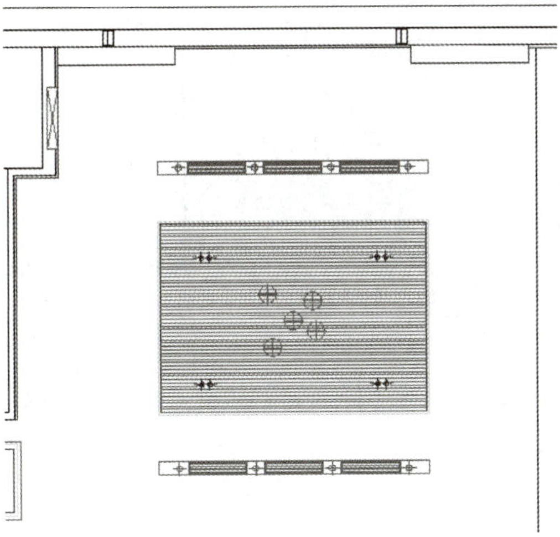

图2-4-89　沙盘区空调布置图

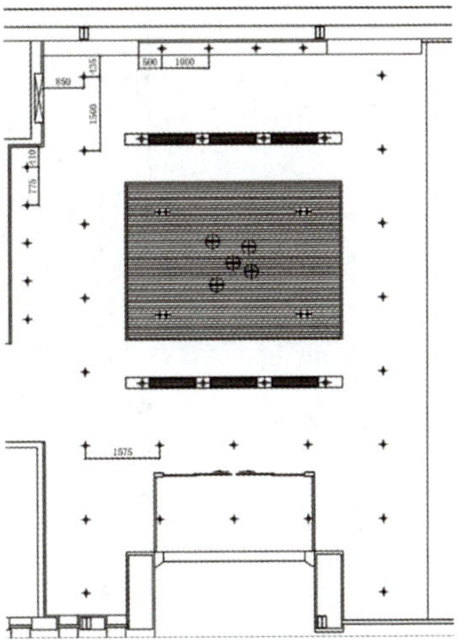

图2-4-90　沙盘区灯具定位图

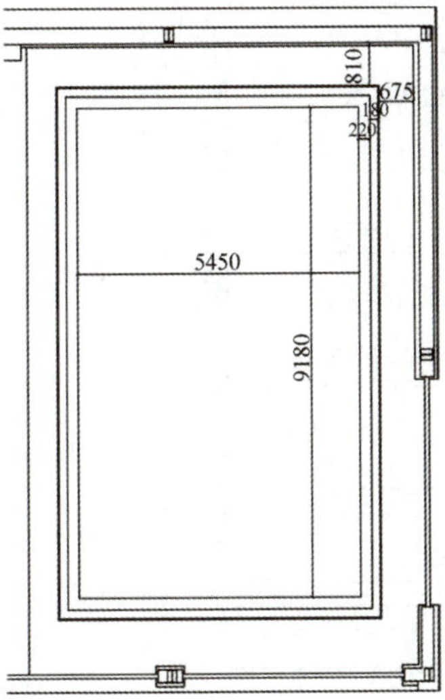

图2-4-91　洽谈区吊顶尺寸图

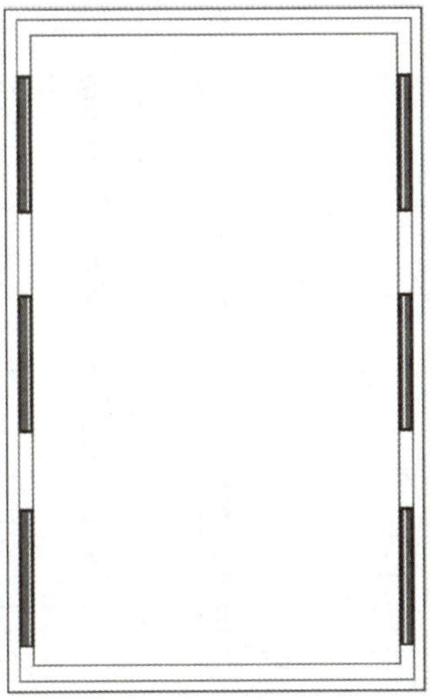

图2-4-92　洽谈区空调口布置图

图2-4-93　造型定位图

（32）执行“插入块”命令，插入“吊灯”图块，位置如图2-4-94所示。

（33）选中绘制的矩形及“吊灯”示意图，输入“AR”，参数设置如图2-4-95所示。阵列后的效果如图2-4-96所示。

（34）执行“插入块”命令，插入“嵌入式筒灯”图块，位置如图2-4-97所示。

（35）售楼处的天花布置如图2-4-98所示。

（36）输入“DLI”，对天花造型进行标注，这里要注意的是灯具和空调的标注不在天花布置图中体现，如图2-4-99所示。

（37）对天花平面进行标高，输入“T”，执行“文字”命令，如图2-4-100所示。

图2-4-94　灯具布置图

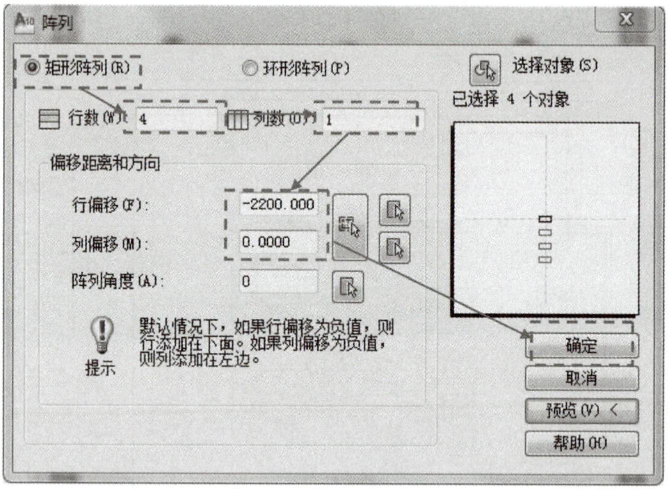

图2-4-95　阵列编辑器

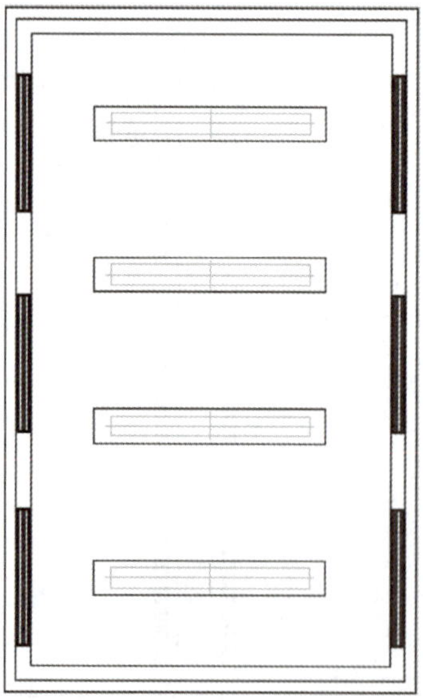

图2-4-96　洽谈区灯具布置图

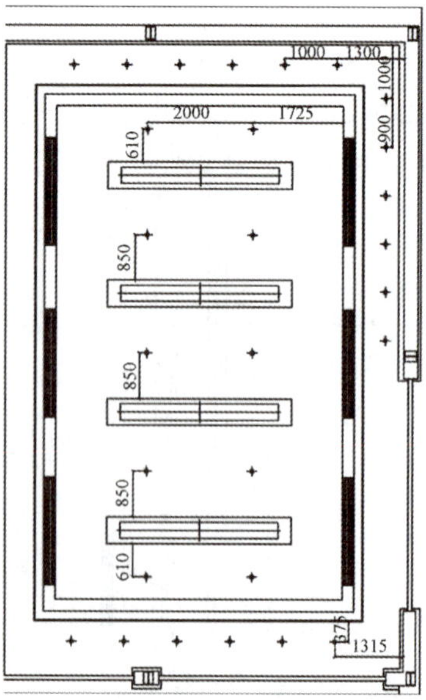

图2-4-97　洽谈区筒灯定位图

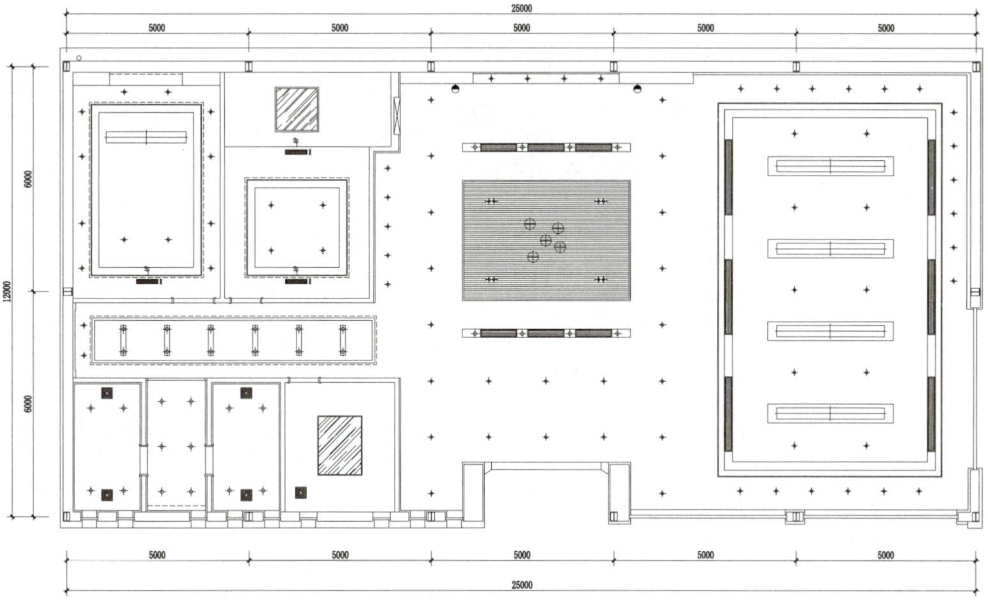

图2-4-98　售楼处天花布置图

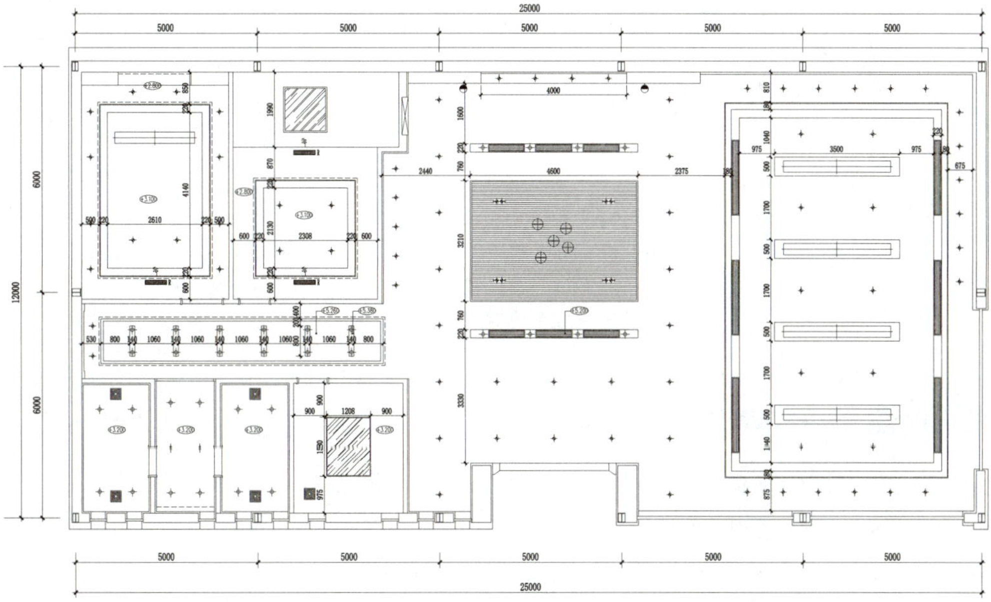

图2-4-99　售楼处吊顶标注图

（38）输入“T”，执行“文字”命令，字体设置为“宋体”，高度为300，进行天花吊顶的材质标注，如图2-4-101所示。

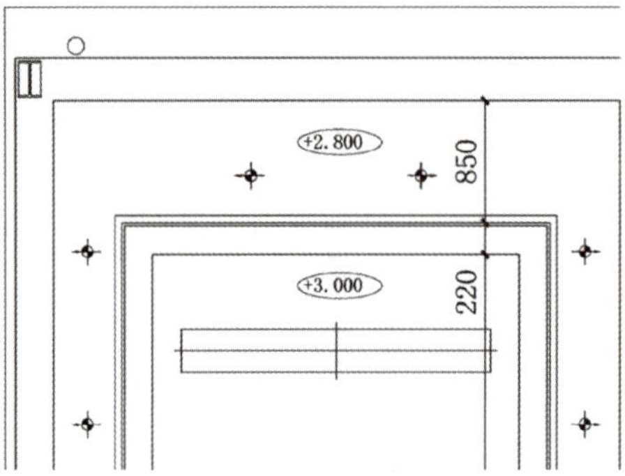

图2-4-100　吊顶标高示意图

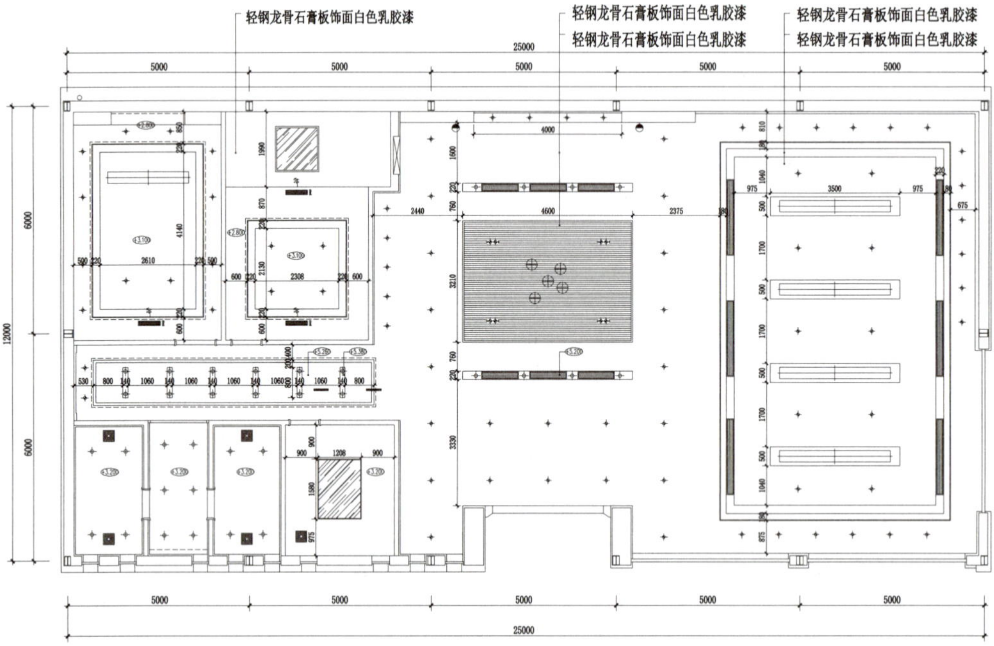

图2-4-101　售楼处天花布置图

随堂练习　**天花布置图的绘制**

- 实践目的：了解并掌握天花吊顶平面尺寸、定位及造型平面表达。
- 实践内容：天花布置图的绘制。
- 实践步骤：根据上述方法和步骤，绘制售楼处的天花布置图。

四、售楼处灯具定位图

（1）灯具定位图就是在天花布置图的基础上，进行严密的灯具定位、标注。先输入“CO”，执行“复制”命令，准备好灯具的底图，如图2-4-102所示。

（2）对灯位进行标注，输入“DLI”，执行“标注”命令，如图2-4-103所示。

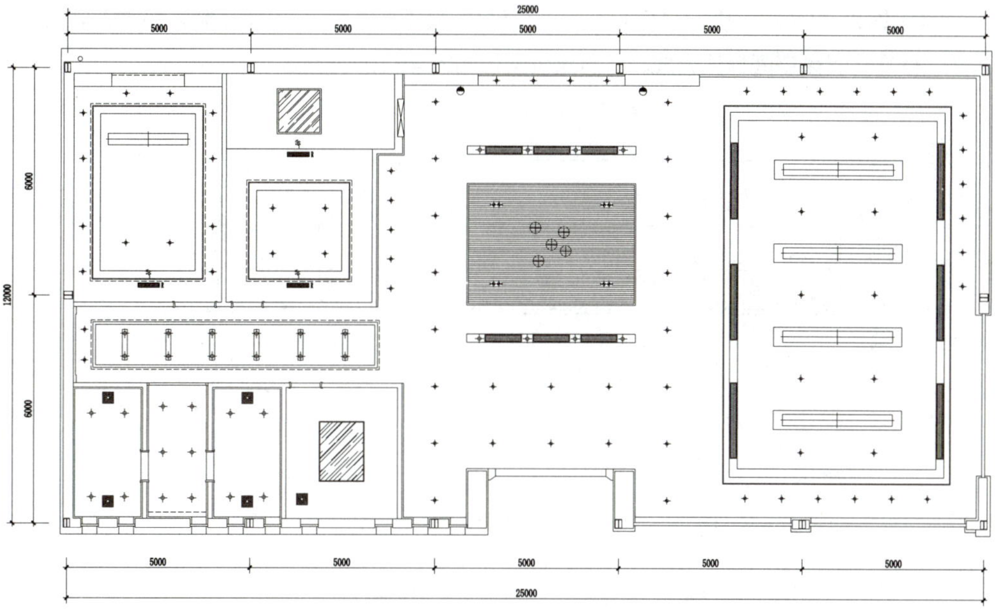

图2-4-102　售楼处灯具定位图

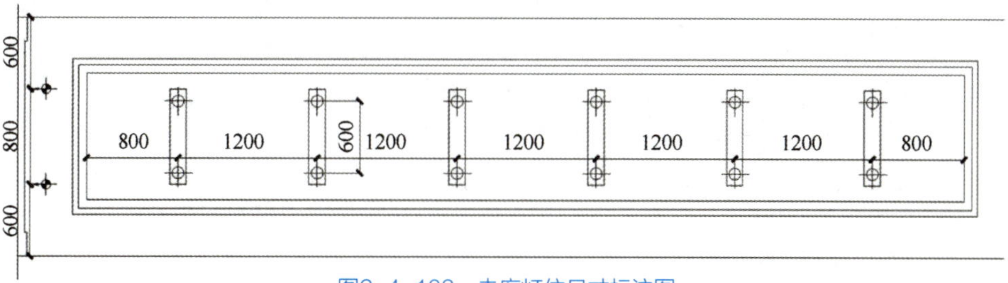

图2-4-103　走廊灯位尺寸标注图

（3）在灯具定位图中，等距的灯具用“EQ”标注，双击标注中“1200”，弹出标注属性，如图2-4-104所示。鼠标滑动到“文字”栏，在“文字替换”项中输入“EQ”，如图2-4-105所示。

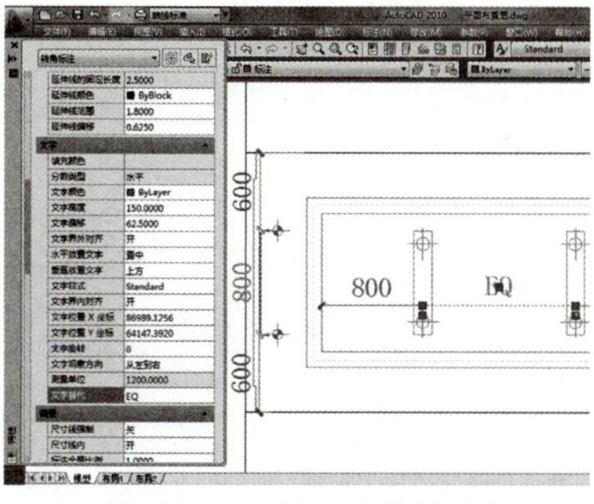

图2-4-104　标注特性控制面板

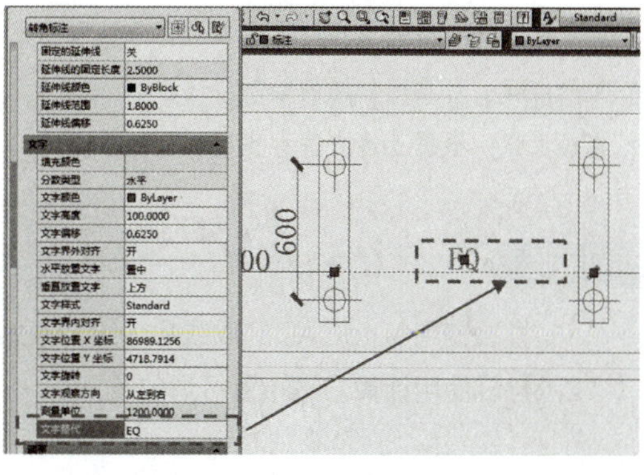

图2-4-105　文字替代后示意图

（4）输入“CO”，执行“复制”命令，选中“EQ”标注，连续复制，如图2-4-106所示。依次将其余空间标注完成，灯具定位图如图2-4-107所示。

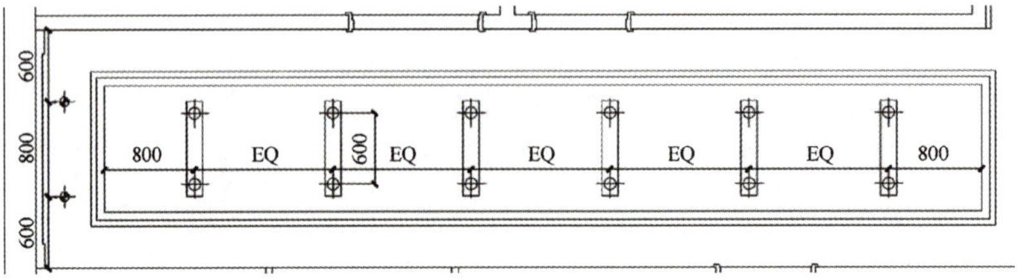

图2-4-106　完成后平面图

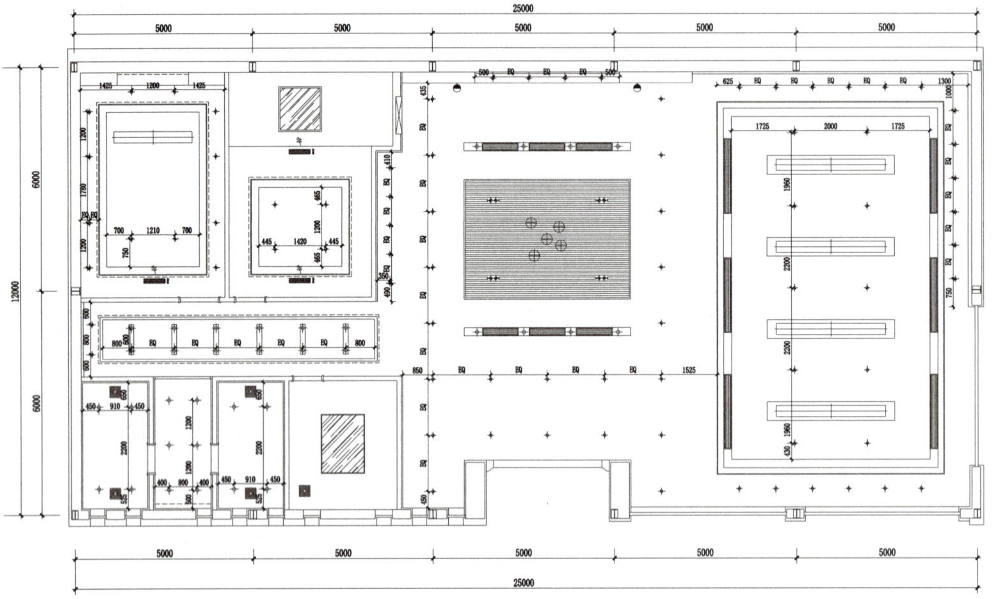

图2-4-107　售楼处灯具定位图

随堂练习　灯具定位图的绘制

- 实践目的：了解并掌握灯具定位计算方法和绘制步骤，掌握相关命令。
- 实践内容：灯具定位图的绘制。
- 实践步骤：根据上述方法和步骤，绘制售楼处灯具定位图。

知识拓展

1. 尝试使用AutoCAD的双线命令绘制原始结构图。
2. 尝试使用计算方法布置灯具位置。

任务二

绘制售楼处空间主要立面图

介绍售楼处的主要立面图，本方案中主要对展示空间和走廊做了设计，在施工图绘制中，也要通过图纸表现这几个空间的立面图。

一、前台背景墙立面

背景墙立面图的绘制步骤：

（1）设置“墙体”为当前图层，输入“L”，执行“直线”命令，绘制墙线，标注是以内墙装饰边线为界。绘制踢脚线，输入“O”，执行“偏移”命令，下方直线向上偏移220。绘制立面看线，先设置“装饰底图”为当前图层，输入“O”，执行“偏移”命令，选中左侧红色（此处黑色显示）看线，向右分别偏移700，2000，4000，2000，效果如图2-4-108所示。

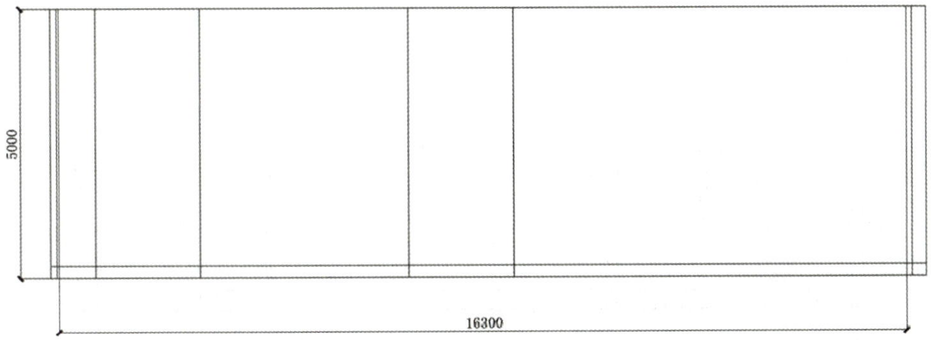

图2-4-108　墙面立面、踢脚线、看线图

（2）绘制踢脚线细节，输入“O”，执行“偏移”命令，偏移尺寸如图2-4-109所示，将多余线条剪切掉。

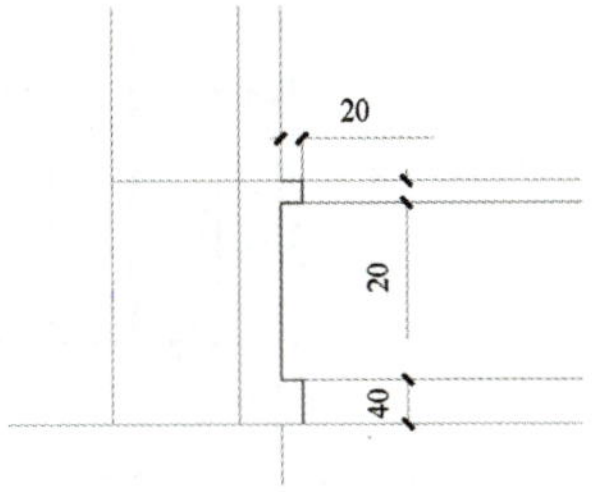

图2-4-109　踢脚线切面尺寸图

（3）绘制壁灯背景图，输入“L”，执行“直线”命令，取下边缘线中点绘制直线，如图2-4-110所示。输入“REC”，执行“矩形”命令，如图2-4-111所示，绘制矩形。

（4）选择已绘制的矩形，输入“O”，执行“偏移”命令，向里偏移40，这个宽度表示“黑橡木收边条”，删除原矩形。

选择偏移后的矩形，输入“MI”，执行“镜像”命令，选择中心线为镜像线，插入“壁灯”图块，如图2-4-112所示。

（5）输入“MI”，执行“镜像”命令，将已绘制好的壁灯背景墙镜像到右侧，如图2-4-113所示。

（6）输入“O”，执行“偏移”命令，绘制如图2-4-114所示直线，表示材质切线。

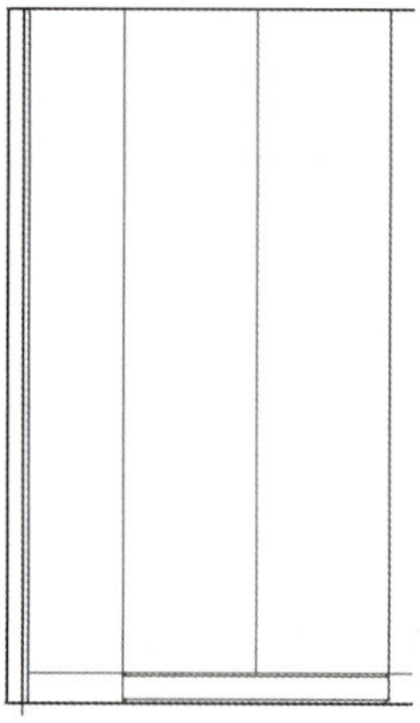

图2-4-110　取中点绘制直线图

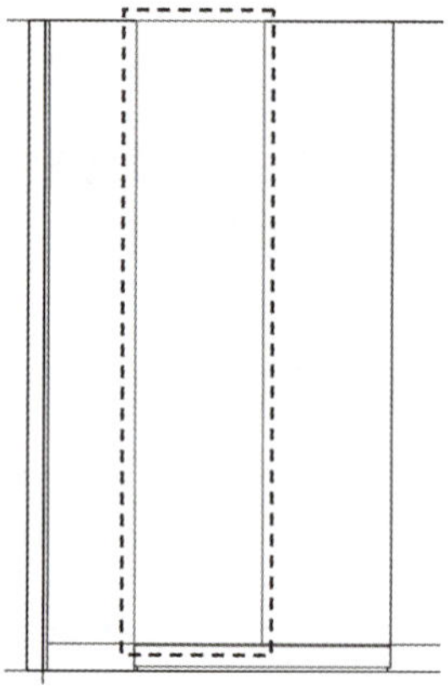

图2-4-111　绘制矩形参考图

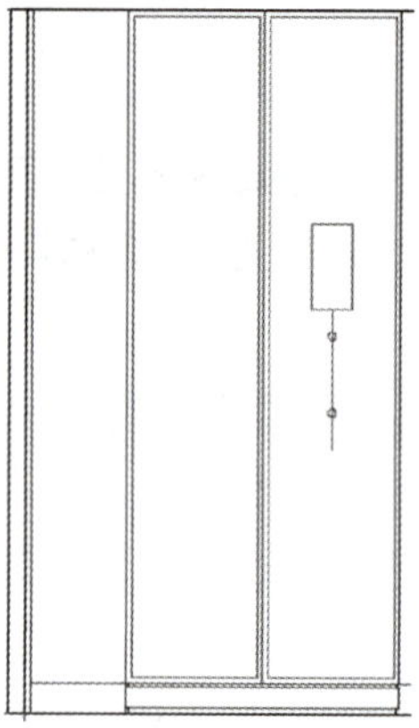

图2-4-112　镜像后效果图

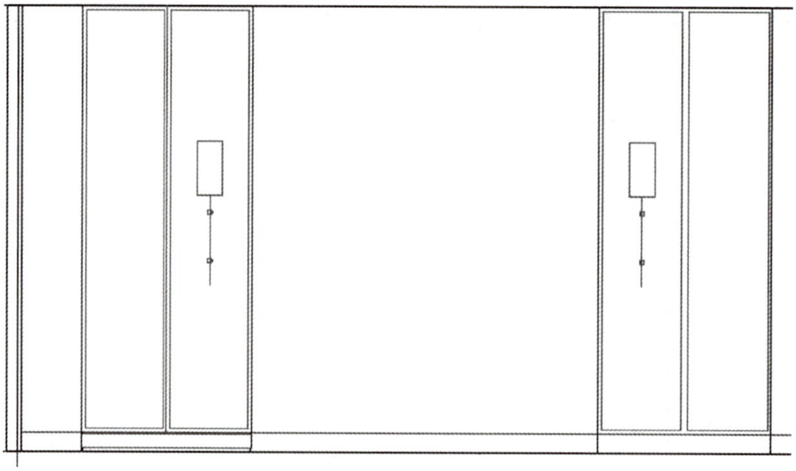

图2-4-113　镜像后壁灯背景墙效果图

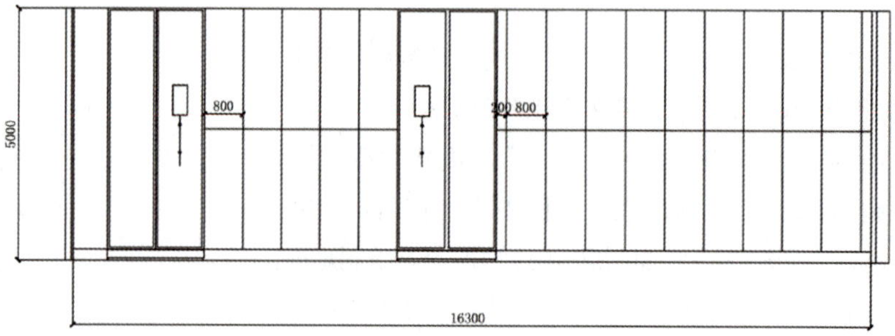

图2-4-114　墙面装饰隔断图

（7）输入“H”，执行“图案填充”命令，表示“黑橡木饰面板”，参数如图2-4-115所示。

（8）输入“H”，执行“图案填充”命令，表示“黑色石材贴面”，参数如图2-4-116所示。

（9）执行“插入块”命令，插入“荷花”和“电视机”图块。输入“DLI”，执行“标注”命令，对立面造型进行标注，如图2-4-117所示。

（10）对材质进行标注，打开工具栏中“标注”中的“多重引线”命令，对“黑橡木饰面板”进行标注，鼠标双击多重引线，弹出属性板，修改参数，如图2-4-118所示。

（11）依次对“壁纸”“黑色石材贴面”“成品荷花造型”“成品壁灯”“黑橡木踢脚线”进行标注，如图2-4-119所示。

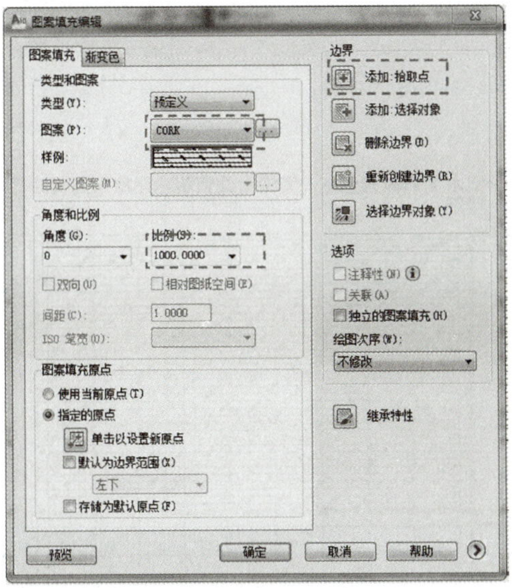

图2-4-115　黑橡木饰面填充参数

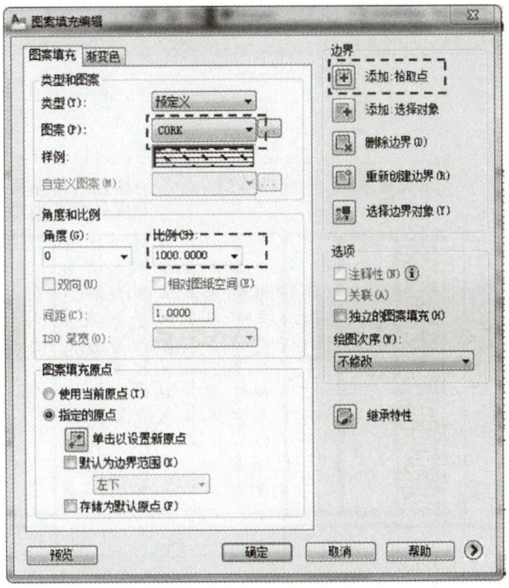

图2-4-116　黑色石材贴面填充参数

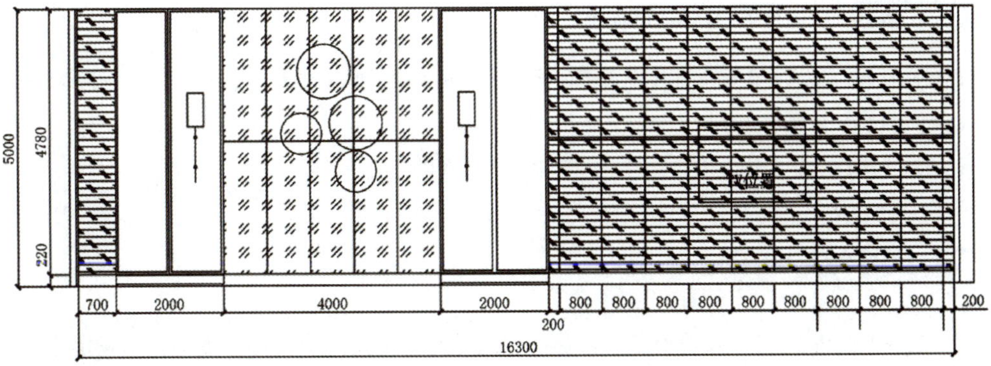

图2-4-117　标注完成效果图

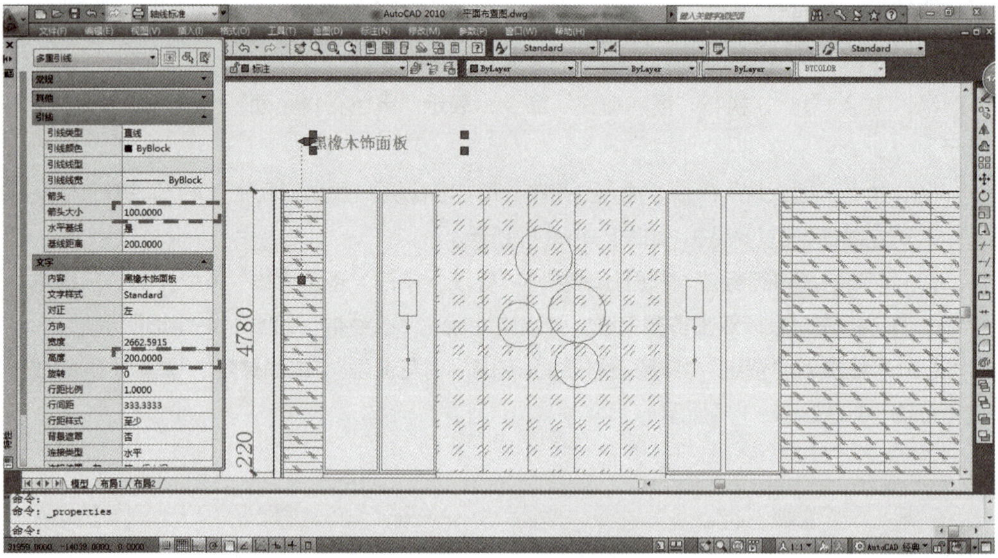

图2-4-118　标注编辑器

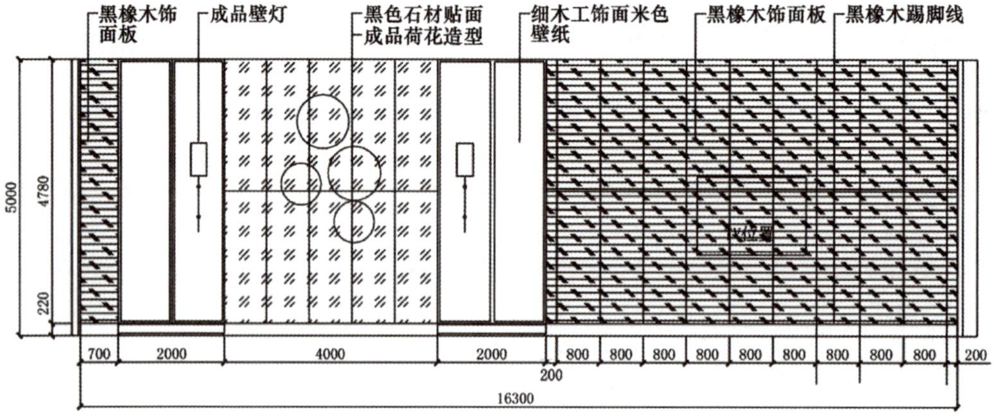

图2-4-119　售楼处接待台背景立面完成图

随堂练习　**前台背景墙立面图的绘制**

- 实践目的：了解并掌握背景墙立面图的绘制方法和步骤，掌握相关命令。
- 实践内容：背景墙立面图的绘制。
- 实践步骤：根据上述方法和步骤，绘制背景墙立面图。

二、接待台立面图

售楼处的接待台一般设置在入口最醒目的地方，可见其重要性，接待台是满足空间装饰而特殊设计的。接待台立面图绘制步骤：

（1）绘制接待台正立面图，输入“L”，执行“直线”命令，将“家具”层设置为当前图层，绘制直线，长度为4920，输入“O”，执行“偏移”命令，分别向上偏移150，800，100，如图2-4-120所示。

（2）选择第一条直线左侧端点，输入“L”，执行“直线”命令，向上绘制一条直线，输入“O”，执行“偏移”命令，向右分别偏移60，800，800，800，800，800，800。输入“TR”，执行“剪切”命令，将多余线条剪掉，如图2-4-121所示。

（3）绘制接待台底座造型线，输入“O”，执行“偏移”命令，选择底线，分别向上偏移30，20，50和50，如图2-4-122所示。

（4）绘制底座边线，输入“L”，执行“直线”命令，如图2-4-123所示。

（5）绘制接待台细部，输入“REC”，执行“矩形”命令，绘制尺寸为640×640的矩形，并置于正中位置，输入“O”，执行“偏移”命令，选择矩形，向外偏移70，如图2-4-124所示。

（6）输入“H”，执行“图案填充”命令，参数如图2-4-125所示。

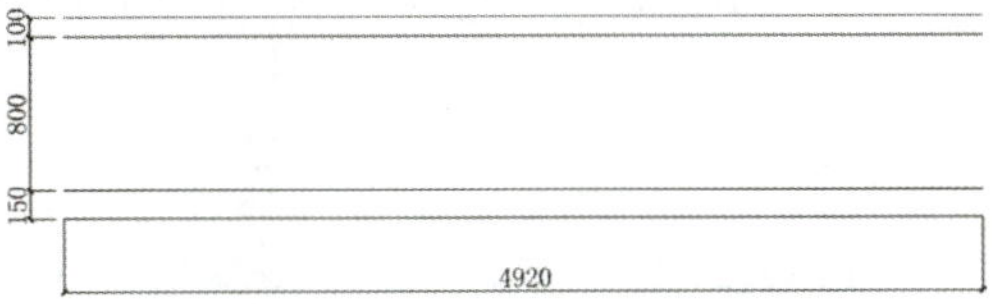

图2-4-120　接待台正立面图横线尺寸

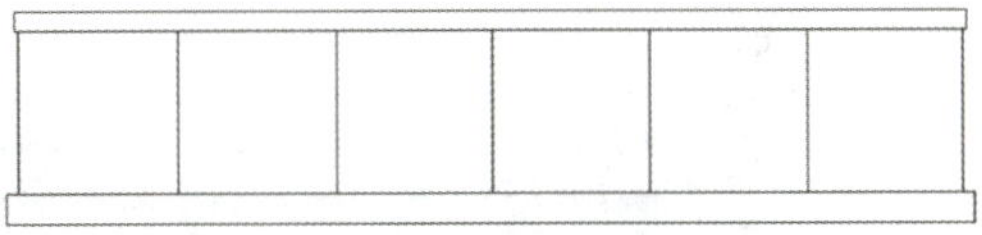
图2-4-121　接待台正立面轮廓线

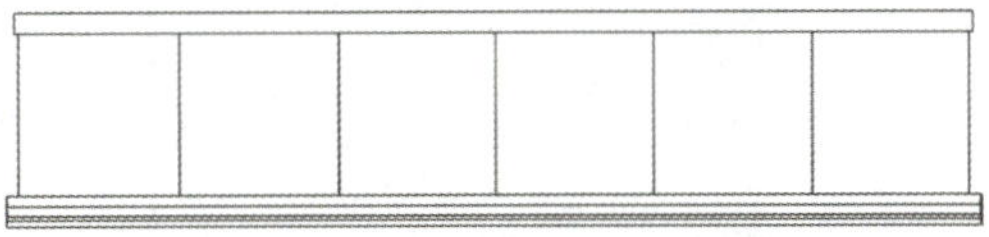
图2-4-122　接待台底座造型线偏移后效果图

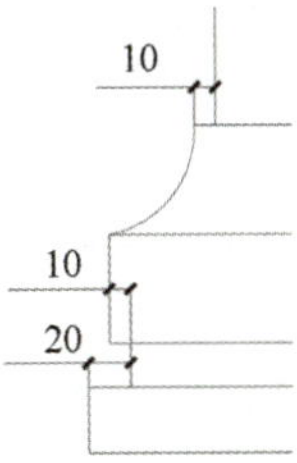

图2-4-123　接待台底座细节

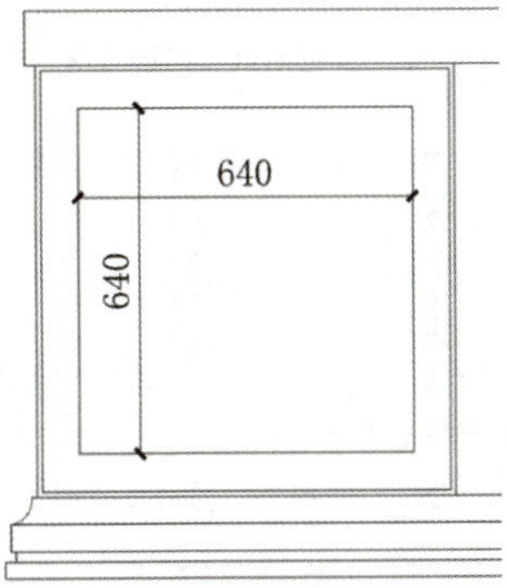

图2-4-124　接待台立面造型

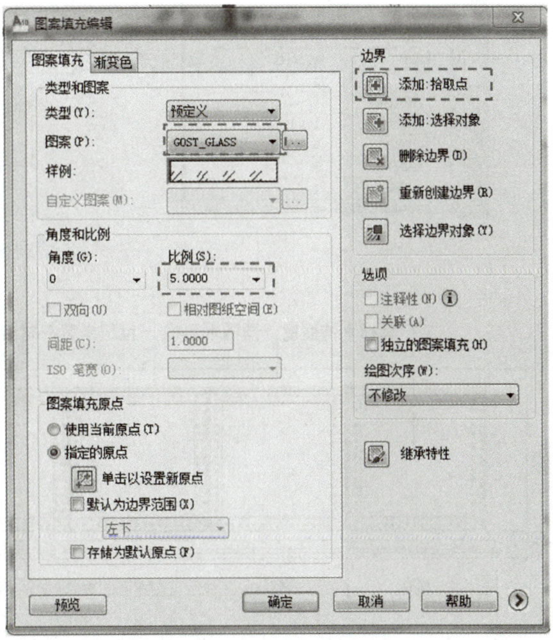

图2-4-125　图案填充编辑器

（7）选择已绘制的矩形造型，输入“CO”，执行“复制”命令，依次复制，如图2-4-126所示。

（8）将“标注”作为当前图层，进行材质标注，输入“MLEADER”，执行“多重引线”命令，双击引线，弹出引线属性板，修改参数，如图2-4-127所示。

（9）依次标注材质，如图2-4-128所示。

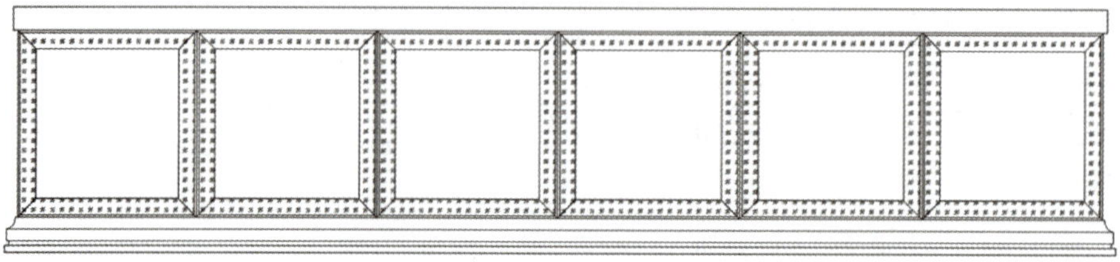

图2-4-126　接待台立面造型完成

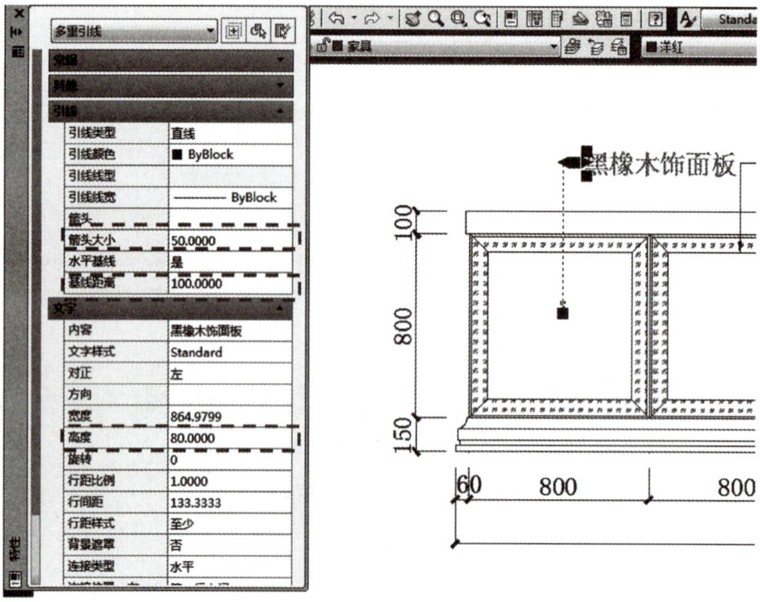

图2-4-127　特性管理器

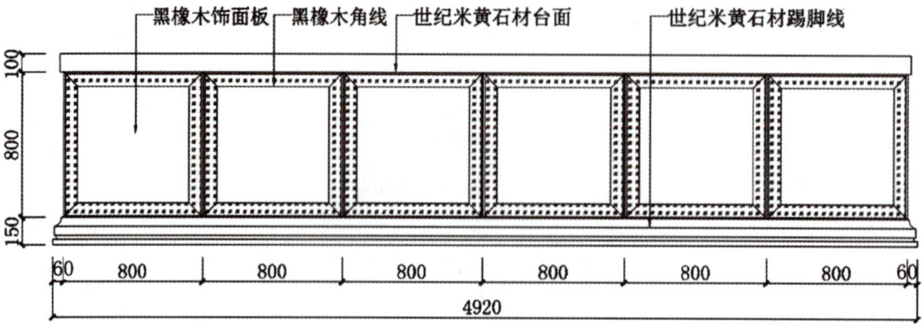

图2-4-128　标注完成

（10）绘制接待台侧立面，输入“L”，执行“直线”命令，绘制底线，输入“O”，执行“偏移”命令，分别向上偏移150，800和100，绘制边线，向右偏移700，如图2-4-129所示。

（11）绘制接待台底座，同绘制立面图方法一样，输入“L”，执行“直线”命令，然后输入“O”，执行“偏移”命令。输入“MLEADER”，执行“多重引线”命令，进行材质标注，如图2-4-130所示。

（12）完成接待台立面图绘制，如图2-4-131所示。

图2-4-129　接待台侧面边线

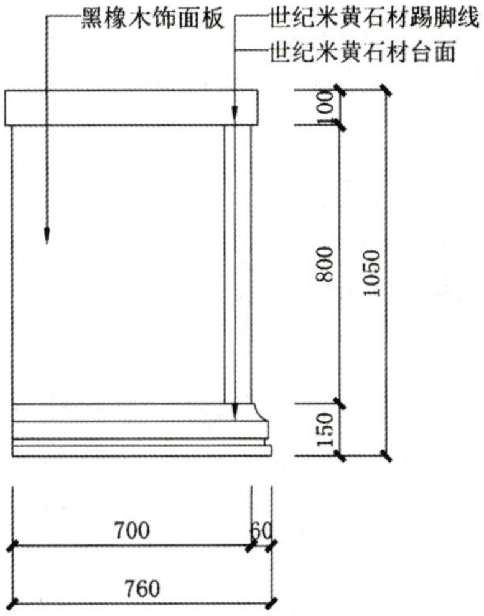

图2-4-130　接待台侧面完成图

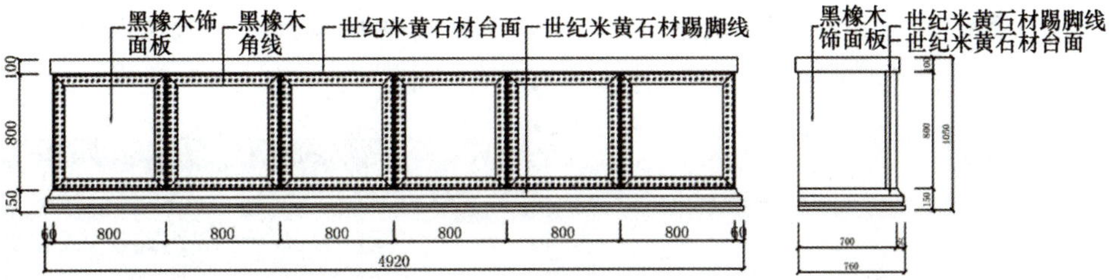

图2-4-131　接待台立面图

随堂练习　**接待台立面图的绘制**

- 实践目的：了解并掌握接待台立面图的绘制方法和步骤，掌握相关命令。
- 实践内容：接待台立面图的绘制。
- 实践步骤：根据上述方法和步骤，绘制接待台立面图。

任务三
绘制售楼处剖面图和详图

本任务介绍售楼处剖面图及详图的画法，以天花吊顶、接待台背景墙和户模的详图为例来讲解在售楼处这类商业空间中的施工图画法。

一、顶面剖面图

经理办公室天花吊顶的施工图绘制步骤：

（1）输入“L”，执行“直线”命令，绘制一条横线和一条竖线，表示墙体和天花的边线。输入“H”，执行“图案填充”命令，填充阴影表示墙体和天花。绘制边棚石膏板吊顶，输入“O”，执行“偏移”命令，选择天花边线，向下偏移520，再次偏移10，作为石膏板厚度；选择墙边线，输入“O”，执行“偏移”命令，向右偏移850；输入“TR”，执行“剪切”命令，将多余的线剪掉，如图2-4-132所示。

（2）输入“L”，执行“直线”命令，继续绘制边棚石膏板，长分别为52，32和100的石膏挡板，如图2-4-133所示。

（3）输入“H”，执行“图案填充”命令，填充到绘制好的石膏板中，参数如图2-4-134所示。

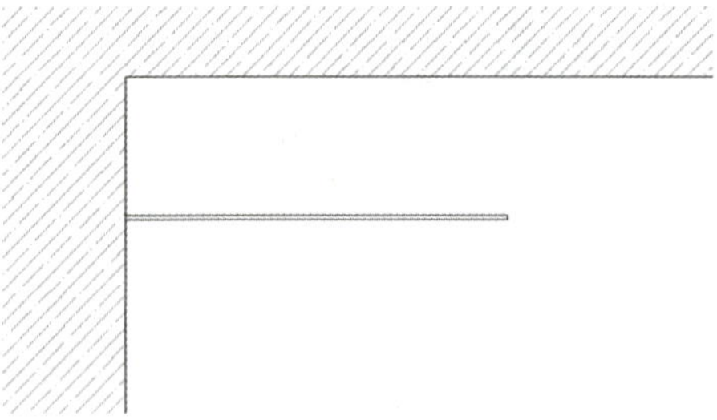

图2-4-132　石膏板边棚剖面图

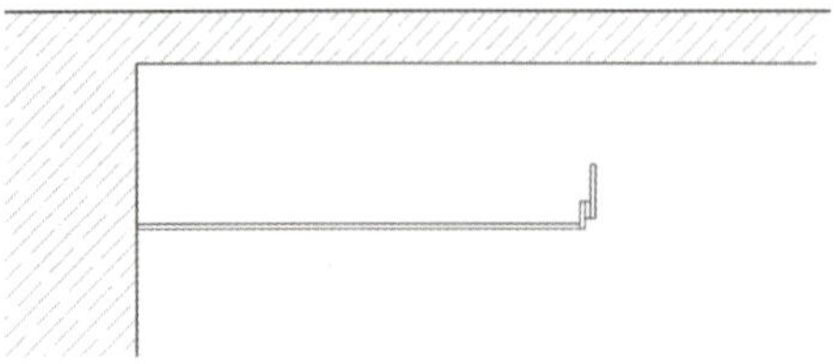

图2-4-133　石膏板挡板剖面图

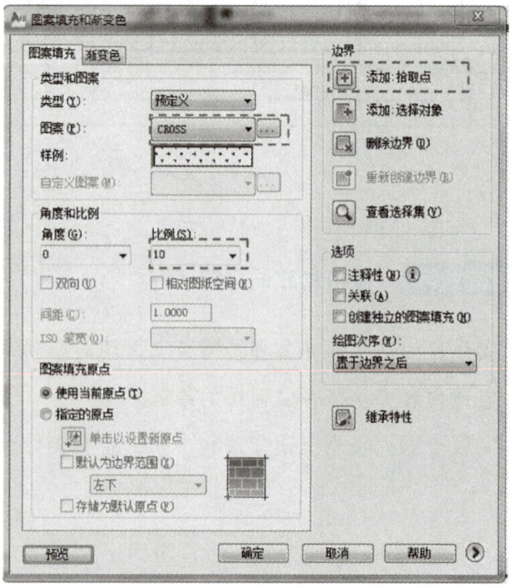

图2-4-134　图案填充管理器

（4）输入“L”，执行“直线”命令，绘制细木工板，厚度为18，如图2-4-135所示。

（5）输入“H”，执行“图案填充”命令，填充细木工板，参数如图2-4-136所示。

（6）插入“轻钢龙骨”图块，尺寸位置如图2-4-137所示。

（7）输入“L”，继续绘制石膏板，长度分别为220和330，并将其填充，如图2-4-138所示。

（8）插入“灯带”和“轻钢龙骨”图块。输入“DLI”，执行“标注”命令，输入“MLEADER”，执行“多重引线”命令，进行材质标注，效果如图2-4-139所示。

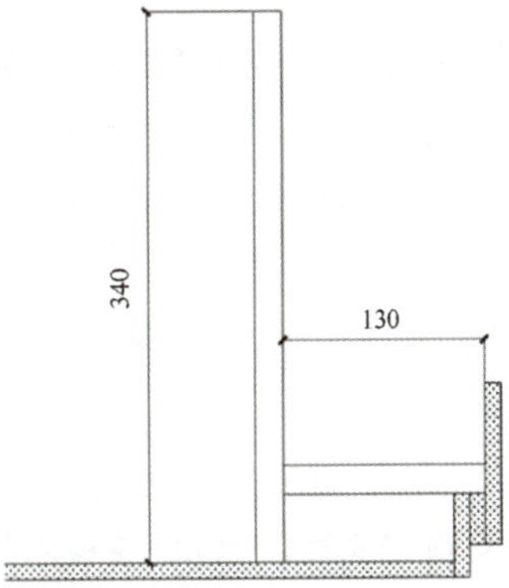

图2-4-135　灯槽剖面图

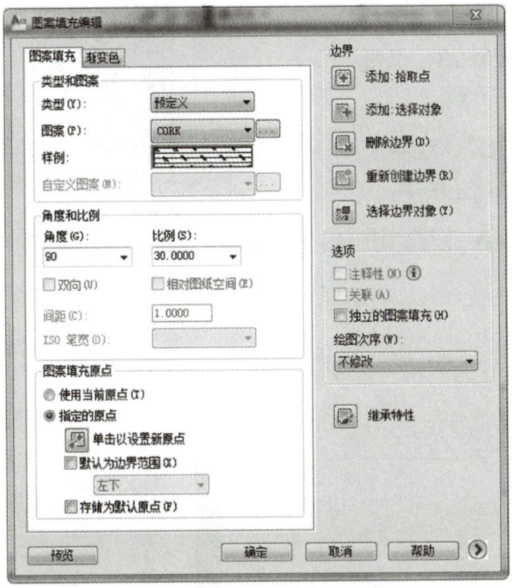

图2-4-136　灯槽填充参数

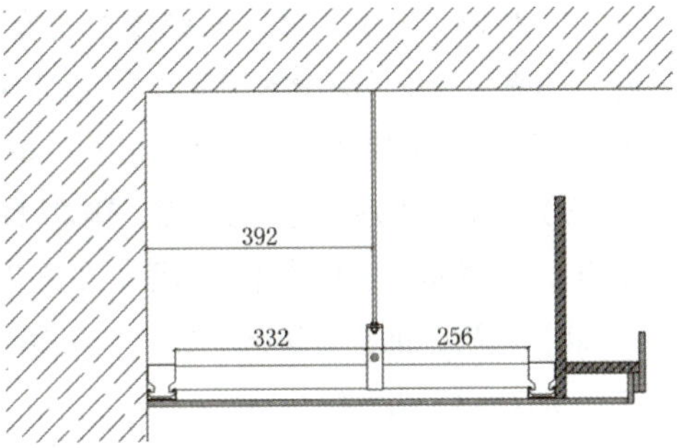

图2-4-137　轻钢龙骨示意

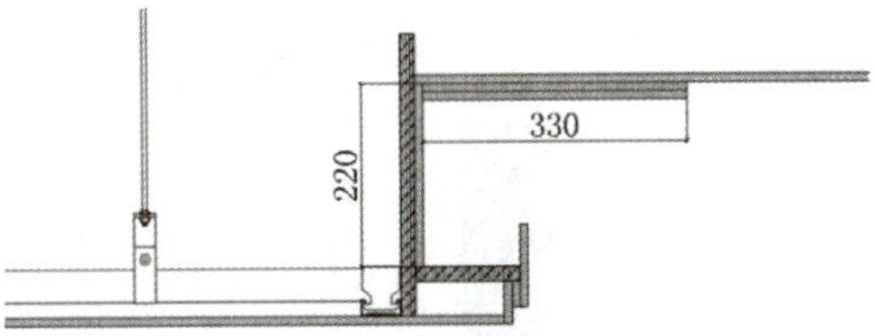

图2-4-138　顶棚石膏板剖面图

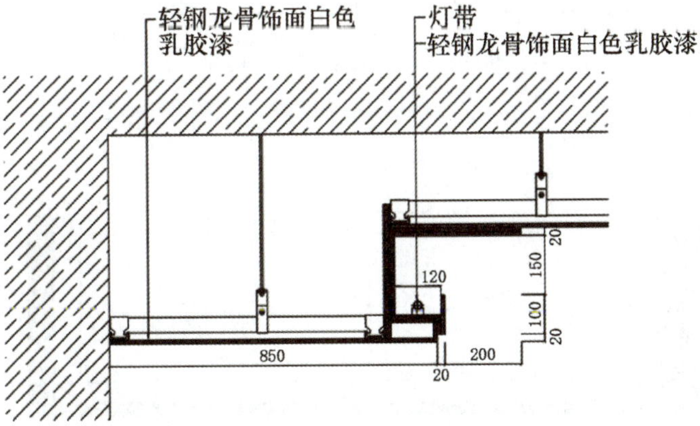

图2-4-139　顶棚剖面图

随堂练习　顶面剖面图的绘制

- 实践目的：了解并掌握吊顶施工工艺及构件规格尺寸。
- 实践内容：顶面剖面图的绘制。
- 实践步骤：根据上述方法和步骤，绘制顶面剖面图。

二、背景墙剖面图

（1）输入“L”，执行“直线”命令，填充，表示墙体。绘制“细木工板饰面黑橡木”，输入“L”，执行“直线”命令，黑橡木饰面厚1，细木工板厚18，输入“H”，执行“图案填充”命令，如图2-4-140所示。

（2）绘制“细木工板饰面黑橡木挡板”，输入“L”，执行“直线”命令，黑橡木饰面厚1，细木工板厚18，长度920，并执行“图案填充”命令，如图2-4-141所示。

（3）绘制“木方”，作为支撑，输入“REC”，绘制尺寸为30×40的矩形，作为木方截面，如图2-4-142所示。

（4）输入“DLI”，执行“标注”命令，输入“T”，进行文字标注，如图2-4-143所示。

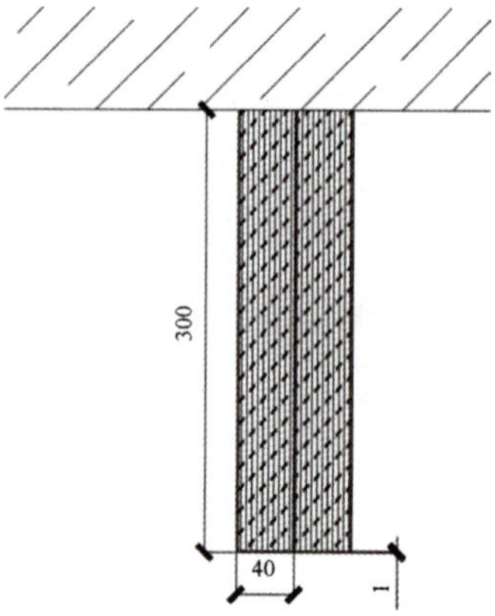

图2-4-140　黑橡木板剖面图

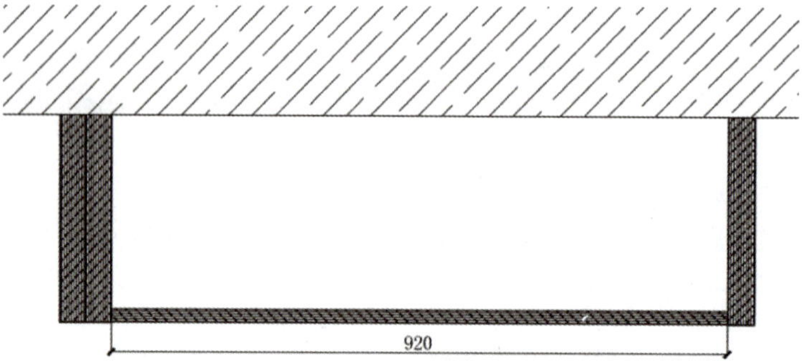

图2-4-141　黑橡木挡板剖面图

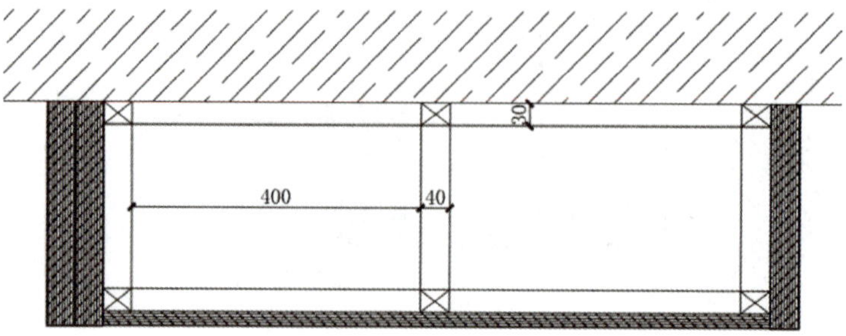

图2-4-142　木方龙骨剖面图

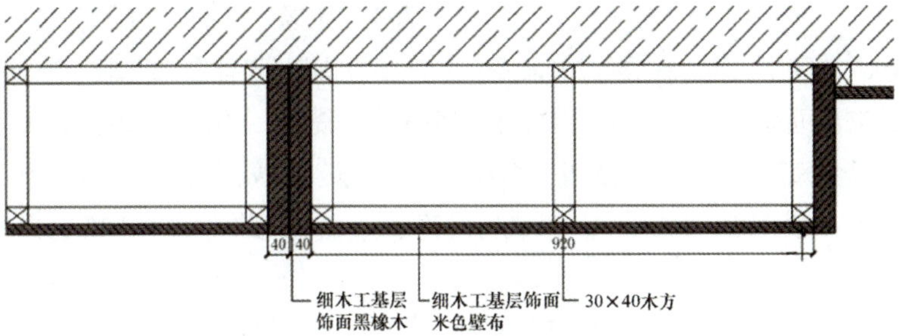

图2-4-143　背景墙剖面图

随堂练习　**背景墙剖面图的绘制**

- 实践目的：了解并掌握墙体饰面的施工工艺。
- 实践内容：背景墙剖面图的绘制。
- 实践步骤：根据上述方法和步骤，绘制背景墙剖面图。

三、户模详图

（1）绘制户模平面图，输入“REC”，执行“矩形”命令，尺寸500×500，输入“O”，执行“偏移”命令，向内偏移20，如图2-4-144所示。

（2）绘制户模立面图，输入“L”，执行“直线”命令，尺寸如图2-4-145所示。

（3）输入“H”，执行“图案填充”命令，填充玻璃材质，参数如图2-4-146所示。

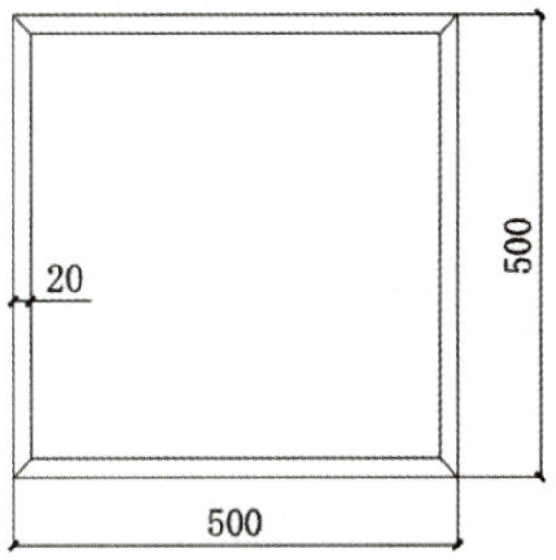

图2-4-144　户模平面图

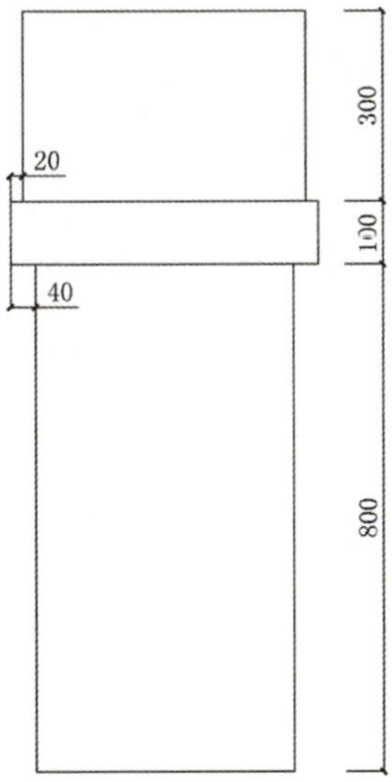

图2-4-145　户模立面图

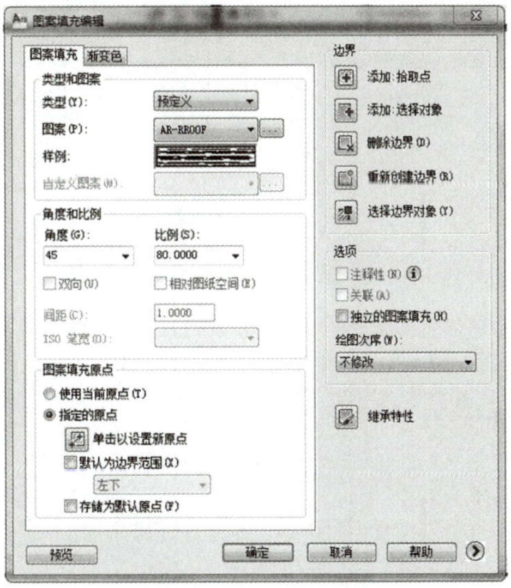

图2-4-146　图案填充编辑器

（4）输入“H”，执行“图案填充”命令，填充“黑橡木饰面”，如图2-4-147所示。

（5）输入“DLI”，执行“标注”命令，对户模立面进行标注，如图2-4-148所示。

（6）绘制剖面线，输入“PL”，执行“多线段”命令，指定第一点，输入“w”，设置线条宽度，起点宽度为10，终点宽度为10，单击“确定”，如图2-4-149所示。

（7）绘制户模剖面，输入“L”，执行“直线”命令，绘制细木工饰面板厚20，如图2-4-150所示。

（8）输入“H”，执行“图案填充”命令，单击“继承属性”，如图2-4-151所示。

（9）选择“细木工板”填充图案，输入“H”，进行填充。输入“REC”，绘制内部木方，如图2-4-152所示。

（10）绘制户模玻璃，输入“L”，执行“直线”命令。输入“DLI”，执行“标注”命令。输入“T”，执行“文字标注”命令，如图2-4-153所示。

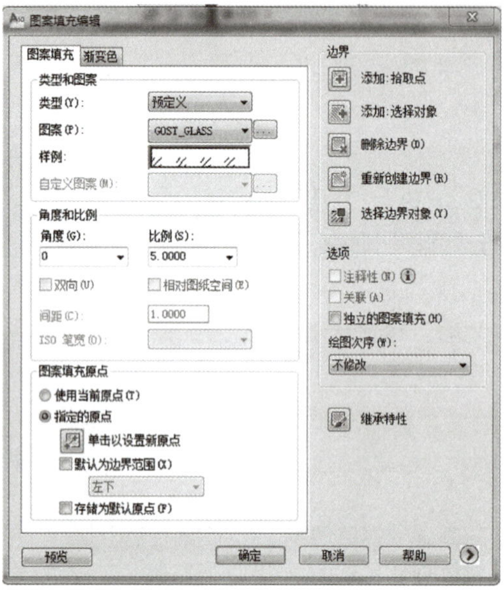

图2-4-147 填充黑橡木饰面

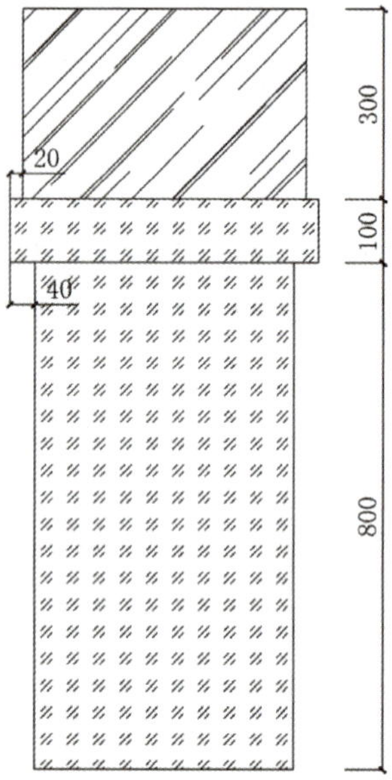

图2-4-148 户模填充

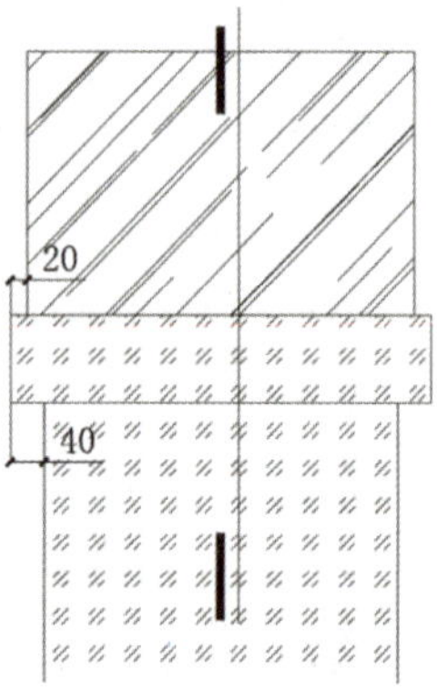

图2-4-149 剖切线

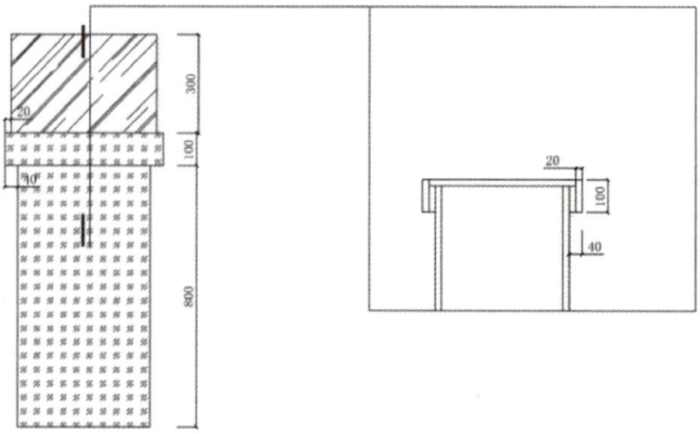

图2-4-150 剖面大样图

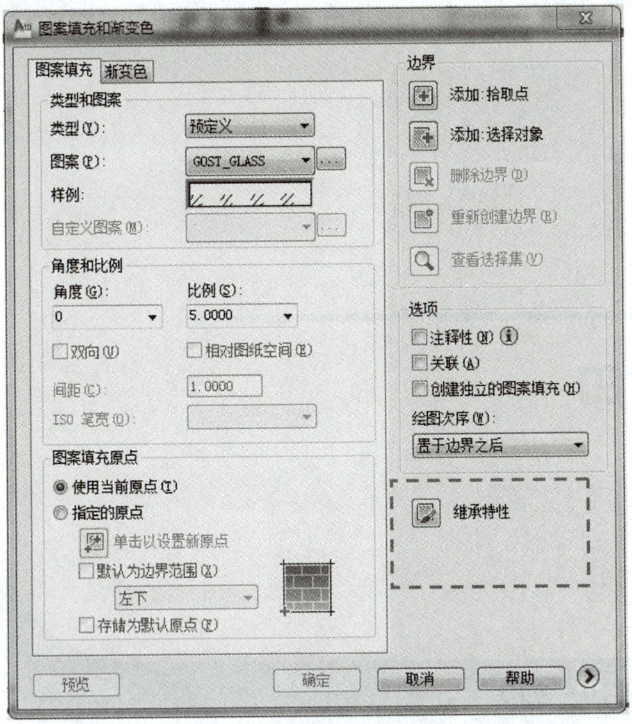

图2-4-151　剖面填充参数

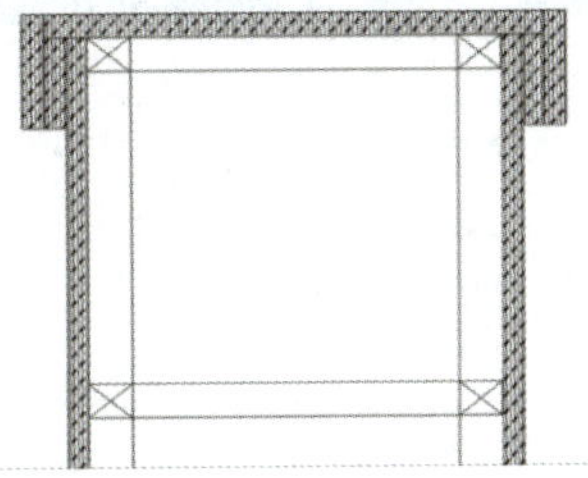

图2-4-152　户模底座木龙骨剖面图

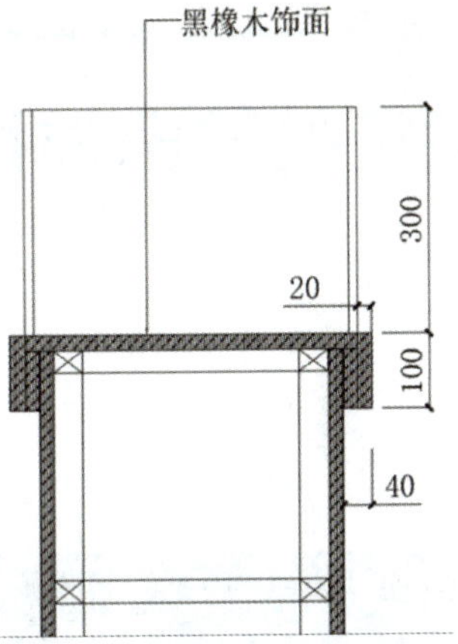

图2-4-153　户模剖面图

随堂练习　**户模详图的绘制**

- 实践目的：了解并掌握户模及沙盘的施工工艺。
- 实践内容：户模详图的绘制。
- 实践步骤：根据上述方法和步骤，绘制户模详图。

知识拓展

尝试使用AutoCAD的其他命令绘制剖面图。

课后练习 | 1. 画出本教材电子资源内的其他售楼处的施工图纸。画图时，可以参考电子资源内提供的售楼处施工图纸的范例和效果图进行绘制，也可以根据原建筑结构图自行设计，进行施工图的绘制。

2. 掌握使用双线命令绘制墙体结构图的技巧。
3. 练习绘制洗手间墙面、天花剖面图。
4. 练习绘制水吧详图。

项目五

图纸的输出与打印

教学目标

知识目标

1 掌握AutoCAD打印时绘图设备配置方法。
2 掌握AutoCAD打印时布局设置的方法。
3 掌握AutoCAD输出其他格式文件的方法。

能力目标

1 能够在打印时进行绘图设备的配置。
2 能够在打印时进行布局设置。
3 能够进行打印图纸操作。
4 能够利用AutoCAD进行输出其他格式文件操作。

素质目标

1 具备优良的职业道德修养，能遵守职业道德规范，能自觉保护图纸信息安全。
2 具备细致、严谨的工作态度。

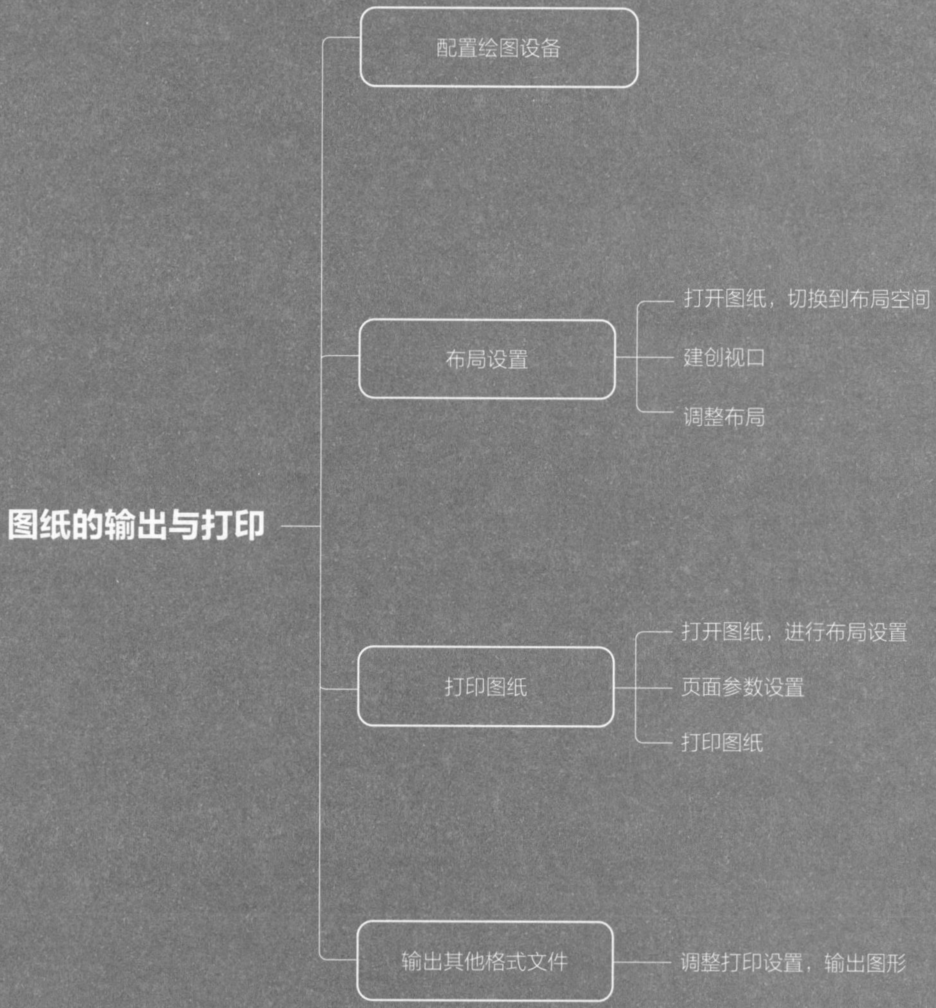
图纸的输出与打印
配置绘图设备
布局设置
打开图纸，切换到布局空间
建创视口
调整布局
打印图纸
打开图纸，进行布局设置
页面参数设置
打印图纸
输出其他格式文件
调整打印设置，输出图形

任务一
配置绘图设备

学习任务描述

案例分析

本案例是在打印时对绘图设备进行配置。

添加新的输出设备

单击AutoCAD软件“文件”菜单栏中的“绘图仪管理器”选项，打开“Plotters”文件窗口，如图2-5-1所示。双击“添加绘图仪向导”图标，弹出“添加绘图仪-简介”对话框，单击“下一步”，弹出“添加绘图仪-开始”对话框，如图2-5-2所示。

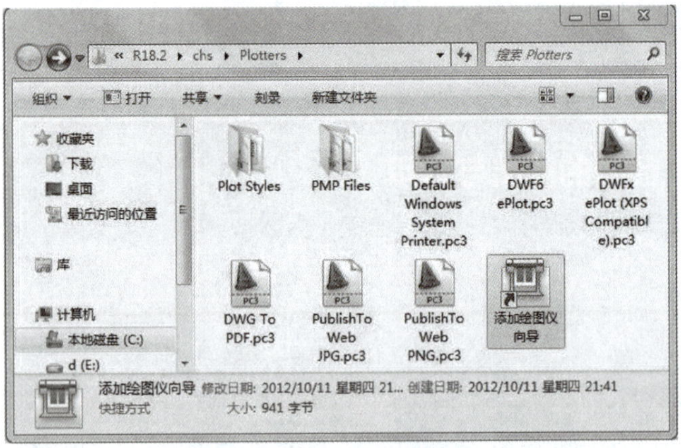

图2-5-1 “Plotters”文件窗口

如果需要添加系统默认的打印机，可以点选图2-5-2中的“系统打印机”选项，单击“下一步”，然后按照提示完成打印设备的添加。

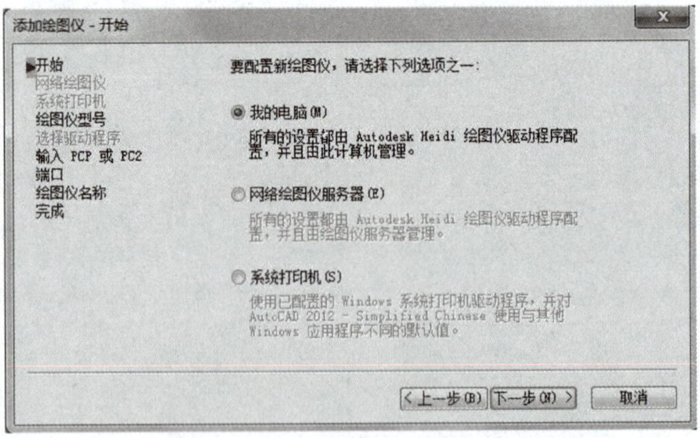

图2-5-2 “添加绘图仪-开始”菜单

如果需要添加已有打印机，可以点选图2-5-2中的“我的电脑”选项，弹出“绘图仪型号”对话框，如图2-5-3所示。选择打印机的生产商、型号，然后按照提示完成已有打印设备的添加。

（1）打开前面绘制完成的“普通居室施工图.dwg”文件，作为当前图形文件。

（2）输入组合命令“Ctrl+P”，弹出“打印-模型”对话框。

（3）在“打印-模型”对话框中的“打印机/绘图仪”选项区域中的“名称”下拉列表框中选择系统所使用的绘图仪类型，本例中选择“DWF6ePlot-（A3-H）pc3”型号的绘图仪作为当前绘图仪。

（4）在“图纸尺寸”选项区域中的“图纸尺寸”下拉列表框内选择“ISOA3（420.00mm×297.00mm）”图纸尺寸。

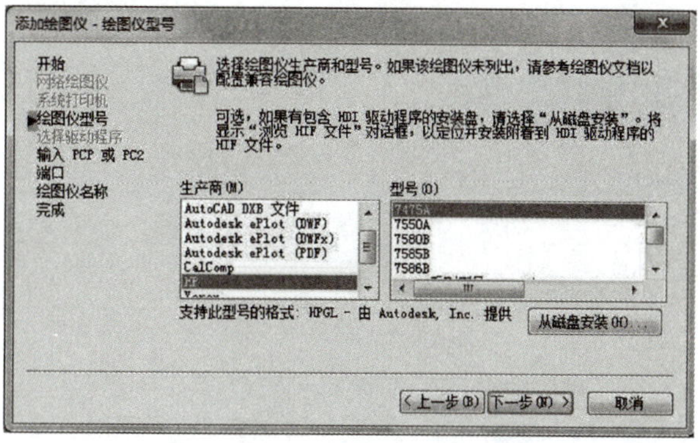

图2-5-3　“绘图仪型号”对话框

（5）在“打印比例”选项区域内勾选“布满图纸”复选框。

（6）在“打印区域”选项区域的“打印范围”下拉列表框中选择“窗口”，进入窗口选择要打印的图纸“开关布置图”。

（7）在设置完的“打印-模型”对话框中单击“预览”按钮，进行预览，如图2-5-4所示。如对预览结果满意，则可以单击预览状态下工具栏中的“打印”按钮进行打印输出。

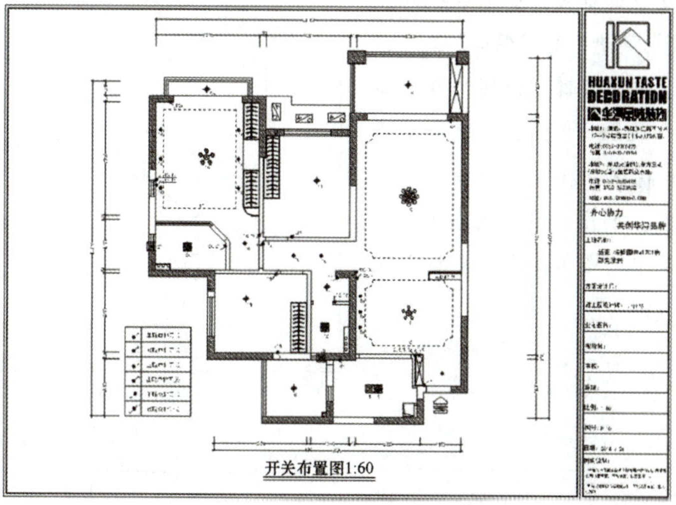

图2-5-4　开关布置图预览

知识拓展

尝试添加系统默认打印机和网络绘图仪器服务器。

作业思考

完成AutoCAD绘图后，应怎样配置绘图设备？

任务二
布局设置

学习任务描述

案例分析

本案例以打印沙发图纸为例，对图纸进行布局设置。

一、打开图纸，切换到布局空间

单击“文件”菜单栏中的“打开”选项，选择已绘制好的“沙发三维造型图”，将其打开。单击软件下方的“布局”选项卡按钮，切换到布局空间，如图2-5-5所示。

二、创建视口

单击沙发视口的框线，删除该视口。然后单击“视图”菜单中的“视口”选项，选择四个视口，按回车键，让四个视口布满整张图纸，如图2-5-6所示。单击状态栏中的“图纸” 图纸 按钮或者双击视口，切换到模型空间，利用“三维视图（v）”命令将四个视口中的图形转换到合适的视角，如图2-5-7所示。

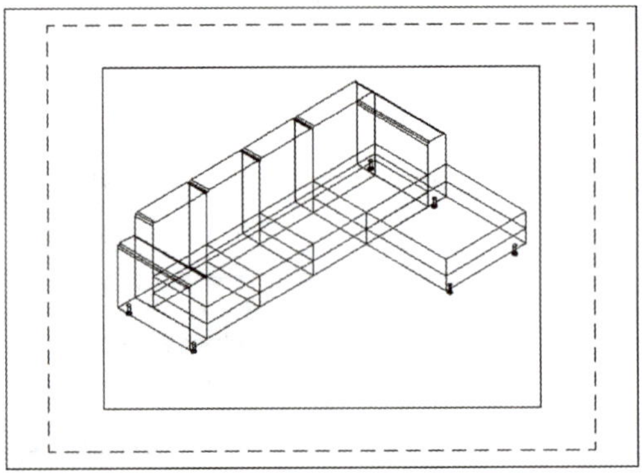

图2-5-5　布局空间

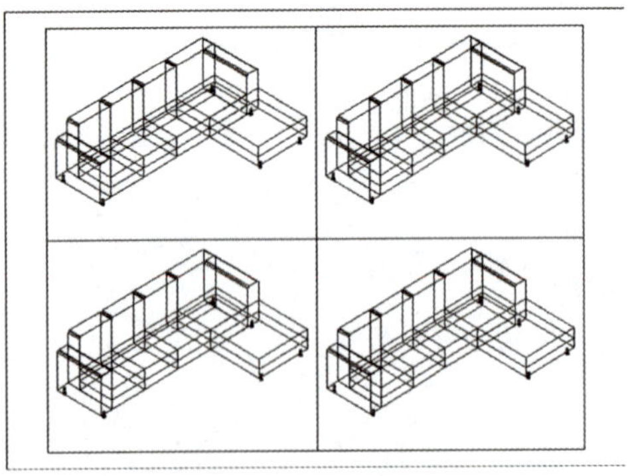

图2-5-6　创建四个视口

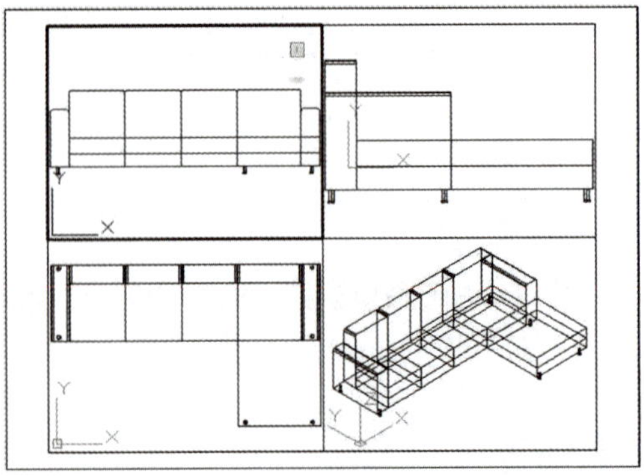

图2-5-7　转换视角

三、调整布局，完成设置

此时，四个视口中的图形并不符合三视图的“三等规律”，需要进行布局调整，主要包括比例的调整和图形的锁定。

单击状态栏中的“模型”模型按钮，切换到图纸空间，用鼠标选中四个视口，然后单击“修改”菜单栏中的“特性”选项或者按住“Ctrl+1”，弹出“特性”窗口，如图2-5-8所示。

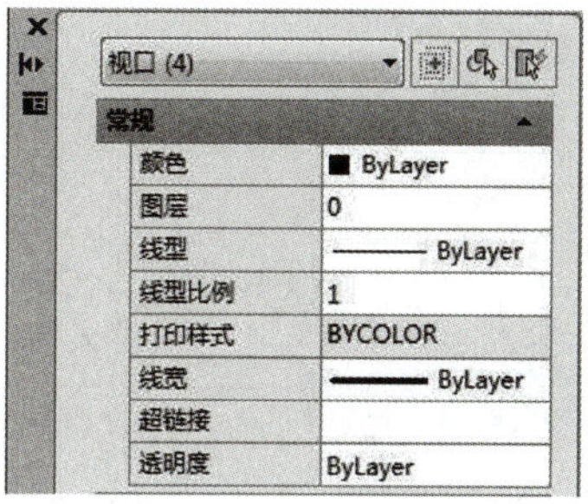

图2-5-8　特性窗口

在“注释比例”选项中选择合适的比例，比如本图选择1：30；在“显示锁定”选项中选择“是”，将视口中的图形锁定，完成布局的设置，如图2-5-9所示。

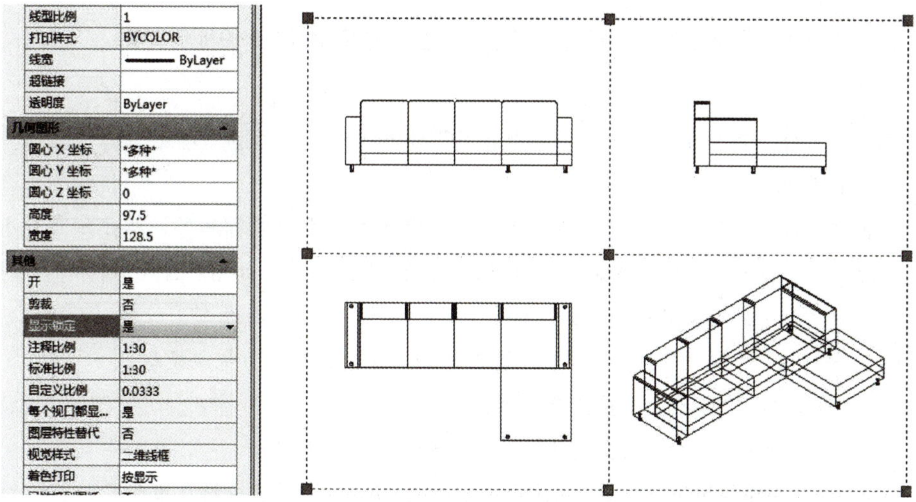

图2-5-9　比例调整后的视图

知识拓展

尝试布局设置中的其他选项。

作业思考

打印时，应怎样进行布局设置？

任务三
打印图纸

学习任务描述

案例分析

本案例继续上一任务，将布局设置完成后的图纸打印出图。

一、打开图纸，进行布局设置

打开“沙发三维造型图”图纸，进行布局设置，完成如图2-5-9所示步骤。

二、页面参数设置

单击“文件”菜单中的“页面设置管理器”选项，弹出“页面设置管理器”对话框，如图2-5-10所示。

单击“新建”按钮，弹出“新建页面设置”对话框，页面名称和基础样式均可进行调整，然后单击“确定”按钮，弹出“页面设置-布局1”对话框，如图2-5-11所示。

在此对话框中，可以进行调整的选项如下：

（1）“打印机/绘图仪”选项。选择下拉列表中的某一设备作为打印设备。

（2）“图纸尺寸”选项。调整图纸幅面。

（3）“打印区域”选项。根据具体情况选择合适的打印范围。

（4）“打印偏移”选项。调整图纸左下角点的偏移量，一般选择默认值即可。

（5）“打印比例”选项。调整图纸的打印比例，以适应图纸幅面。

（6）“打印样式表”选项。调整图线的颜色及线宽。

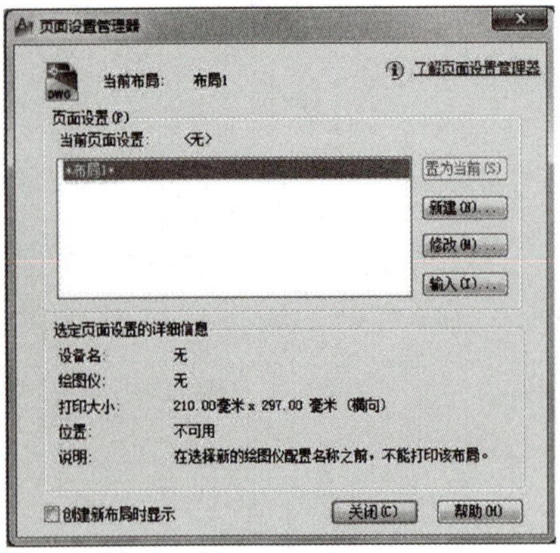

图2-5-10　页面设置管理器

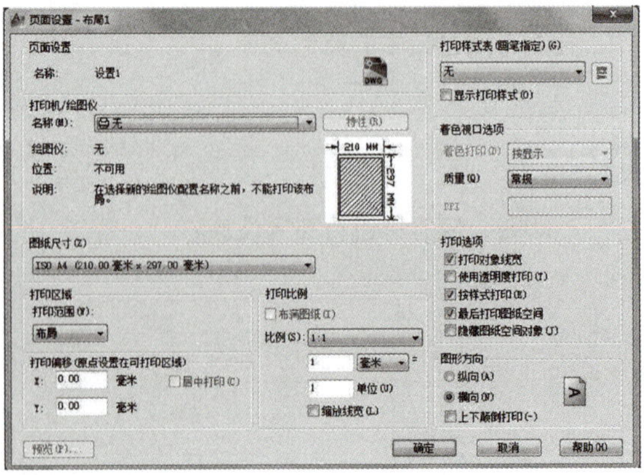

图2-5-11　“页面设置-布局1”对话框

（7）“着色视口”选项。调整三维实体图形的打印模式，一般选择默认即可。

（8）“打印”选项。选择是否打印线宽等内容，一般选择默认即可。

（9）“图形方向”选项。根据图纸幅面选择图形打印时的方向。

完成以上设置后，单击“确定”按钮，结束设置，此时在“页面设置管理器”对话框中增加了“设置1”选项，单击“关闭”，完成页面参数设置。

三、打印图纸

单击“文件”菜单中的“打印”选项，弹出“打印-布局1”对话框，如图2-5-12所示。在“页面设置”选项中，单击“名称”后的下拉列表，选择设置好的“设置1”即可。如果之前没有进行页面设置，可直接在此窗口中进行设置。

完成打印设置后，单击“预览”按钮，进行打印预览，如果有不合适之处，可按Esc键返回打印设置界面继续调整，如果没有问题，可直接打印出图。

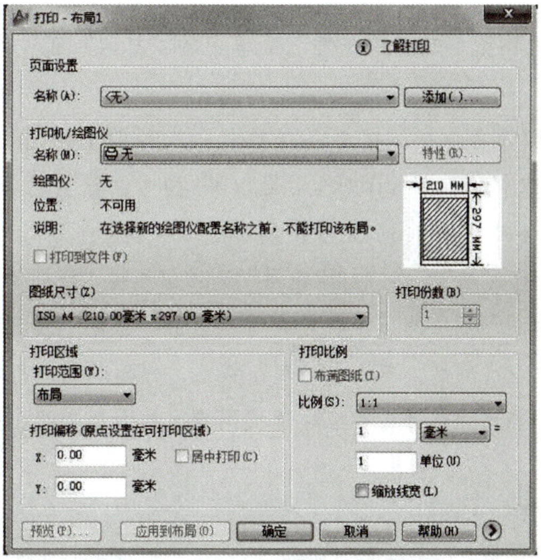

图2-5-12　“打印-布局1”对话框

知识拓展

尝试打印设置中其他选项的调整。

作业思考

如何进行打印设置？

任务四

输出其他格式文件

学习任务描述

案例分析

本案例是利用AutoCAD将完成的图纸输出成其他格式的文件。

调整打印设置，输出图形

打开一张完成的图纸，单击“文件”菜单中的“打印”选项，直接在模型空间下进行打印设置。

首先，选择打印设备。在“打印机/绘图仪”选项的下拉列表中选择设备型号，如图2-5-13所示。如果选择“PublishToWeb JPG.pc3”型号，输出的图形文件为“.JPG”格式；如果选择“PublishToWeb PNG.pc3”型号，则输出的图形文件为“.PNG”格式。

其次，调整“打印区域”。在“打印范围”选项中选择“窗口”模式，用鼠标框选图形，此时框选到的区域为图形输出的范围。完成后可单击“预览”按钮进行预览，如果不合适可返回继续调整，如果没有问题，单击“确定”按钮，弹出“浏览打印文件”对话框，调整文件名称和保存路径，确定后即可在相应位置找到输出的图形文件，完成图形输出。

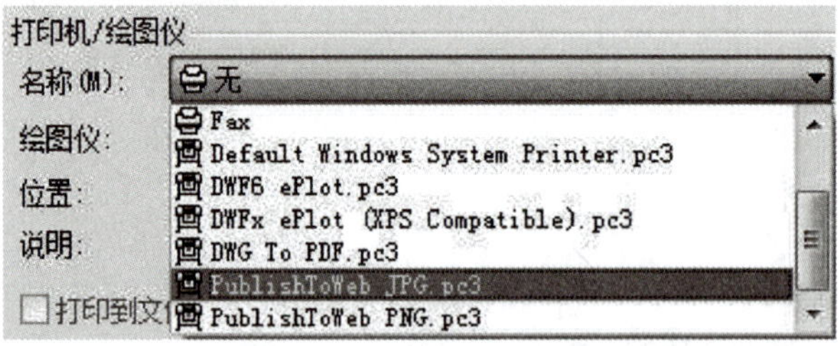

图2-5-13 选择打印设备型号

知识拓展

尝试输出更多格式的文件。

综合练习 | 1. 如何将绘制的图纸输出为PNG格式的文件？

2. 如何将绘制的图纸输出为JPG格式的文件？

3. 如何将绘制的图纸输出为PDF格式的文件？

附录一

AutoCAD 快捷键

附表 1　　AutoCAD 功能键

序号	功能键	功能说明	序号	功能键	功能说明
1	F1	获取帮助	7	F7	栅格显示模式控制
2	F2	实现作图窗口和文本窗口的切换	8	F8	正交模式控制
3	F3	控制是否实现对象自动捕捉	9	F9	捕捉开关
4	F4	数字化仪控制	10	F10	极轴模式控制
5	F5	等轴测平面切换	11	F11	对象追踪式控制
6	F6	动态UCS开关	—	—	—

附表 2　　AutoCAD 快捷组合键

序号	组合键	功能说明	序号	组合键	功能说明
1	Ctrl+A	选择图形中的对象	13	Ctrl+6	打开图像数据原子
2	Ctrl+B	栅格捕捉模式控制	14	Ctrl+O	打开图像文件
3	Ctrl+C	将选择的对象复制到剪切板	15	Ctrl+R	在布局视口之间循环
4	Ctrl+F	控制是否实现对象自动捕捉（F3）	16	Ctrl+P	打开打印对话框
5	Ctrl+G	栅格显示模式控制（F7）	17	Ctrl+S	保存文件
6	Ctrl+J	重复执行上一命令（回车）	18	Ctrl+U	极轴模式控制（F10）
7	Ctrl+K	超级链接	19	Ctrl+V	粘贴剪贴板上的内容
8	Ctrl+L	切换正交模式（F8）	20	Ctrl+W	对象追踪模式控制（F11）
9	Ctrl+N	新建图形文件	21	Ctrl+X	剪切所选择的内容
10	Ctrl+M	打开选项对话框	22	Ctrl+Y	重做
11	Ctrl+1	打开特性对话框	23	Ctrl+Z	取消前一步操作
12	Ctrl+2	打开图像资源管理器	—	—	—

附表 3　AutoCAD 常用命令功能表

序号	命令说明	命令	快捷键	序号	命令说明	命令	快捷键
1	画线	LINE	L	35	打开文件	OPEN	Ctrl+O
2	参照线	XLINE	XL	36	保存文件	SAVE	Ctrl+S
3	多线	MLINE	ML	37	回退一步	UNDO	U
4	多段线	PLINE	PL	38	实时平移	PAN	P
5	多边形	POLYGON	POL	39	延伸实体	EXTEND	EX
6	绘制矩形	RECTANG	REC	40	打断线段	BREAK	BR
7	画弧	ARC	A	41	倒角	CHAMFER	CHA
8	画圆	CIRCLE	C	42	倒圆	FILLET	F
9	样条曲线	SPLINE	SPL	43	分解	EXPLODE	EX
10	椭圆	ELLIPSE	EL	44	连接、合并	JOIN	J
11	插入块	INSERT	I	45	图形界限	LIMITS	—
12	定义图块	BLOCK	B	46	建内部图块	BLOCK	B
13	画点	POINT	PO	47	建外部图块	WBLOCK	W
14	图案填充	HATCH	H	48	跨文件复制	COPYCLIP	CTRL+C
15	面域	REGION	REG	49	跨文件粘贴	PASTECLIP	CTRL+V
16	多行文本	MTEXT	MT，T	50	线性标注	DIMLINEAR	DLI
17	删除实体	ERASE	E	51	连续标注	DIMCONTINUE	DCO
18	复制实体	COPY	CO，CP	52	基线标注	DIMBASELINE	DBA
19	镜像实体	MIRROR	MI	53	斜线标注	DIMALIGNED	CAL
20	偏移实体	OFFSET	O	54	半径标注	DIMRADIUS	DRA
21	图形阵列	ARRAY	AR	55	直径标注	DIMDIAMEIER	DDI
22	移动实体	MOVE	M	56	角度标注	DIMANGULAR	DAN
23	旋转实体	ROTATE	RO	57	圆心标注	DIMCENTER	DCE
24	比例缩放	SCALE	SC	58	引线标注	QLEADER	LE
25	拉伸实体	STRECTCII	S	59	快速标注	QDIM	—
26	拉长线段	LENGTHEN	LEN	60	标注编辑	DIMEDIT	—
27	修剪	TRIM	TR	61	标注更新	DIMTEDIT	—
28	编辑多线	MLEDIT	—	62	标注设置	DIMSTYLE	D
29	编辑参照	ATTEDIT	ATE	63	编辑标注	HATCHEDIT	HE
30	编辑文字	DDEDIT	ED	64	编辑多段线	PEDIT	PE
31	图层管理	LAYER	LA	65	编辑曲线	SPLINEDIT	SPE
32	特性匹配	MATCHPROP	MA	66	圆锥体	EXTRUDE	—
33	属性编辑	PROPERTIES	CH，MO	67	球体	SPBTRACT	—
34	新建文件	NEW	Ctrl+N	68	实体求差	SUBTRACT	SU

续表

序号	命令说明	命令	快捷键	序号	命令说明	命令	快捷键
69	交集实体	INTERSECT	IN	102	三维旋转	ROTATE	RO
70	剖切实体	SLICE	SL	103	三维阵列	3DARRAY	3D
71	编辑实体	SOLIDEDIT	—	104	三维镜像	MIRROR	—
72	实体体着色	SHADEMODE	SHA	105	三维对齐	ALIGN	AL
73	设置光源	LIGHT	—	106	拉伸实体	EXTRUDE	—
74	设置场景	SCENE	—	107	旋转实体	REVOLVE	REV
75	设置材质	RMTA	—	108	并集实体	UNION	UNI
76	渲染	RENDER	RR	109	长方体	BOX	BOX
77	实时缩放	ZOOM+ [ ]	Z+ [ ]	110	圆柱体	CYLINDER	—
78	窗口缩放	ZOOM+W	Z+W	111	二维厚度	ELEV	—
79	恢复视窗	ZOOM+P	Z+P	112	三维多段线	3DPOLY	3P
80	计算距离	DIST	DI	113	曲面分段数	SURFTAB（1或2）	—
81	打印预览	PRINT/PLOT	C+P	114	控制填充	FILL	—
82	定距等分	PREVIEW	PRE	115	重生成	REGEN	RE
83	定数等分	MEASURE	ME	116	网线密度	ISOLINES	圆柱
84	图形界限	DIVIDE	DIV	117	立体轮廓线	SISPSILH	打印效果好
85	对象临时捕捉	TT	TT	118	高亮显被选	HIGHLIGHT	—
86	参照捕捉点	FROM	FROM	119	插入图块	INSERT	I
87	捕捉最近端点	ENDP	ENDP	120	对象特性	PROPERTIES	MO
88	捕捉中心点	MID	MID	121	草图设置	DSETTINGS	RE
89	捕捉交点	INT	INT	122	鸟瞰视图	DSVIEWER	AV
90	捕捉外观交点	APPINT	APPINT	123	创建新布局	LAYOUT	LO
91	捕捉延长线	EXT	EXT	124	设置线型	LINETYPE	LT
92	捕捉圆心点	CEN	CEN	125	线型比例	LTSCALE	LTS
93	捕捉象限点	QUA	QUA	126	属性格式刷	Matchprop	MA
94	捕捉垂点	PER	PER	127	加载菜单	MENU	MENU
95	捕捉最近点	NEA	NEA	128	图纸转模型	MSPACE	MS
96	无捕捉	NON	NON	129	模型转图纸	PSPACE	PS
97	建立用户坐标	UCS	UCS	130	设自动捕捉	OSNAP	OS
98	打开UCS选项	DDUCS	US	131	删没用图层	PURGE	PU
99	消隐对象	HIDO	HI	132	自定义工具栏	TOOLBAR	TO
100	互交3D观察	3DORBIT	3DO	133	命名的视图	VIEW	V
101	表面基本形体	3D		134	创建三维面	3DFACE	3F

续表

序号	命令说明	命令	快捷键	序号	命令说明	命令	快捷键
135	设计中心	ADCENTER	ADC	141	设置颜色	COLOR	COL
136	定义属性	ATTDEF	ATT	142	文字样式	STYLE	ST
137	创建选择集	GROUP	G	143	设置单位	UNITS	UN
138	拼写检查	SPELL	SP	144	选项设置	OPTIONS	OP
139	捕捉设置	OSNAP	OSNAP	145	楔体	WEDGE	—
140	设置图层	LAYER	LA	146	退出CAD	QUIT或EXIT	—

附表 4　Vpoint 下的特殊视点

名称	视点	与xy平面的夹角/°	在xy平面内的角度/°
仰视图	0，0，1	90	270
底视图	0，0，-1	-90	270
左视图	-1，0，0	0	180
右视图	1，0，0	0	0
前视图	0，-1，0	0	270
后视图	0，1，0	0	90
西南等轴测视图	-1，1，1	45	225
东南等轴测视图	1，-1，1	45	135
东北等轴测视图	1，1，1	45	45
西北等轴测视图	-1，1，1	45	135

附表 5　AutoCAD 中特殊字符的表示

控制代码	结果
%%C	直径（ϕ）
%%d	摄氏度（℃）
%%60	小于号（<）
%%61	等于号（=）
%%62	大于号（>）
%%146	小于等于号（≤）
%%147	大于等于号（≥）
%%p	正负号（±）

附录二
AutoCAD 常见问题及解决办法

本附录是主编在多年教学过程中发现的学生经常遇到的问题（本附录中的“→”符号代表下一步操作，在此统一说明，文中不再赘述），现总结如下。

1. 如何修改背景颜色或调整十字光标大小?

工具→选项→显示→改变背景颜色|十字光标大小，调整就可以了。

2. 如何修改自动保存时间和默认保存格式?

工具→选项→打开和保存→另存为2004.DWG格式 / 修改自动保存时间。

3. 后缀为.bak的是什么格式文件? 它的用法是什么?

.bak是一种备份文件，一般会自动生成。如果AutoCAD的文件遭到破坏或者丢失，但是.bak文件还在，直接将此文件的后缀名.bak改为.dwg即可恢复。

4. 在AutoCAD软件中如何设置自动保存.bak文件?

方法一：工具→选项→打开和保存选项卡→每次保存均创建备份。

方法二：命令行输入命令ISAVEBAK，将ISAVEBAK的系统变量修改为0，系统变量为1时，则每次保存都会创建“.bak”备份文件。

5. 我的dwg文件损坏了怎么办?

方法一：文件→绘图实用程序→修复→选中要修复的文件即可。

方法二：启用.bak文件，直接修改.bak文件后缀即可。

6. 我的文件很重要，如何给这个文件添加密码?

文件另存为→工具→安全选项→在密码的输入框中输入密码并重复确认即可。

7. 如何改变拾取框的大小?

工具→选项→选择→拾取框大小，调整就可以了。

8. 如何改变自动捕捉标记的大小?

工具→选项→草图→自动捕捉标记大小，调整就可以了。

9. 好多参数被调整了，工具栏也都找不到了，我该怎么办?

OP选项→配置→重置。

10. 保存或者另存为的时候不显示对话框，只显示路径，怎么办?

命令提示行输入FILEDIA，根据命令提示输入1即可。

11. 图形里的圆形怎么突然变成多边形了?

命令提示行输入RE即可恢复原状。

12. 为什么在机房练习的作业文件到宿舍电脑上打不开了呢?

排除中毒原因后，应考虑版本的问题，AutoCAD版本只向下兼容，如果在保存的时候选择2004或者以下的版本，基本上在任何电脑上都可打开了。

13. 如果在标题栏显示路径不全怎么办?

OP选项→打开和保存→在标题栏中显示完整路径（勾选）即可。

14. 复制图形粘贴后总是离得很远怎么办?

复制时使用带基点复制：点编辑→带基点复制。

15. 文字输入框没有了，怎么办?

打开状态栏上的“DYN”即可。

16. 命令提示行没有了，怎么办?

同时按下Ctrl+9组合键即可出现。

17. 绘图区域太小了，我想把所有的工具条全部关掉，怎么办?

同时按下Ctrl+0（数字），清除屏幕。如果要全部召回，重复执行Ctrl+0，即可恢复。

18. 有的衣柜、鞋柜等图纸的尺寸标注后面带EQ是什么意思?

EQ代表均分，各段相等。

19. 如何添加自定义填充文件?

将下载的自定义填充文件复制到AutoCAD安装文件下的support文件夹下即可。本书随书附赠的电子文件内就有数百种自定义图案填充文件，大家可以直接复制添加。

20. 为什么有的文件不能显示汉字或者汉字变成了问号？如何添加AutoCAD字体？

不能正常显示的原因是没有使用汉字字体，如HZTXT和SHX等。或者当前系统中没有汉字字体文件。

将下载的AutoCAD字体复制到AutoCAD安装文件下的fonts文件夹下即可。本书随书附赠的电子文件内就有AutoCAD字体文件，大家可以直接复制添加。

对于某些符号，如希腊字母等，同样必须使用对应的字体文件，否则会显示成问号。如果找不到错误的字体是什么，重新设置正确字体及大小，重新写一个，输入特性匹配“MA”命令，用新输入的字体去刷错误的字体也可以看到相应的文字。

21. 图形界限、单位、文字样式、标注样式等每次都要设置吗？

不需要。可以创建图形样板文件，图形界限、图层单位、点样式、文本样式、标注样式以及图例、图框等设置好后另存为dwt格式（AutoCAD的模板文件）。在AutoCAD安装目录下找到dwt模板文件放置的文件夹，把刚才创建的dwt文件放进去，以后使用时，新建文档时提示选择模板文件选那个就好了。或者直接把这个文件取名为acad.dwt（AutoCAD默认模板），替换默认模板，以后只要打开就可以了。

22. AutoCAD绘制的图形可以插入Word文档吗？怎么操作？

可以。有三种方法：

方法一：文件菜单→输出→AutoCAD图形以BMP或WMF等格式输出→将BMP、WMF文件插入Word文档→裁剪到合适尺寸。

方法二：Ctrl+P打印→在“打印机/绘图仪”选项的下拉列表中选择“PublishTo Web JPG.pc3”型号→输出的图形文件为JPG格式→将JPG文件插入Word文档→裁剪到合适尺寸。

方法三：AutoCAD图形背景颜色改成白色→选中AutoCAD图形执行Ctrl+C→在Word文档中执行Ctrl+V粘贴→裁剪到合适尺寸。

23. 如何降低文件大小？

在图形完稿后，执行清理（PURGE）命令，清理掉多余的数据，如无用的块、没有实体的图层以及未用的线型、字体、尺寸样式等，可以有效降低文件大小。一般彻底清理需要PURGE2～3次。-purge，前面加个减号，清理会更彻底。

24. 对话框提示“Drawing file is not valid”该怎么办？

有时在打开dwg文件时，系统弹出“AutoCAD Message”对话框提示“Drawing file is not valid”，告诉用户文件不能打开。这种情况下你可以先退出打开操作，然后打开“File”菜单，选择“Drawing Utilities/Recover”，或者在命令行直接输入“recover”，接着在“SelectFile”对话框中输入要恢复的文件，确认后系统开始执行恢复文件操作。

25. 打开AutoCAD文件，找不到字体，出现乱码，怎么办?

从别处复制来的图形在本机找不到相应的字体，从而出现各式各样的乱码，造成找不到字体的原因是别人使用的字体存放位置和自己机器中的位置不一样，一般的解决办法是重新定义，但这种办法并不总是有效，并且在此过程中还可能造成意外错误而使AutoCAD崩溃，更可能造成图形文件被毁。这个时候可以使用修复（recover）命令。先运行AutoCAD，选择文件菜单中的“recover”命令，选取要处理的图形，进行修复，在修复过程中会出现要求选取字体的对话框，此时即可点取正确的字体文件以重新定义，修复完毕后文字即可正常显示。但是如果图形文件使用的中文是非GB编码的字体文件，则你要有相应的字体文件才可正常显示出文字。

26. Ctrl键突然失效了怎么办?

有时会碰到这样的问题，比如Ctrl+C（复制）、Ctrl+V（粘贴）、Ctrl+A（全选）等一系列和Ctrl键有关的命令都会失效，这时你只需到OP（选项）里调一下，操作如下:

OP（选项）→用户系统配置→Windows标准加速键（打上钩）。Windows标准加速键打上钩后，和Ctrl键有关的命令则有效，反之则失灵。

27. 图案填充不了怎么办?

填充时会填充不出来，除了需要考虑系统变量外，还要去OP选项里检查一下:

OP→显示→应用实体填充（打上钩）。

28. Ctrl+N无效怎么办?

Ctrl+N是新建命令，但有时候Ctrl+N则出现选择面板，这时只需到OP选项里调一下设置，操作如下:

OP（选项）→系统→右侧有一个启动（A显示启动对话框B不显示启动对话框）。选择A则新建命令有效，反之则无效。

29. AutoCAD系统变量改过了，调不回去了怎么办?

如果AutoCAD里的系统变量被人无意更改或一些参数被人有意调整了怎么办？这时不需重装，也不需要一个一个改，正确操作如下:

OP（选项）→配置→重置，即可恢复。

但恢复后，有些选项还需要一些调整，例如十字光标的大小等。

30. 没有办法加选了怎么办?

AutoCAD正确的设置应该是可以连续选择多个物体，但有的时候连续选择物体会失效，只能选择最后一次所选中的物体，如果出现这种情况应该根据进行如下操作:

进入OP（选项）→选择→Shift键添加到选择集（把钩去掉）。

用Shift键添加到选择集“去掉钩”后则加选有效，反之则加选无效。命令：PICKADD值：0/1。

31. 图形里的圆不圆了，看起来像多边形，怎么办?

经常作图的人都会有这样的体会，所画的圆都不圆了，突然都变成了多边形，这个时候只需要输入命令：RE，圆形即可恢复原状。

32. 使用AutoCAD2023版本做的图在别的版本上打不开怎么办?

修改一下AutoCAD保存的格式以后就不会出现这种情况：

OP→打开和保存→另存为2004格式。这样每次保存都会自动保存成2004的格式。

为什么要存2004格式呢? 因为AutoCAD版本只向下兼容，这样无论是2004，2006，2010还是2023都可以打开了。

33. 为什么有的图形能够显示，打印的时候却打印不出来，应该怎么办?

如果图形绘制在AutoCAD自动产生的图层（DEFPOINTS、ASHADE等）上，就会出现这种情况，应避免在这些图层上绘制图形。如果已经出现这种情况，将无法打印图形修改为其他图层，即可打印。

34. 如何将AutoCAD图插入Word中?

Word文档制作中，往往需要各种插图，Word绘图功能有限，特别是复杂的图形。AutoCAD是专业绘图软件，功能强大，很适合绘制比较复杂的图形，用AutoCAD绘制好图形，然后插入Word制作复合文档是解决问题的好办法，可以用AutoCAD提供的EXPORT功能先将AutoCAD图形以BMP或WMF等格式输出，然后插入Word文档，也可以先将AutoCAD图形复制到剪贴板，再在Word文档中粘贴。需注意的是，由于AutoCAD默认背景颜色为黑色，而Word背景颜色为白色，首先应将AutoCAD图形背景颜色改成白色。另外，AutoCAD图形插入Word文档后，往往空边过大，效果不理想，利用Word图片工具栏上的裁剪功能进行修整，空边过大问题即可解决。

参考文献

[1] JGJ/T 244—2011，房屋建筑室内装饰装修制图标准 [S].
[2] 李庆祥. 基于典型工作任务的“室内设计施工图”课程设置与开发 [J]. 艺术科技，2016，04：15-16.
[3] 张付花. AutoCAD 家具制图技巧与实例 [M]. 2 版. 北京：中国轻工业出版社，2019.
[4] 张付花. AutoCAD 室内装饰施工图教程 [M]. 北京：中国轻工业出版社，2016.